多智能体系统设计与仿真

分布式定位与编队

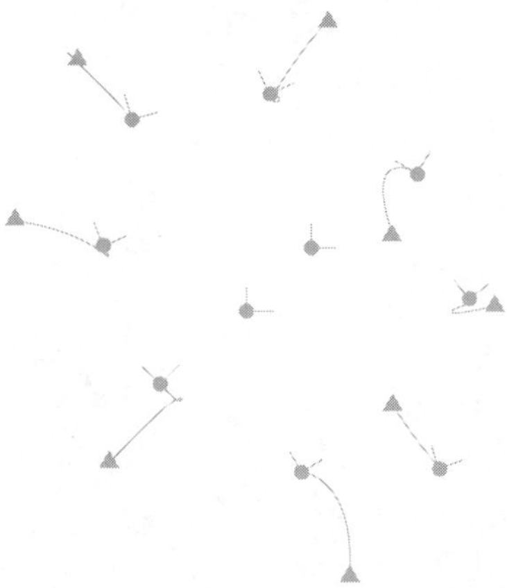

MULTI-AGENT SYSTEM DESIGN AND SIMULATION

DISTRIBUTED LOCALIZATION AND FORMATION

吕云凯　严怀成　王 孟　等◎编著

化学工业出版社

·北京·

内容简介

本书全面探讨了网络化多智能体系统的定位估计与编队控制理论及实践，重点聚焦复杂动态场景下的精确定位与编队控制。本书内容在介绍多智能体系统的基本概念、定位与编队核心问题及国内外研究进展的基础上，书中详细分析了随机分布、非理想信道、随机噪声、轨迹长度随机变化、乘性故障、局部方位测量等条件下的分布式定位估计理论，并介绍了局部感知信息下的定位估计与编队控制一体化方法。全书通过大量仿真与实物实验，验证了理论方法的有效性和优越性。

本书适合智能控制、多智能体系统、无人系统等领域的研究人员，以及电力、航空等行业的控制工程师阅读学习。

图书在版编目（CIP）数据

多智能体系统设计与仿真 ： 分布式定位与编队 /吕云凯等编著. -- 北京 ： 化学工业出版社， 2025. 7.
ISBN 978-7-122-47947-1

Ⅰ. TP18

中国国家版本馆 CIP 数据核字第 2025FL5910 号

责任编辑：于成成　耍利娜
文字编辑：吴开亮
责任校对：王鹏飞
装帧设计：王晓宇

出版发行：化学工业出版社
（北京市东城区青年湖南街13号　邮政编码100011）
印　　装：大厂回族自治县聚鑫印刷有限责任公司
787mm×1092mm　1/16　印张10¾　字数226千字
2025年8月北京第1版第1次印刷

购书咨询：010-64518888
售后服务：010-64518899
网　　址：http://www.cip.com.cn
凡购买本书，如有缺损质量问题，本社销售中心负责调换。

定　　价：89.00元

前言 PREFACE

在当今科技飞速发展的时代，网络化智能体系统正以前所未有的态势重塑着我们的生活、工作和社会的运行方式。随着信息技术的不断突破和创新，网络的触角延伸至各个领域，智能体的概念应运而生，两者的融合更是开启了一扇通向未来的大门。

多智能体系统由多个具有自主决策、行动和交互能力的智能体组成，具备高灵活性、强可靠性、易维护性、低能耗性等优势，可通过智能体间的协同合作共同完成复杂任务。融合通信技术、传感技术、控制科学等多学科理论的多智能体系统，在搜寻搜救、地质勘探、环境巡检等复杂任务中发挥了重要作用，已逐渐成为实现数字化、网络化、智能化的中国式现代化的关键着力点。2017 年，国务院印发《新一代人工智能发展规划》，明确把自主无人系统的协同感知定位与控制列为国家战略目标和重点任务。2018 年，科技部启动的《科技创新 2030“新一代人工智能”重大项目指南》中，将“自主无人系统”列为人工智能领域持续攻关的方向之一。2020 年，中国科学院发布的《2019 年人工智能发展白皮书》中，将“自主无人系统技术”列为人工智能关键技术之一。由此可以看出，多自主无人系统中的协同感知与控制问题无疑是未来无人系统发展的核心研究内容之一。

伴随着巨大的发展机遇，多智能体系统的研究也不可避免地面临着诸多挑战，如系统的可靠性和稳定性、复杂环境下的适应性等。但正是这些挑战，激发着科研人员不断探索和创新，推动着网络化多智能体系统不断完善和发展。目前多智能体系统分布式定位的成果大都集中于静态场景下、具有缓慢移动特性的多智能体系统，难以保证动态场景下具有快速变化特性智能体的精确定位估计。与此同时，多智能体系统分布式编队的成果大都集中于全局参考框架已知条件下的编队控制，难以保证局部参考框架下多智能体系统的编队控制。在复杂动态场景下实现对多智能体系统的精确定位估计与编队控制是当前急需解决的难点问题。

本书主要内容来源于笔者关于网络化多智能体系统定位估计与编队控制等关键技术和重要问题的系统性研究成果。第 1 章介绍了多智能体系统的概念、定位与编队基本问题、国内外研究现状以及系统稳定性理论；第 2 ~ 7 章介绍了随机分布、非理想信道、随机噪声、轨迹长度随机变化、乘性故障、局部方位测量等条件下分布式定位估计的研究成果；第 8 章重点介绍了局部感知信息条件下多智能体系统定位估计与编队控制一体化研究进展。全书通过仿真与实物实例验证了理论方法的有效性和优越性。

本书主要面向网络化控制、智能控制、多智能体系统、无人系统等领域的研究人员，以及从事电力、航空等行业的控制工程师。

本书得到了博士后创新人才支持计划（BX20240115）、国家自然科学基金项目（62403200，62333005，62433014，62373152，62173146）、上海市自然科学基金项目（24ZR1416200）、上海市国际合作项目（22510712000）、中国博士后科学基金面上项目（2024M750905）、上海市启明星项目（23QA1402300）、上海市航天科创基金（SAST2024-066）、中国教育部产学研项目（2023IT041）、中央高校基本业务费等项目的资助。特别感谢中国博士后科学基金会、国家自然科学基金委员会和上海市科学技术委员会、上海市教育委员会等长期以来的资助，同时也要感谢国内外学术界和工业界的同行们，正是与他们的有益交流，使笔者对网络化多智能体系统的理解不断深入，并获得启发。同时要特别感谢笔者所在团队的老师和研究生团队成员的大力支持和帮助。

由于笔者水平有限，书中疏漏之处在所难免，恳求广大读者批评指正。

编著者

目录 CONTENTS

第 1 章 概述

第 1 章 概述 001-015

1.1 多智能体系统概念 002
1.1.1 多智能体系统简介 002
1.1.2 多智能体系统的背景意义 003
1.2 定位与编队基本问题 004
1.2.1 传输时延 / 丢包 005
1.2.2 随机任意分布 005
1.2.3 测量 / 通信噪声 005
1.2.4 轨迹长度随机变化 006
1.2.5 传感器乘性故障 006
1.2.6 全局信息获取难 007
1.3 分布式定位研究现状概述 007
1.3.1 基于相对距离的定位方法 007
1.3.2 基于方位信息的定位方法 008
1.3.3 基于角度信息的定位方法 008
1.4 分布式编队研究现状概述 008
1.4.1 基于全局绝对位置的编队 009
1.4.2 基于相对位移的编队 009
1.4.3 基于相对距离的编队 009
1.4.4 基于角度和方位的编队 010
1.5 系统稳定性概述 010
1.5.1 图论概述 010
1.5.2 重心坐标概述 011
1.5.3 正交投影矩阵概述 013
1.5.4 方位角刚性理论概述 014
1.5.5 指定时间稳定性理论概述 015

第 2 章 重心坐标表征下多智能体系统分布式定位估计

016-042

2.1 概述 017

2.2 问题描述 018

2.3 二维平面分布式定位估计 018

2.3.1 凸包条件下分布式定位估计 018

2.3.2 任意分布条件下分布式定位估计 021

2.3.3 特定分布条件下分布式定位估计 027

2.4 三维空间分布式定位估计 027

2.5 仿真与实物实例 031

2.5.1 数值仿真 031

2.5.2 实验验证 036

2.6 本章小结 042

第 3 章 非理想信道条件下多智能体系统分布式定位估计

043-055

3.1 概述 044

3.2 问题描述 045

3.3 有界通信时延下分布式定位估计 046

3.3.1 连续分布式定位估计算法设计 046

3.3.2 收敛性分析 048

3.4 数据随机丢失下分布式定位估计 049

3.4.1 间歇分布式定位估计算法设计 049

3.4.2 收敛性分析 050

3.4.3 收敛速率分析 051

3.5 仿真实例 052

3.6 本章小结 055

第 4 章 随机噪声条件下多智能体系统分布式定位估计
056-070

4.1 概述 057
4.2 问题描述 057
4.3 测量噪声下分布式定位估计 058
4.3.1 估计器设计 059
4.3.2 收敛性分析 060
4.4 测量与通信噪声下分布式定位估计 062
4.4.1 估计器设计 062
4.4.2 收敛性分析 063
4.5 仿真与实物实例 066
4.5.1 数值仿真 066
4.5.2 实验验证 068
4.6 本章小结 070

第 5 章 轨迹长度随机变化下多智能体系统分布式定位估计
071-091

5.1 概述 072
5.2 问题描述 073
5.3 全历史数据补偿下分布式定位估计 073
5.3.1 诊断机制设计 074
5.3.2 搜索机制设计 074
5.3.3 补偿机制设计 074
5.3.4 收敛性分析 076
5.4 滚动域历史数据补偿下分布式定位估计 079
5.4.1 滚动域历史数据补偿 080
5.4.2 收敛性分析 081
5.5 仿真与实物实例 081
5.5.1 数值仿真 081
5.5.2 实验验证 086
5.6 本章小结 091

第 6 章 乘性故障条件下多智能体系统分布式定位估计 092-105

6.1 概述 093
6.2 问题描述 093
6.3 数据驱动自适应分布式定位估计 095
6.4 收敛性分析 098
6.5 仿真实例 103
6.6 本章小结 105

第 7 章 局部方位测量下多智能体系统分布式定位估计 106-128

7.1 概述 107
7.2 问题描述 108
7.3 理想测量条件下分布式定位估计 109
7.3.1 连续时间估计器设计 109
7.3.2 收敛性分析 110
7.4 测量噪声条件下指定时间分布式定位估计 114
7.4.1 指定时间估计器设计 114
7.4.2 收敛性分析 115
7.5 仿真与实物实例 120
7.5.1 数值仿真 120
7.5.2 实验验证 125
7.6 本章小结 128

第 8 章 局部方位测量下多智能体系统分布式定位与编队一体化 129-153

8.1 概述 130
8.2 问题描述 131
8.3 静态目标分布式定位与编队控制 132
8.3.1 估计器与控制器设计 132
8.3.2 收敛性分析 133
8.4 动态目标分布式定位与编队控制 141
8.4.1 控制器设计 141

8.4.2 收敛性分析 141
8.5 仿真与实物实例 146
8.5.1 数值仿真 146
8.5.2 实验验证 150
8.6 本章小结 153

参考文献 154

第 1 章 概述

1.1 多智能体系统概念
1.2 定位与编队基本问题
1.3 分布式定位研究现状概述
1.4 分布式编队研究现状概述
1.5 系统稳定性概述

本章介绍多智能体系统概念、发展历程及应用情况，并分别阐述传输时延/丢包、随机任意分布、测量/通信噪声、轨迹长度随机变化、传感器乘性故障以及全局信息获取难等网络化多智能体系统中存在的基本问题。此外，还对多智能体系统的分布式定位估计与编队控制进行了概述，阐述当前多智能体系统分布式定位与编队的相关研究现状。同时介绍一些有关系统稳定性的基本知识，为后续研究内容的展开奠定基础。

1.1 多智能体系统概念

1.1.1 多智能体系统简介

生物界中的个体为了能够更好地适应不断演变的自然环境，通常通过自身的进化和个体间的协作来保证种族的延续和壮大。生物界自古以来就是人类创作灵感的源泉，人类通过观察与思考总结生物界个体的优势与能力并加以模仿，创造出符合人类生存发展的新工具和新技术。生物界中存在很多集群智能，例如，大雁迁徙途中呈V字编队，狼群合作捕食猎物，蚂蚁保持一字队形用树叶筑巢，小蜜蜂集体采蜜等[1-4]，如图1-1所示。从个体来讲，这些生物能力有限，但是通过群体间的交流与协作却能够完成远超于自身能力的复杂任务。

(a) V字编队　(b) 狼群合作捕食

(c) 蚂蚁保持一字队形用树叶筑巢　(d) 小蜜蜂集体采蜜

图1-1　生物集群智能示例

集群行为涌现出的自主性、容错性、局部通信、协同等特点受到了研究人员的广泛关注。开展对生物界中群体行为的研究有助于推动人类社会生产活动的提升和发展。1977年，Hewitt首次提出了智能体的概念[5]，自此社会学、控制学等各领域的专家学者对生物界中的集群智能展开了系统性的研究，并逐渐演化使用多智能体系统进行描述和模拟[6-8]。20 世纪 80 年代末至 90 年代初，第 1 届多智能体欧洲学术会议、智能体形式化模型国际会议和智能体理论、体系结构和语言国际会议等的陆续召开，标志着多智能体系统的研究迈入高速发展时代。

1.1.2 多智能体系统的背景意义

多智能体系统综合了传感器、环境感知、计算机和自动控制技术，体现了当前信息技术发展的最新成果。多智能体系统由许多单个具有自主规划能力、行动能力和交互能力的智能体组成，可通过智能体之间的协调合作共同完成复杂任务。多智能体系统的优势在于良好的自主性、鲁棒性和可扩展性。近年来，随着传感器、自动控制及无线通信技术的飞速发展，多智能体协同决策与控制在搜寻搜救[9,10]、地质勘探[11,12]、自主巡检[13,14]、物流运输[15,16]等复杂任务中发挥了极其重要的作用，并已经在无人机协同作战、卫星侦察勘探、无人机农田虫害防治等场景中得到了广泛应用，如图 1-2 所示。

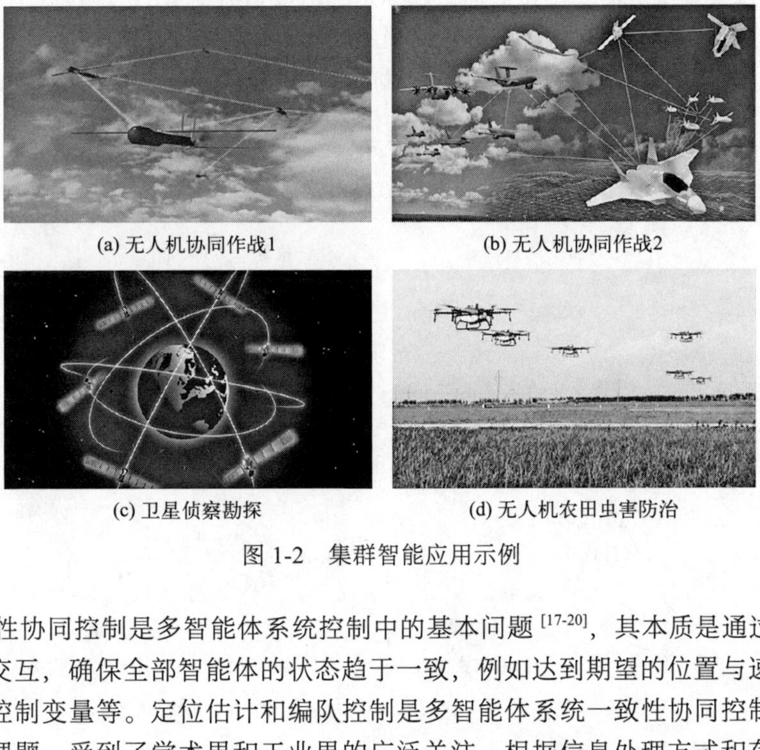

(a) 无人机协同作战1　(b) 无人机协同作战2

(c) 卫星侦察勘探　(d) 无人机农田虫害防治

图 1-2　集群智能应用示例

一致性协同控制是多智能体系统控制中的基本问题[17-20]，其本质是通过智能体之间的信息交互，确保全部智能体的状态趋于一致，例如达到期望的位置与速度以及恒定不变的控制变量等。定位估计和编队控制是多智能体系统一致性协同控制中两个关键的研究课题，受到了学术界和工业界的广泛关注。根据信息处理方式和存储方式的不同，现有的定位与编队控制算法可以分为集中式方法和分布式方法[21-26]。因在可靠性、安全性、效率性、能耗性等方面的优势，分布式方法比集中式方法更受欢迎。分布式定位，即通过设计估计算法确保每个智能体都能够估计出自身的全局位置，精确定位是多智能体系统执行复杂任务的前提。分布式编队，即通过设计控制算法驱动所有智能体，例如无人机、无人车、无人艇等形成期望的队形。但是，在多智能体系统定位估计与编队控制一体化的探索过程中，智能体的局部信息交互和群体关系的研究存在一系列挑战，因此定位与编队一体化问题已成为当前研究人员的重点关注内容。《国务院关于印发新一代人工智能发展规划的通知》中强调，优先发展群体智能、自主协同控制等基础理论是攻克新一代人工智能所面临瓶颈技术的关键。因此，利用多智能体系统自主决策与控制优势，实现多智能体系统自主定位与编队控制一体化已成为未来必然的发展趋势。

1.2 定位与编队基本问题

分布式定位与编队控制是两个紧密相关的课题。本小节将重点描述定位估计与编队控制之间的区别与内在的关联。

在二维平面上考虑一个多智能体系统，以轮式机器人为例，每一个机器人都可以利用自身装配的传感器对邻居机器人实施测量，可测量的变量通常为相对距离、方位以及角度。对于定位估计，目标是利用传感器测量的局部信息和与邻居智能体的通信来设计分布式定位估计算法，最终实现机器人自身精确的全局位置估计。而对于编队控制，目标则是利用传感器测量的局部信息和与邻居智能体的通信以及给定的期望队形设计分布式编队控制器，驱动机器人移动至期望的位置。

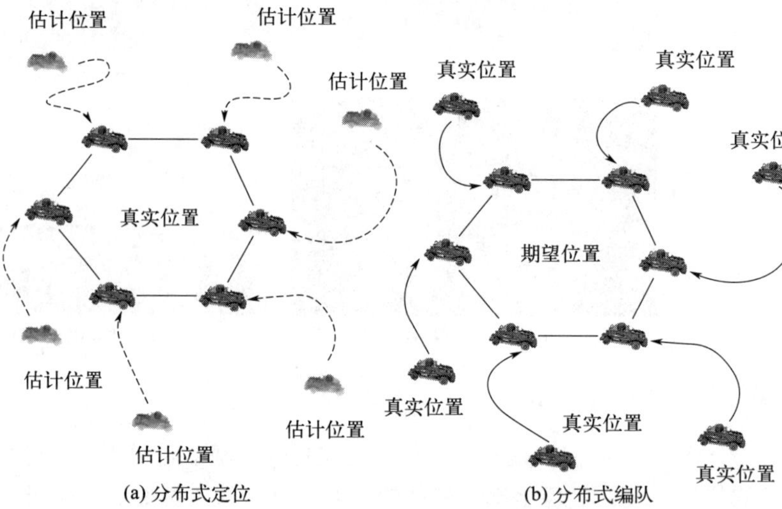

图 1-3　分布式定位与分布式编队示例

简言之，分布式定位与编队可以等价为对偶问题。定位是将任意给定的虚拟坐标收敛到机器人的真实坐标，而编队则是驱动机器人从当前真实坐标移动至期望的目标。下面将以 6 个机器人为例，对两者的机理进行详细的阐述（图 1-3）。如图 1-3（a）所示，分布式定位通过设计定位估计算法，任意给定估计位置，使其逐步收敛到真实位置。与之对应的分布式编队控制则是通过设计控制器驱动轮式机器人从当前的真实位置运动至期望位置，如图 1-3（b）所示。受物理硬件限制、环境突然改变和其他不确定因素等的影响，在多智能体系统的定位估计与编队控制研究中，通常存在传输时延 / 丢包、随机任意分布、测量 / 通信噪声、轨迹长度随机变化、传感器乘性故障、全局信息获取难等问题。在复杂动态场景下实现对多智能体系统的精确定位估计与编队控制是当前急需解决的难点问题。

1.2.1 传输时延 / 丢包

网络化多智能体系统使用网络传输系统信号，与传统的控制系统相比，节约了布线成本，在多个领域都得到了广泛的应用。但是，由于网络硬件条件的制约，系统信号在网络传输中难免会遇到时延、丢包等网络约束问题，进而影响系统的控制性能。

通信时延和数据包丢失现象都是网络化多智能体系统中亟待解决的重要问题。通信时延的不确定性对于节点间的同步事件发生有很大的影响，其主要包含发送时延、访问时延、传播时延、接收时延四部分。此外，由于网络传输的不可靠性，网络通道中不可避免地存在网络拥塞或连接中断等，使得数据包在智能体之间传输时出现丢失现象，因而不能正常到达目标点。丢包一般分为主动丢包和被动丢包。对于网络化多智能体系统，数据的实时性要求比较高，一般来说，网络多智能体系统只能容忍一定程度的丢包，当丢包率达到一定数值时，系统将变得不稳定。

1.2.2 随机任意分布

精确定位是多智能体系统执行不同任务的基本要求。当一个智能体无法直接获得自身位置时，设计一种定位估计方法就显得至关重要。当智能体的感知变量为相对距离信息时，多智能体系统可定位的充分必要条件为通信网络拓扑结构满足全局刚性。具体来说，在二维平面中至少存在 3 个不共线的领导者智能体，在三维空间中则至少存在 4 个不共面的领导者智能体。

利用感知的相对距离信息计算重心坐标，进而表征智能体间的相对位置关系。该方法的显著优势在于将智能体的位置表述为一个伪线性系统，所有非线性隐藏在了所测量的相对距离中。但是要求所有待定位的智能体位于领导者所构成的凸包内，这限制了其在实际系统中的应用。当智能体在二维平面或三维空间随机分布时，基于相对距离信息所计算出的重心坐标之和大于 1，传统的凸包内的算法将不再适用。开发设计一种分布式定位估计算法解决具有任意分布的多智能体系统的定位估计问题具有重要的理论意义和应用价值。

1.2.3 测量 / 通信噪声

在实际应用中，信息的感知及传输不可避免地会受到各种噪声的污染，通常是测量或网络传输过程中发生的一些随机事件。在定位与编队控制研究中，测量噪声和通信噪声是两个不可忽视的重要因素，它们将直接影响系统的准确性和稳定性。测量噪声主要来源于传感器在获取数据时的误差。这些误差可能由多种因素引起，例如传感器精度低、环境干扰、数据处理误差等。通信噪声主要影响多机器人系统或无人机集群中的信息交换。在编队控制中，机器人或无人机之间需要实时通信以协调动作和保持队形。通信噪声可能由信号衰减、电磁干扰、带宽限制等因素引起。

现有的大部分定位与编队控制算法，一般都假设应用环境理想。因此，在定位估计与编队控制过程中考虑随机噪声，通过合理选择传感器、优化数据处理算法、增强通信能力及引入冗余机制等措施，减小噪声对系统性能的影响，提高系统的准确性和稳定性，实现多智能体系统的精确定位与编队控制具有重要意义。

1.2.4 轨迹长度随机变化

轨迹长度随机变化是指在描述智能体运动或路径时，其长度或走过的距离随机波动或变化。这种情况在很多现实世界的物理过程中都可能出现，特别是在涉及随机性或不确定性的情况下。在实际应用中，考虑到安全问题或受控系统的运行能力，受外部环境的干扰或硬件故障等的影响，智能体可能会提前停止运行，导致当前次运行的轨迹数据不完整。换句话来说，智能体的轨迹长度是随机变化的，例如机械臂、双足机器人步进系统等。

在定位估计过程中，智能体能够在运行过程中保持完整的轨迹是我们所期望的。随机变化的轨迹长度将导致估计器无法完成正常的定位估计，进而影响定位的精度和收敛速度。如何确保随机变化轨迹下动态多智能体系统的定位估计，则是一个具有研究价值的课题。

1.2.5 传感器乘性故障

在控制领域，作为信息检测与获取的主要装置，传感器在其中发挥着重要作用。传感器的可靠工作是多智能体系统正常运行的必要条件，它将直接影响系统的工作性能。提供测量和控制信息的智能传感器，其工作状态的好坏将直接影响系统性能的优劣。

传感器故障是导致性能不稳定的主要原因之一，其发生率高于执行器，而且往往是由于应用环境的复杂性造成的。定位估计与编队控制性能取决于传感器测量信息的质量。传感器乘性故障是传感器故障的一种类型，它主要是指传感器的实际输出值是传感器正常输出信号的某一倍数，这个倍数不为 1。传感器失效情况下的定位估计与编队控制问题通常具有挑战性，主要原因在于除传感器感知信息外没有任何其他反馈信息。因此，研究感知变量补偿算法对精确定位估计与编队控制来说尤为重要。

1.2.6 全局信息获取难

基于方位信息的多智能体系统定位估计与编队控制的一个技术难点在于每个智能体都有自己的局部参考框架，并且与全局参考框架不对齐，且真实方向未知。在局部参考框架下难以直接获取全局方位信息。因此，在全局参考框架未知情形下，解决多智能体系统的方位对齐问题非常重要。

1.3 分布式定位研究现状概述

近三十年来，学术界与工业界的研究人员对基于量测信息的分布式定位展开了系统研究，提出了许多经典的定位方法。本小节主要从三个方面对现有文献进行部分阐述：基于相对距离的定位方法，基于方位信息的定位方法及基于角度信息的定位方法。

1.3.1 基于相对距离的定位方法

相比于方位信息和角度信息，相对距离的获取更为容易一些[27]。相对距离数据的测量技术可以大致分为以下几类：基于到达角（Angle of Arrival）测量方法[28-32]、基于到达时间（Time of Arrival）测量方法[33-35]、基于到达时间差（Time Difference of Arrival）测量方法[36-39]及基于接收信号强度（Received Signal Strength）测量方法[40-44]等。

当感知变量为相对距离信息时，多智能体系统和传感器网络可定位的充分必要条件为通信网络拓扑结构满足全局刚性[45-47]。具体来说，在二维平面中至少存在 3 个不共线的领导者智能体或锚节点，在三维空间中则至少存在 4 个不共面的领导者智能体或锚节点。Anderson 等研究人员[48]首次提出了序贯定位（Sequential Localization）算法的概念，其本质为从已知全局坐标的锚节点出发，对传感器节点依次进行定位估计。序贯定位法简单易实行，但要求传感器网络必须能够进行三边测量，存在一定的局限性[49,50]。现有的大多数分布式定位方法都是基于最优化原理提出的，例如多维尺度放缩（Multidimensional Scaling）方法[51-54]及正半定规划（Semi-definite Programming）方法[55-58]等。

需要指出的是上述算法都具有非凸性，无法保证定位估计算法的全局收敛性。此外，初始估计坐标的选取也会对最终定位的结果产生影响。Khan 等研究人员[59]提出了一种基于重心坐标表征的分布式定位估计方法，解决了二维平面和三维空间中传感器的定位估计问题。该算法的一个显著优势在于将传感器的位置表述为一个伪线性系统，所有非线性隐藏在了所测量的相对距离中。但是，该算法要求所有待定位的传感器节点位于锚节点所构成的凸包内，这限制了其在实际系统中的应用。Lin 等[26]在 Khan 的基础上提出了一种扩展的分布式定位估计算法，解决了二维平面中具有随机分布的传感器网络的定位估计问题，去除了凸包的假设。进一步，在文献 [61] 中提出了一种基于多维尺度缩放的分布式定位算法，解决了三维空间中具有随机分布传感器网络的精确定位问题。考虑到复杂的应用环境，Khan 等 [62] 研究了带有测量噪声的传感器网络精确定位问题。Tian 等 [63,64] 进一步考虑了具有数据随机丢包和通信延迟的传感器网络的定位估计问题。

1.3.2 基于方位信息的定位方法

近年来，由于光学相机、激光雷达等传感器的快速发展，方位信息变得易于获取，且具有较高的精度。因此基于方位信息的分布式定位算法受到了越来越多的关注 [65-67]。基于方位信息定位算法的优点在于它可以被表述为一个线性动力系统，其全局稳定性可以很容易地分析出来 [68]。基于方位信息的传感器网络或多智能体系统的可定位研究依赖于方位刚性理论 [69-72]，一般也称为平行刚性理论。在全局参考框架已知情形下，基于方位的传感器网络定位问题已经得到了广泛的研究 [71,73,74]。Xie 等学者 [74] 解决了动态网络中位置随时间变化的多智能体系统的分布式定位问题。Lin 等 [71] 研究了切换拓扑条件下传感器网络的精确定位问题。最近几年，局部参考框架下传感器网络的分布式定位问题也得到了系统的研究。文献 [76] 开发了一种分布式共识算法，使用相对方位信息来实现方位对齐，该算法要求所有初始方位角必须小于 π 。Ahn 等研究人员 [77] 去除了初始方位角约束，但所提出的算法要求在每个采样时刻执行 Gram-Schmidt 正交化。Zhang 等学者 [78] 研究了基于局部方位信息的传感器网络定位问题，提出了一种分布式方位估计和位置估计方案。与此同时，噪声条件下传感器网络的分布式定位问题也到了相应的研究 [79-82]。

1.3.3 基于角度信息的定位方法

最近几年，基于角度信息的分布式定位算法开始受到科研人员的关注 [83,84]。由于两条边之间的角度值可以通过在传感器局部坐标系中测量的两条边的方位值做差计算得到，因此基于角度的定位算法不涉及局部参考系与全局参考系是否对齐的问题。Chen 等 [85] 提出了一种三角形角度刚性理论（Triangular Angle Rigidity），给出了二维平面中基于角度定位算法全局收敛性的充分必要条件，并进一步将结果推广到三维空间 [86]。Jing 等研究人员 [87,88] 基于角度刚性理论提出了角度可固定性的概念，通过建立角度可固定性和角度可定位性之间的联系，将角度可固定性的结果应用于解决传感器网络定位问题。

1.4 分布式编队研究现状概述

编队控制是多智能体系统领域最活跃的研究课题之一，通常旨在驱动多个智能体实现对其状态的指定约束。广义的编队控制包括集群控制（智能体的速度一致且智能体间保持相应的距离）和包含控制（跟随者智能体运动至领导者所构成的凸包内）。本小节将基于智能体的感知能力和相互作用的拓扑结构对分布式编队控制的研究现状进行概述。

Ahn 等 [89] 将分布式编队控制分为以下几类：基于全局绝对位置的编队、基于相对位移的编队、基于相对距离的编队、基于角度和方位的编队。

1.4.1 基于全局绝对位置的编队

智能体可以通过 GPS、北斗导航等定位装置直接获取自己相对于全局参考框架的位置，能够主动控制自身的位置，实现由相对于全局参考框架的期望位置所描述的期望编队。Ren 等学者 [90,91] 研究了二阶动态模型描述的多智能体系统编队控制问题，提出了一种基于一致性的编队控制方法。该方法将基于行为、虚拟结构和基于领导者 - 追随者的方法统一了起来，将无向图下的编队控制扩展至有向图下的编队控制。与此同时，研究人员针对更加复杂的动态模型（如高阶、非线性动态、时变目标等）也展开了系统深入的研究 [92-96]。

1.4.2 基于相对位移的编队

智能体主动控制其与邻居智能体之间的位移，实现期望的编队，该编队由相对于全局参考框架的期望位移指定。文献 [97] 通过坐标变换将共识思想引入到编队控制问题中。当前绝大多数编队控制算法都是基于共识算法展开研究的，并取得了大量的成果。现有的基于位移的编队控制方法根据所使用模型的不同主要分为四类：一阶动态模型 [98,100]，二阶动态模型 [101-103]，一般线性模型 [104,105] 及非完整约束动态模型 [106-108]。

1.4.3 基于相对距离的编队

智能体主动控制其与邻居智能体之间的相对距离，实现期望的编队，该编队的队形由期望的智能体间的距离给定。基于距离的编队控制方法不涉及局部参考框架与全局参考框架是否对齐的问题。该方法的难点在于如何设计能够保证全局收敛的刚性控制策略。利用图论中的刚性理论 [109]，研究人员针对基于距离的编队控制器和全局收敛性展开了研究 [110-113]。Ahn 等 [114,115] 针对二维平面上的单积分和双积分器建模的智能体，提出了一种基于智能体间相对距离的编队控制策略。所提出的控制律实现了无穷小刚性结构的局部渐近稳定性和三角形无穷小刚性结构的全局渐近稳定，所有的平方距离误差呈指数单调收敛到零。Anderson 等研究人员 [116] 探讨了三维空间中多智能体系统四面体的编队控制问题，通过研究系统的线性化动力学，证明了所设计的基于刚性理论的梯度编队控制算法几乎都是全局渐近稳定的。

1.4.4 基于角度和方位的编队

智能体可以测量邻居智能体在其局部参考框架下的方位或角度，主动控制与邻居智能体间的相对方位或角度，最终达到给定的期望方位或角度。与相对位置和距离不同，纯方位控制的目标编队可以通过视觉传感器或无线传感器阵列获得的相对方位来定义。近十年来，仅基于方位的编队控制算法引起了研究人员的广泛关注 [70,117-125]。由于方位信息相对容易获取，基于方位的编队控制算法为仅使用机载传感实现编队控制提供了潜在的解决方案。

在二维平面，关于方位约束编队控制的一些早期结果可以在文献 [117] 和 [118] 中找到。基于平行刚性理论，Bishop 等 [117] 引入了方位约束刚性矩阵，并提出了一种具有局部渐近稳定性的控制算法。尽管目标编队是由相对方位定义的，但仍然需要测量相对位置。Giordano 等 [118] 通过引入分散位置估计器消除了对相对位置测量的要求。为了实现高维空间中的纯方位编队控制，Zhao 等 [70] 将方位刚性理论扩展到任意维空间，并提出了具有几乎全局渐近稳定性的无限小方位刚性编队的控制算法。为了进一步表征方位刚性结构的代数性质，Zhao 等在文献 [120] 中提出了方位拉普拉斯矩阵。该矩阵可用于检查目标编队在任意维度上的唯一性。基于这一强大的工具，Ding 等学者 [121] 设计了一种新的纯方位控制算法，保证了全局指数收敛。由于绝大多数编队控制存在任务时间要求，收敛时间被视为一个重要的性能指标。近年来，研究人员在全局参考框架下提出了一些基于方位测量的有限时间和指定时间编队控制算法 [122-125]。

Eren 等 [126] 讨论了基于角度的编队控制方法的可能性，并给出了一些初步结果。Jing 等研究人员 [127] 提出了一种角度刚性理论来解决二维平面中的编队控制问题。设计了一种用于编队形状稳定的分布式编队控制器，并证明了三角框架编队的局部指数稳定性。Chen 等 [128-130] 对基于角度的编队控制问题开展了系统的研究。Cao 等学者 [128] 针对二维平面提出了一种无穷小角度刚性理论，设计了一种编队稳定算法，实现了仅基于角度测量的角度刚性编队。Chen 等 [129] 讨论了三角形刚性编队的全局稳定问题，受三角形中角度诱导线性方程的启发，提出了一种编队控制算法，通过局部相对位置测量实现三角形角度刚性编队的几乎全局稳定。进一步，Sun 等研究人员 [130] 通过额外控制一对相邻智能体之间的相对位置，保证了具有规定方向和尺度的三角形角度刚性编队的全局稳定性。

1.5 系统稳定性概述

1.5.1 图论概述

在多智能体系统的分布式定位估计与编队控制问题中，智能体之间的通信拓扑和相对位置关系可以用一个有向图 G[134] 来表示。有向图 G 包含一个有限的顶点集合 v 和一个有限的边的集合 ε，其中顶点集 $v=\{v_1,v_2,\cdots,v_n\}$，边集 $\varepsilon\subseteq\{(v_\alpha,v_\beta):v_\alpha,v_\beta\in V\}$。

如果 $(v_\alpha, v_\beta) \in \varepsilon$ ，就表示智能体 v_α 是智能体 v_β 的邻居，即 $N_{v_\alpha} = \{v_\beta : (v_\alpha, v_\beta) \in \varepsilon\}$ 。具体来说，智能体 v_β 可以观测到智能体 v_α ，并且能够接收智能体 v_α 传输过来的信息。

无向图可以看作是一个特殊的有向图，具体来说，对于智能体 v_α 和智能体 v_β ，如果 $(v_\alpha, v_\beta) \in \varepsilon$ ，那么同时 $(v_\beta, v_\alpha) \in \varepsilon$ 。简而言之，智能体 v_α 和智能体 v_β 之间是双向通信，且彼此都能观测到对方。图 1-4 分别给出了有向图和无向图的示例。

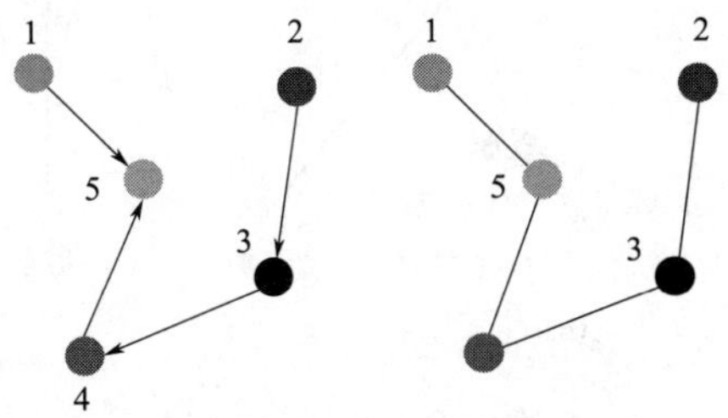

图 1-4　有向图和无向图的示例

基于有向拓扑图，给出 Henneberg 构型 [135] 的定义。

有向拓扑图 $G = (v, \varepsilon)$ 由智能体 v_i 、 v_k 和一个有向边 (v_k, v_i) 组成。一个新的有向拓扑图 $G' = \{v', \varepsilon'\}$ 可以在图 G 的基础上通过增加新的智能体和分裂有向边生成。图 1-5 给出了一个 Henneberg 构型的例子，其中图（a）（b）（c）中底部的两个圆点表示领导者智能体，其他圆点是跟随者智能体。

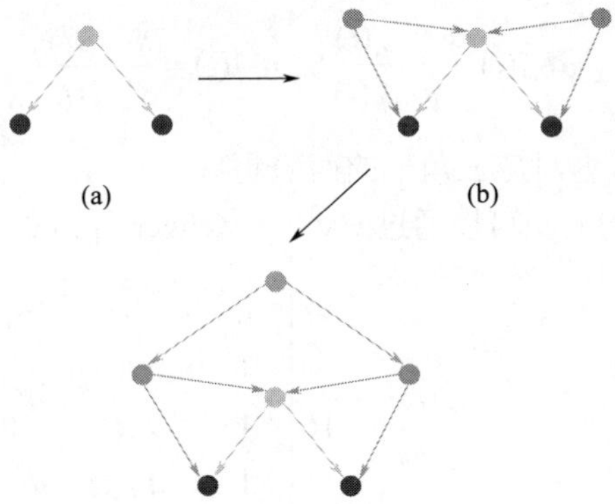

图 1-5　Henneberg 构型示例

1.5.2　重心坐标概述

当智能体利用传感器测量得到的感知变量为相对距离时，可以引入重心坐标来表征智能体之间的相对位置关系。接下来将分别介绍二维平面和三维空间中重心坐标的计算方法。

二维平面内智能体 l 相对于智能体 h、j 和 k 的分布示例如图 1-6 所示，重心坐标

被用来描述智能体 l 相对于其邻居智能体的位置。在二维平面中，至少需要 3 个位置不共线的邻居智能体，才能实现智能体 l 的自定位估计。在图 1-6（a）中，智能体 l 位于邻居智能体 h 、j 和 k 所构成的凸包内。在图 1-6（b）中，智能体 l 是任意分布的。

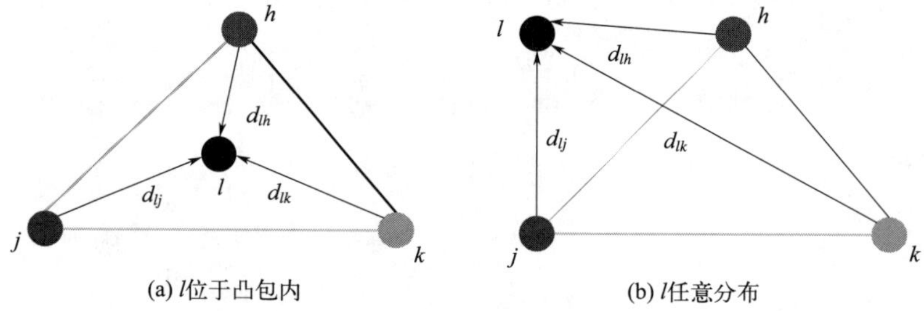

图 1-6　二维平面内智能体 l 相对于智能体 h 、j 和 k 的分布示例

定义智能体 l 的欧式坐标为 $\boldsymbol{c}_l(t)=[c_{l,1}(t),c_{l,2}(t)]^{\mathrm{T}}$，其他三个邻居智能体 h 、j 和 k 的欧式坐标分别定义为 $\boldsymbol{c}_h(t)$ 、$\boldsymbol{c}_j(t)$ 和 $\boldsymbol{c}_k(t)$ 。智能体 l 相对于邻居智能体 h 、j 和 k 的重心坐标为 $\{a_{l,h}(t),a_{l,j}(t),a_{l,k}(t)\}$ 。在图 1-6（a）中，重心坐标满足：$a_{l,h}(t)+a_{l,j}(t)+a_{l,k}(t)=1$，且 $\boldsymbol{c}_l(t)=a_{l,h}(t)\boldsymbol{c}_h(t)+a_{l,j}(t)\boldsymbol{c}_j(t)+a_{l,k}(t)\boldsymbol{c}_k(t)$，其中 t 表示采样间隔。图 1-6（b）中重心坐标之间的关系将在第 2 章给出。

重心坐标值 $\{a_{l,h}(t),a_{l,j}(t),a_{l,k}(t)\}$ 可以通过如下公式计算：

$$-a_{l,h}(t)=\frac{s_{\triangle ljk}(t)}{s_{\triangle hjk}(t)},\quad a_{l,j}(t)=\frac{s_{\triangle lkh}(t)}{s_{\triangle hjk}(t)},\quad a_{l,k}(t)=\frac{s_{\triangle lhj}(t)}{s_{\triangle hjk}(t)} \tag{1-1}$$

式中，s 为对应三角形的面积 [136]。

三角形的面积可以通过 Cayley-Menger 行列式 [137] 计算得到。具体给出如下：

$$\boldsymbol{s}_{\triangle ljk}^2(t)=-\frac{1}{16}\begin{vmatrix} 0 & 1 & 1 & 1 \\ 1 & 0 & d_{lj}^2(t) & d_{lk}^2(t) \\ 1 & d_{jl}^2(t) & 0 & d_{jk}^2(t) \\ 1 & d_{kl}^2(t) & d_{kj}^2(t) & 0 \end{vmatrix} \tag{1-2}$$

式中，$d_{lj}(t)$ 为智能体 l 和 j 在第 t 个采样时刻的相对距离。

三维空间中智能体 l 相对于邻居智能体的分布示例如图 1-7 所示。当只有相对距离变量可用时，至少需要 4 个非共面邻居智能体（n 、h 、j 和 k）才能实现智能体 l 在三维空间中的精确定位估计。

在图 1-7（a）中，智能体 n 、h 、j 和 k 是领导者，坐标已知。智能体 l 是跟随者，其坐标需要通过估计得到。令 $\boldsymbol{c}_\tau(t)$ 为智能体 τ（$\tau\in\{l,n,h,j,k\}$）在全局框架下的三维坐标向量表示为 $\boldsymbol{c}_\tau(t)=[c_{\tau,1}(t),c_{\tau,2}(t),c_{\tau,3}(t)]^{\mathrm{T}}$ 。智能体 l 相对于其邻居智能体 n 、h 、j 和 k 的重心坐标定义为 $\{a_{l,n}(t),a_{l,h}(t),a_{l,j}(t),a_{l,k}(t)\}$ 。重心坐标值可以通过如下等式计算得到：

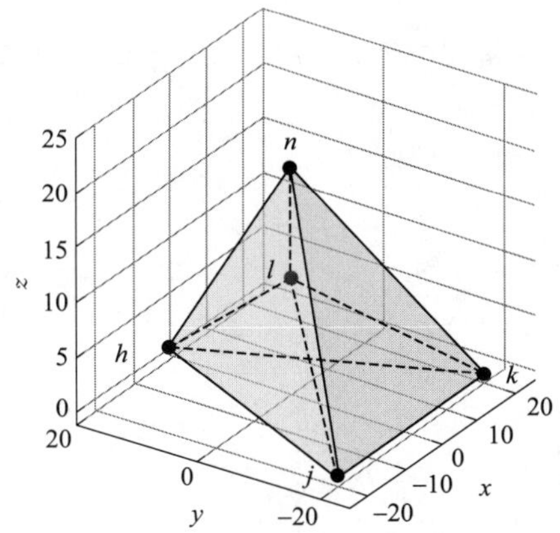

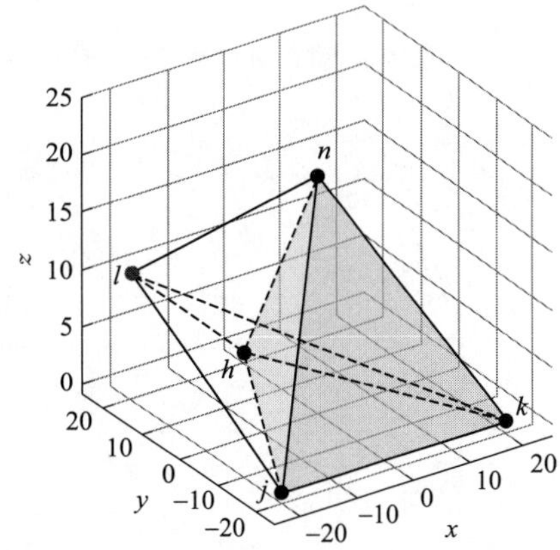

图 1-7　三维空间中智能体 l 相对于邻居智能体的分布示例

$$
\begin{aligned}
a_{l,n}(t) &= \frac{V_{lhjk}(t)}{V_{nhjk}(t)}, a_{l,h}(t) = \frac{V_{nljk}(t)}{V_{nhjk}(t)}, \\
a_{l,j}(t) &= \frac{V_{nlkh}(t)}{V_{nhjk}(t)}, a_{l,k}(t) = \frac{V_{nlhj}(t)}{V_{nhjk}(t)}
\end{aligned}
\tag{1-3}
$$

式中，V 为四面体的体积。

利用 Cayley-Menger 行列式计算四面体的体积:

$$
\boldsymbol{V}_{nhjk}^2(t) = \frac{1}{288}\begin{vmatrix} 0 & 1 & 1 & 1 & 1 \\ 1 & 0 & d_{nh}^2(t) & d_{nj}^2(t) & d_{nk}^2(t) \\ 1 & d_{hn}^2(t) & 0 & d_{hj}^2(t) & d_{hk}^2(t) \\ 1 & d_{jn}^2(t) & d_{jh}^2(t) & 0 & d_{jk}^2(t) \\ 1 & d_{kn}^2(t) & d_{kh}^2(t) & d_{kj}^2(t) & 0 \end{vmatrix}
\tag{1-4}
$$

式中，d_{xy} 为智能体间的相对距离，$x, y \in \{n, h, j, k\}$。

如图 1-7（a）所示，智能体 l 位于由 4 个邻居智能体 n、h、j 和 k 所构成的四面体的内部。因此，计算得到的重心坐标值满足如下条件：$a_{l,n}(t) + a_{l,h}(t) + a_{l,j}(t) + a_{l,k}(t) = 1$。图 1-7（b）中重心坐标之间的关系将在第 2 章给出。

1.5.3　正交投影矩阵概述

局部方位测量示例如图 1-8 所示，每个智能体都具有自己的局部参考框架，并且与全局参考框架 ${}^g\Sigma$ 不对齐，智能体利用传感器测量得到的感知变量为局部方位角。定义 ${}^i\Sigma$ 为跟随者智能体 i 的局部参考框架，$\theta_i \in [0, 2\pi]$ 是智能体 i 相对于全局框架 ${}^g\Sigma$ 的方位角。智能体 i 和 k 之间的位移向量定义为 $\boldsymbol{c}_{ik} = c_k - c_i$，式中，$c_k$ 和 c_i 分别为智

能体 k 和 i 的全局坐标值。$\boldsymbol{b}_{ik}=\dfrac{c_k-c_i}{\|c_k-c_i\|}$ 是智能体 i 和 k 之间的单位方向向量。

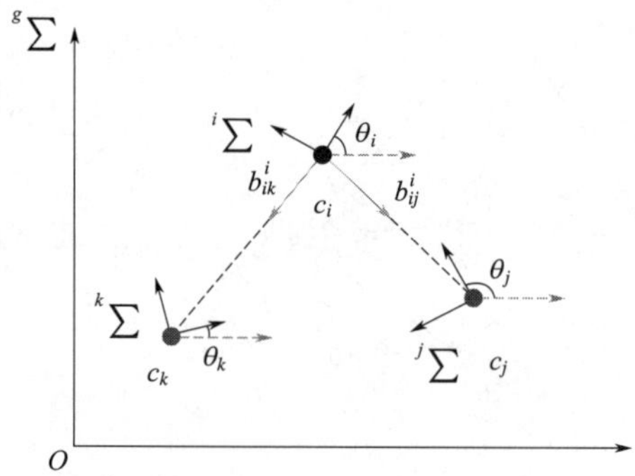

图 1-8　局部方位测量示例

智能体 i 在其局部参考框架 ${}^i\Sigma$ 下测量得到的智能体 k 的相对方位向量可以表示为 $\boldsymbol{b}_{ik}^i$。定义 $\boldsymbol{R}(\theta_i)=\begin{bmatrix}\cos\theta_i & -\sin\theta_i\\ \sin\theta_i & \cos\theta_i\end{bmatrix}$ 为局部参考框架 ${}^i\Sigma$ 相对于全局参考框架 ${}^g\Sigma$ 的旋转矩阵。基于旋转矩阵，可以得到智能体 i 和智能体 k 在全局框架下的方向向量：$\boldsymbol{b}_{ik}=\boldsymbol{R}(\theta_i)\boldsymbol{b}_{ik}^i$。

对于单位方向向量 $\boldsymbol{b}_{ik}$，正交投影矩阵[70] $\boldsymbol{Q}_{b_{ik}}$ 定义为 $\boldsymbol{Q}_{b_{ik}}=\boldsymbol{I}-\boldsymbol{b}_{ik}\boldsymbol{b}_{ik}^{\mathrm{T}}$，式中，$\boldsymbol{I}$ 为单位矩阵。正交投影矩阵 $\boldsymbol{Q}_{b_{ik}}$ 可以将任一向量投影到向量 $\boldsymbol{b}_{ik}$ 的正交补向量上。已经证明正交投影矩阵 $\boldsymbol{Q}_{b_{ik}}$ 是半正定矩阵，并且满足 $\boldsymbol{Q}_{b_{ik}}^{\mathrm{T}}=\boldsymbol{Q}_{b_{ik}}$，$\boldsymbol{Q}_{b_{ik}}^2=\boldsymbol{Q}_{b_{ik}}$，$\boldsymbol{Q}_{b_{ik}}\boldsymbol{b}_{ik}=0$。

1.5.4　方位角刚性理论概述

定义 1-1[125] 方位角可定位性。

当且仅当所有跟随者智能体的全局绝对位置信息可以通过使用领导者智能体的全局绝对位置信息和测量得到的局部方位角信息来唯一且准确地确定时，多智能体网络可以被称为方位角可定位的。

定义 1-2[139] 多智能体网络的自定位性。

当且仅当以下条件满足时，基于方位角信息的多智能体网络被称为可自定位网络。

（1）领导者智能体的数量大于或等于两个。

（2）每个跟随者智能体具有到达领导者智能体的至少两条不相交的路径。

定义 1-3 符号函数 sig(・)。

对于变量 $x\in R$，$\operatorname{sig}^{\gamma}(x)=\operatorname{sign}(x)|x|^{\gamma}$，其中 $\gamma>0$，$\operatorname{sign}(\cdot)$ 是符号函数，

$$\operatorname{sign}(x)=\begin{cases}1, & x>0\\ 0, & x=0\\ -1, & x<0\end{cases}\tag{1-5}$$

对于标量，$\mathrm{sig}^2(-2)=-4$。对于向量，$x\in[x_1,\cdots,x_n]^{\mathrm{T}}\in R^n$，$\mathrm{sig}^\gamma(x)=\left[\mathrm{sign}(x_1)\right.$ $\left.|x_1|^\gamma,\cdots,\mathrm{sign}(x_n)|x_n|^\gamma\right]^{\mathrm{T}}$，例如 $\boldsymbol{A}=\begin{bmatrix}1 & -3\\ 2 & 0\end{bmatrix}$，那么 $\mathrm{sig}^2(A)=\begin{bmatrix}1 & -9\\ 4 & 0\end{bmatrix}$。

1.5.5 指定时间稳定性理论概述

引理 1-1[125] 指定时间稳定性判据。

考虑一个连续可微的函数 $y:R\to R_{\geqslant 0}$，如果满足以下条件:

$$\dot{y}(t)\leqslant -a_1 y-b_1\frac{\dot{\mu}}{\mu}y \tag{1-6}$$

式中，$a_1,b_1\in R_{>0}$。时变增益函数 $\mu(t)=\begin{cases}\dfrac{T^h}{(t_0+T-t)^h},t\in\left[t_0,t_0+T\right)\\ 1,0.5int\in\left[t_0+T,\infty\right)\end{cases}$，$\dot{\mu}(t)=\begin{cases}\dfrac{h}{T}\mu^{\left(1+\frac{1}{h}\right)},t\in\left[t_0,t_0+T\right)\\ 0,0.5int\in\left[t_0+T,\infty\right)\end{cases}$，$t\in\left[t_0,\infty\right)$，$h>0$，$T$ 为指定的收敛时间。

那么函数满足:

$$y(t)\begin{cases}\leqslant \mu^{-b_1}e^{-a_1(t-t_0)}y(t_0),t\in\left[t_0,t_0+T\right)\\ \equiv 0,1.2int\in\left[t_0+T,\infty\right)\end{cases} \tag{1-7}$$

即 y 经过指定的时长 T 后收敛至零。

第 2 章 重心坐标表征下多智能体系统分布式定位估计

2.1 概述
2.2 问题描述
2.3 二维平面分布式定位估计
2.4 三维空间分布式定位估计
2.5 仿真与实物实例
2.6 本章小结

本章研究有向图下具有重复运行特性的动态多智能体系统的实时定位估计问题，提出一种基于迭代学习的分布式定位估计算法。基于相对距离计算重心坐标，并将其用于表征智能体间的相对位置关系。与传统的沿时间轴的估计方法不同，该方法同时利用了迭代轴的信息，使用先前迭代中相同采样时刻的估计坐标来更新当前迭代的估计坐标，提高估计精度。此外，进一步研究在任意分布情形下多智能体系统的实时定位问题，提出一种改进的带符号系数的分布式定位估计算法。同时，将结果推广到三维空间中任意分布的多智能体系统的定位估计。通过引入 Richardson 迭代方法和无穷范数，证明所提出算法的全局渐近收敛性。最后，通过数值仿真和 Qbot-2e 机器人以及小型四旋翼无人机 Crazyflies 实验验证所得结果的有效性和实用性。

2.1 概述

精确定位是多智能体系统执行任务的基本要求。当智能体不能直接获得自身位置时，设计一种定位估计算法至关重要。近年来，多智能体系统的定位估计算法得到了广泛系统的研究。

根据定位估计算法中使用的检测变量的不同，现有的定位方法可分为三类：基于距离的估计方法、基于方位的估计方法和基于角度的估计方法。Khan 等 [59] 提出了一种基于重心坐标的分布式迭代定位估计算法，实现了系统的全局收敛。文献 [26] 提出了一种扩展的分布式坐标估计方案，消除了传感器节点位于邻居节点所构成的凸包内的约束。文献 [78] 研究了基于局部方位信息的传感器网络的定位问题，提出了一种分布式方位和位置估计方案。Chen 等 [85] 提出了一种三角形角度刚性理论，推导出了二维平面中基于角度定位算法全局收敛性的充分必要条件。

需要指出的是，现有的大多数文献集中于解决静态多智能体网络的精确定位问题。而动态是多智能体系统的固有属性，实时精确的定位估计是动态多智能体系统成功执行任务的前提。目前，有关动态多智能体系统的定位结果较少，局限于解决源定位或具有缓慢移动特性的融合定位问题 [131,132]。具有快速变化特性的动态多智能体系统的实时定位是一项重要且富有挑战性的工作。因此，设计一种分布式实时定位估计算法解决动态多智能体系统的定位问题至关重要。

受迭代学习控制 [141] 思想的启发，本章将二维学习能力应用于动态多智能体系统的实时定位估计。在该框架中，利用上一次迭代的估计坐标值来更新当前迭代的坐标，实现实时定位。简言之，本章提出了一种基于迭代学习的分布式定位估计算法，该算法可以解决有向图下具有重复运行特性的动态多智能体系统的实时精确定位估计问题。

本章的主要贡献可概括如下：①与现有的沿时间轴的估计方法不同，所提出的算法充分利用了多智能体系统的重复运行特性。②与文献 [131] 和 [132] 不同，所提出的算法解决了有向图下无速度约束的多智能体系统的实时定位问题。③所提出的带符号系数的分布式定位方法，实现了任意分布情形下动态多智能体系统的精确定位。

本章的其余部分安排如下：第 2.2 节对多智能体系统的定位问题进行了描述。第 2.3 节给出了二维平面中多智能体系统的分布式定位估计。第 2.4 节将结果扩展到三维空间中具有任意分布的多智能体系统。在第 2.5 节中，提供了数值模拟和实物实验。最后，第 2.6 节对本章的内容进行了总结。

2.2 问题描述

考虑一个具有重复运行特性的包含 N 个智能体的多智能体系统，其中 m 个智能体是领导者，标记为 $1,\cdots,m$，剩余的智能体是跟随者，标记为 $m+1,\cdots,N$。在全局参考框架下，智能体 l 的真实位置由 $\boldsymbol{c}_l(t)=[c_{l,1}(t),c_{l,2}(t)]^{\mathrm{T}}$ 表示，式中，$c_{l,1}(t)$，$c_{l,2}(t)$ 为横坐标与纵坐标。领导者智能体可以直接获得自身的全局坐标值，跟随者智能体通过与领导者的通信和局部感知信息间接估计自身的全局坐标值。智能体间的通信是单向的，其通信拓扑可表示为 $G=(v,\varepsilon)$。每个智能体都能够测量与邻居智能体之间的相对距离数据。

分别考虑多智能体系统在二维平面和三维空间中的分布式定位估计问题。本章的目标在于为凸包内和任意分布两种不同的应用场景开发一种有效的分布式定位估计方案。应用所提出的估计方案确保估计误差 $\boldsymbol{e}_l(t)$ 收敛到零，其中，$\boldsymbol{e}_l(t)=\hat{\boldsymbol{c}}_l(t)-\boldsymbol{c}_l^*(t)$，$l\in\{m+1,\cdots,N\}$，式中，$\hat{\boldsymbol{c}}_l(t)$ 为估计坐标；$\boldsymbol{c}_l^*(t)$ 为全局参考框架下的真实坐标。

2.3 二维平面分布式定位估计

首先考虑所有的跟随者智能体位于凸包内，如图 1-6（a）所示。在文献 [59] 中，Khan 等学者提出了一种基于重心坐标的分布式迭代定位算法，保证全局收敛。该工作解决了静态网络中传感器节点的定位估计问题，因此在实际应用中动态多智能体网络的实时定位估计问题更加常见。所以，设计一种实时的分布式定位估计算法具有非常重要的应用价值。

2.3.1 凸包条件下分布式定位估计

为了估计具有重复运行特性的动态智能体的精确实时坐标，本小节提出了一种基于迭代学习的分布式定位估计算法：

$$\hat{\boldsymbol{c}}_l^{i+1}(t)=\sum_{q\in N_l}a_{l,q}^{i+1}(t)\hat{\boldsymbol{c}}_q^i(t)+\sum_{w\in N_l}a_{l,w}^{i+1}(t)\hat{\boldsymbol{c}}_w^*(t) \tag{2-1}$$

式中，i 为迭代次数；N_l 为智能体 l 的邻居智能体集合；$\boldsymbol{c}_w^*(t)$，$\hat{\boldsymbol{c}}_q^i(t)$ 为领导者

智能体的真实坐标和跟随者智能体的估计坐标；$a_{l,q}^{i+1}(t)$，$a_{l,w}^{i+1}(t)$为计算的重心坐标。

算法 2-1 给出了沿迭代轴进行定位估计的完整过程。

算法 2-1　凸包条件下估计跟随者智能体的真实坐标

迭代循环 i=1：Iteration。

赋初值　任意给定跟随者智能体的初始估计坐标值 $\hat{\boldsymbol{c}}_l^i(t), l \in \{m+1,\cdots,N\}$

步骤 1.　每一个跟随者智能体向邻居发送自身估计坐标 $\hat{\boldsymbol{c}}_l^i(t)$。

步骤 2.　测量相对距离，计算重心坐标 $a_{l,q}^{i+1}(t)$ 和 $a_{l,w}^{i+1}(t)$。

步骤 3.　更新：

$$\hat{\boldsymbol{c}}_l^{i+1}(t) = \sum_{q \in N_l} a_{l,q}^{i+1}(t)\hat{\boldsymbol{c}}_q^i(t) + \sum_{w \in N_l} a_{l,w}^{i+1}(t)\boldsymbol{c}_w^*(t)$$

步骤 4.　更新 $i = i+1$，返回步骤 1。

考虑所有的跟随者智能体，可以得到一个紧凑的形式：

$$\hat{\boldsymbol{C}}_s^{i+1}(t) = \boldsymbol{P}^{i+1}(t)\hat{\boldsymbol{C}}_s^i(t) + \boldsymbol{B}^{i+1}(t)\boldsymbol{C}_a^*(t) \tag{2-2}$$

$$\boldsymbol{C}_a^*(t) = \left[[\boldsymbol{c}_1^*(t)]^{\mathrm{T}}, \cdots, [\boldsymbol{c}_m^*(t)]^{\mathrm{T}}\right]^{\mathrm{T}}$$

$$\hat{\boldsymbol{C}}_s^i(t) = \left[[\hat{\boldsymbol{c}}_{m+1}^i(t)]^{\mathrm{T}}, \cdots, [\hat{\boldsymbol{c}}_N^i(t)]^{\mathrm{T}}\right]^{\mathrm{T}}$$

$$\boldsymbol{P}^{i+1}(t) = \begin{bmatrix} 0 & a_{m+1,m+2}^{i+1}(t) & \cdots & a_{m+1,N}^{i+1}(t) \\ a_{m+2,m+1}^{i+1}(t) & 0 & \cdots & a_{m+2,N}^{i+1}(t) \\ \vdots & \vdots & \ddots & \vdots \\ a_{N,m+1}^{i+1}(t) & a_{N,m+2}^{i+1}(t) & \cdots & 0 \end{bmatrix} \in R^{(N-m)\times(N-m)}$$

$$\boldsymbol{B}^{i+1}(t) = \begin{bmatrix} a_{m+1,1}^{i+1}(t) & a_{m+1,2}^{i+1}(t) & \cdots & a_{m+1,m}^{i+1}(t) \\ a_{m+2,1}^{i+1}(t) & a_{m+2,2}^{i+1}(t) & \cdots & a_{m+2,m}^{i+1}(t) \\ \vdots & \vdots & \ddots & \vdots \\ a_{N,1}^{i+1}(t) & a_{N,2}^{i+1}(t) & \cdots & a_{N,m}^{i+1}(t) \end{bmatrix} \in R^{(N-m)\times m}$$

式中，$\boldsymbol{C}_a^*(t)$为领导者真实坐标的集合；$\hat{\boldsymbol{C}}_s^i(t)$为跟随者估计坐标的集合；$\boldsymbol{P}^{i+1}(t)$为跟随者智能体之间的相对位置关系；$\boldsymbol{B}^{i+1}(t)$为跟随者与领导者之间的相对位置关系。

下面将详细给出基于迭代学习的分布式定位估计算法 2-1 的收敛性定理及证明。

定理 2-1 考虑具有重复运行特性的动态多智能体系统定位估计问题。应用基于迭代学习的分布式定位估计算法 2-1 可以保证精确的定位估计，即 $\lim_{i\to\infty}\|\boldsymbol{E}_s^{i+1}(t)\|_\infty=0$。

证明：

定义估计误差 $\boldsymbol{E}_s^{i+1}(t)=\hat{\boldsymbol{C}}_s^{i+1}(t)-\boldsymbol{C}_s^*(t)$，式中，$\boldsymbol{C}_s^*(t)$ 为跟随者的真实坐标。

从等式（2-2）两端同时减去 $\boldsymbol{C}_s^*(t)$ 可以得到：

$$\begin{aligned}\hat{\boldsymbol{C}}_s^{i+1}(t)-\boldsymbol{C}_s^*(t)=&\boldsymbol{P}^{i+1}(t)[\hat{\boldsymbol{C}}_s^i(t)-\boldsymbol{C}_s^*(t)]\\&+\boldsymbol{P}^{i+1}(t)\boldsymbol{C}_s^*(t)-\boldsymbol{C}_s^*(t)+\boldsymbol{B}^{i+1}(t)\boldsymbol{C}_a^*(t)\end{aligned}\tag{2-3}$$

根据误差的定义可以得到如下结果：

$$\boldsymbol{E}_s^{i+1}(t)=\boldsymbol{P}^{i+1}(t)\boldsymbol{E}_s^i(t)+\boldsymbol{B}^{i+1}(t)\boldsymbol{C}_a^*(t)+[\boldsymbol{P}^{i+1}(t)-\boldsymbol{I}]\boldsymbol{C}_s^*(t)\tag{2-4}$$

等式两边取无穷范数：

$$\left\|\boldsymbol{E}_s^{i+1}(t)\right\|_\infty\leqslant\left\|\boldsymbol{P}^{i+1}(t)\right\|_\infty\left\|\boldsymbol{E}_s^i(t)\right\|_\infty+\left\|\boldsymbol{B}^{i+1}(t)\boldsymbol{C}_a^*(t)+[\boldsymbol{P}^{i+1}(t)-\boldsymbol{I}]\boldsymbol{C}_s^*(t)\right\|_\infty\tag{2-5}$$

不等式（2-5）右侧的第 2 项可以展开为：

$$\begin{aligned}&\boldsymbol{B}^{i+1}(t)\boldsymbol{C}_a^*(t)+[\boldsymbol{P}^{i+1}(t)-\boldsymbol{I}]\boldsymbol{C}_s^*(t)\\&=\begin{bmatrix}a_{m+1,1}^{i+1}(t)&a_{m+1,2}^{i+1}(t)&\cdots&a_{m+1,m}^{i+1}(t)\\a_{m+2,1}^{i+1}(t)&a_{m+2,2}^{i+1}(t)&\cdots&a_{m+2,m}^{i+1}(t)\\\vdots&\vdots&\ddots&\vdots\\a_{N,1}^{i+1}(t)&a_{N,2}^{i+1}(t)&\cdots&a_{N,m}^{i+1}(t)\end{bmatrix}\begin{bmatrix}\boldsymbol{c}_1^*(t)\\\boldsymbol{c}_2^*(t)\\\vdots\\\boldsymbol{c}_m^*(t)\end{bmatrix}\\&+\begin{bmatrix}-1&a_{m+1,m+2}^{i+1}(t)&\cdots&a_{m+1,N}^{i+1}(t)\\a_{m+2,m+1}^{i+1}(t)&-1&\cdots&a_{m+2,N}^{i+1}(t)\\\vdots&\vdots&\ddots&\vdots\\a_{N,m+1}^{i+1}(t)&a_{N,m+2}^{i+1}(t)&\cdots&-1\end{bmatrix}\begin{bmatrix}\boldsymbol{c}_{m+1}^*(t)\\\boldsymbol{c}_{m+2}^*(t)\\\vdots\\\boldsymbol{c}_N^*(t)\end{bmatrix}\end{aligned}\tag{2-6}$$

求解等式（2-6）可得：

$$\begin{gathered}a_{m+1,1}^{i+1}(t)\boldsymbol{c}_1^*(t)+\cdots+a_{m+1,m}^{i+1}(t)\boldsymbol{c}_m^*(t)+a_{m+1,m+2}^{i+1}(t)\\\times\boldsymbol{c}_{m+2}^*(t)+\cdots+a_{m+1,N}^{i+1}(t)\boldsymbol{c}_N^*(t)-\boldsymbol{c}_{m+1}^*(t)\\\vdots\\a_{N,1}^{i+1}(t)\boldsymbol{c}_1^*(t)+\cdots+a_{N,m}^{i+1}(t)\boldsymbol{c}_m^*(t)+a_{N,m+1}^{i+1}(t)\\\times\boldsymbol{c}_{m+1}^*(t)+\cdots+a_{N,N-1}^{i+1}(t)\boldsymbol{c}_{N-1}^*(t)-\boldsymbol{c}_N^*(t)\end{gathered}\tag{2-7}$$

因为 $\boldsymbol{c}^*(t)$ 表示真实的坐标，基于 $\boldsymbol{c}_l(t)=a_{lh}(t)\boldsymbol{c}_h(t)+a_{lj}(t)\boldsymbol{c}_j(t)+a_{lk}(t)\boldsymbol{c}_k(t)$ 可知，当邻居智能体的真实坐标已知时，待定位智能体的坐标可以被唯一确定。从 $\boldsymbol{B}^{i+1}(t)\boldsymbol{C}_a^*(t)+[\boldsymbol{P}^{i+1}(t)-\boldsymbol{I}]\boldsymbol{C}_s^*(t)$ 可以得到：

$$
\begin{gathered}
a_{m+1,1}^{i+1}(t)\boldsymbol{c}_1^*(t)+\cdots+a_{m+1,m}^{i+1}(t)\boldsymbol{c}_m^*(t)+a_{m+1,m+2}^{i+1}(t) \\
\boldsymbol{c}_{m+2}^*(t)+\cdots+a_{m+1,N}^{i+1}(t)\boldsymbol{c}_N^*(t)=\boldsymbol{c}_{m+1}^*(t) \\
\vdots \\
a_{N,1}^{i+1}(t)\boldsymbol{c}_1^*(t)+\cdots+a_{N,m}^{i+1}(t)\boldsymbol{c}_m^*(t)+a_{N,m+1}^{i+1}(t) \\
\times\boldsymbol{c}_{m+1}^*(t)+\cdots+a_{N,N-1}^{i+1}(t)\boldsymbol{c}_{N-1}^*(t)=\boldsymbol{c}_N^*(t)
\end{gathered} \tag{2-8}
$$

等式（2-8）意味着：

$$
\left\|\boldsymbol{B}^{i+1}(t)\boldsymbol{C}_a^*(t)+[\boldsymbol{P}^{i+1}(t)-\boldsymbol{I}]\boldsymbol{C}_s^*(t)\right\|_\infty=0 \tag{2-9}
$$

矩阵 $\boldsymbol{P}^{i+1}(t)$ 中的元素表示跟随者智能体之间的重心坐标值，由此可知矩阵 $\boldsymbol{P}^{i+1}(t)$ 中的行和小于 1。根据无穷范数的性质可以得到 $\left\|\boldsymbol{P}^{i+1}(t)\right\|_\infty=\sigma_1<1$。

基于式（2-6）~式（2-9）的分析，可以得到如下结果：

$$
\begin{aligned}
\left\|\boldsymbol{E}_s^{i+1}(t)\right\|_\infty &\leqslant \sigma_1\left\|\boldsymbol{E}_s^{i}(t)\right\|_\infty \leqslant \sigma_1^2\left\|\boldsymbol{E}_s^{i-1}(t)\right\|_\infty \\
&\leqslant\cdots\leqslant \sigma_1^{i+1}\left\|\boldsymbol{E}_s^{0}(t)\right\|_\infty
\end{aligned} \tag{2-10}
$$

由于 $0<\sigma_1<1$ 且初始估计误差 $\left\|\boldsymbol{E}_s^{0}(t)\right\|_\infty$ 有界，不等式（2-10）意味着 $\lim_{i\to\infty}\left\|\boldsymbol{E}_s^{i+1}(t)\right\|_\infty=0$。证毕。

2.3.2 任意分布条件下分布式定位估计

本小节将讨论图 1-6（b）中所示的情形，即待定位的智能体 l 位于其邻居智能体所构成的凸包外。此时，所计算的重心坐标之和大于 1，所以第 2.3.1 小节中提出的方法将不适用。本小节的目标是开发一种分布式定位估计算法解决具有任意分布的动态多智能体系统的实时定位问题。

首先，需要考虑如何确定重心坐标的符号。

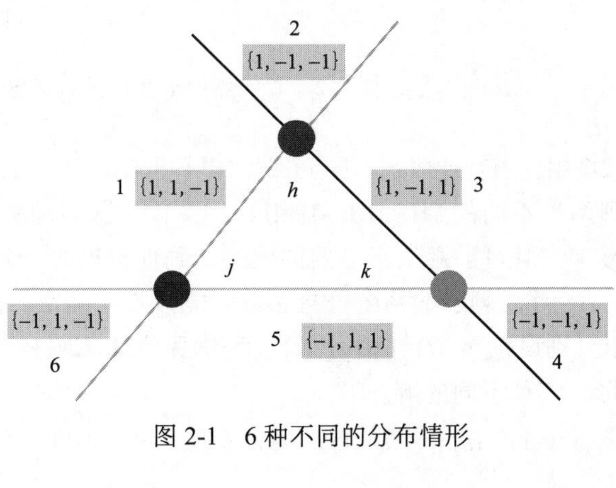

图 2-1　6 种不同的分布情形

考虑智能体 l 和其邻居智能体 h 、 j 和 k ，如图 2-1 所示，当智能体 l 任意分布时，将存在 6 种不同的情形 $\{1,2,3,4,5,6\}$ 。此时，所计算的重心坐标不能满足重心坐标之和等于 1 的条件 $a_{l,h}(t)+a_{l,j}(t)+a_{l,k}(t)=1$ 。因此需要对 6 种不同的分布情形进行分析，确保精确的定位估计。引入一个带符号的时变系数 $\gamma(t)$ ，其值为 +1 或 −1 。具体算法如下:

$$\gamma_{l,h}(t)a_{l,h}(t)+\gamma_{l,j}(t)a_{l,j}(t)+\gamma_{l,k}(t)a_{l,k}(t)=1 \tag{2-11}$$

此时，智能体 l 的重心坐标满足:

$$\boldsymbol{c}_l(t)=\gamma_{l,h}(t)a_{l,h}(t)\boldsymbol{c}_h(t)+\gamma_{l,j}(t)a_{l,j}(t)\boldsymbol{c}_j(t)+\gamma_{l,k}(t)a_{l,k}(t)\boldsymbol{c}_k(t)$$

从等式（2-11）可求解得到，当智能体 l 位于 6 个不同区域 $\{1,2,3,4,5,6\}$ 时，重心坐标的符号系数 $\{\gamma_{l,h}(t),\gamma_{l,j}(t),\gamma_{l,k}(t)\}$ 的值分别为 $\{1,1,-1\}$ ， $\{1,-1,-1\}$ ， $\{1,-1,1\}$ ， $\{-1,-1,1\}$ ， $\{-1,1,1\}$ ， $\{-1,1,-1\}$ 。

需要说明在一些特殊情形下，等式（2-11）的解不唯一。接下来将针对这些特殊情形给出详细的分析。

情形 1 智能体 1 位于两个区域的交界处。

当智能体 l 位于两个区域的交界处时，其重心坐标之一等于零，此时等式（2-11）将有两个不同的解。因此，为了使定位算法正常工作并实现精确定位，提出了如图 2-2 所示区分机制。

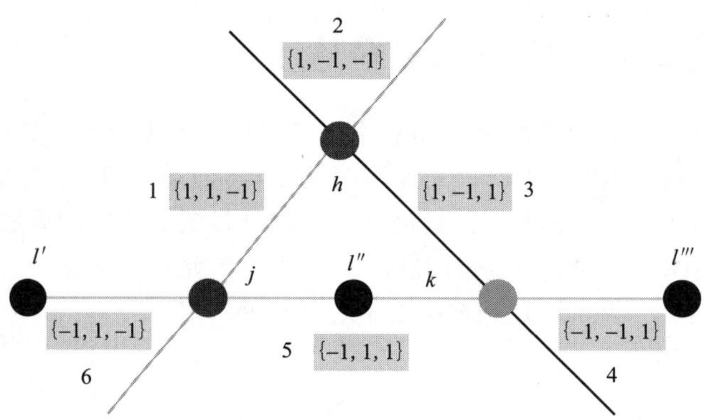

图 2-2　智能体位于两个区域交界处

图 2-2 中，当智能体 l 位于点 l' 时，重心坐标 $a_{l,h}(t)=0$ 。此时，通过求解等式（2-11）可以得到两种不同的解： $\{1,1,-1\}$ 和 $\{-1,1,-1\}$ 。这两种解都是可行的，不会对定位精度产生影响。但为了避免不必要的混淆，确保解的唯一性。当 $a_{l,h}(t)=0$ ，将符号系数设置为 $\gamma_{l,h}(t)=1$ ，剩余的两个符号系数就能被唯一确定。同样，当 $a_{l,j}(t)=0$ 和 $a_{l,k}(t)=0$ 时，可以分别设置 $\gamma_{l,j}(t)=1$ 和 $\gamma_{l,k}(t)=1$ 来确保等式（2-11）解的唯一性。

情形 2 三种不同的解。

当 $a_{l,h}(t)=1$ ， $a_{l,j}(t)=a_{l,k}(t)$ ，可以发现等式（2-11）有三种不同的解。值得一提的

是，智能体 l 与其邻居智能体的位置不重合，因此 $a_{l,j}(t)$=$a_{l,k}(t)$=0 的情形不存在。与情形 1 类似，为了实现快速准确的定位，有必要设计一种判别方法来确定智能体 l 重心坐标符号系数 $\{\gamma_{l,h}(t),\gamma_{l,j}(t),\gamma_{l,k}(t)\}$ 的值。

在设计判别方法之前，需要介绍智能体 l 几个可能的位置。如图 2-3 所示，r 表示一条平行于 jk 的线。l'，l'' 和 l''' 是智能体 l 在第 t 个采样时刻三个可能的位置，其中 jl''' 平行于 hk，jh 平行于 kl'''。

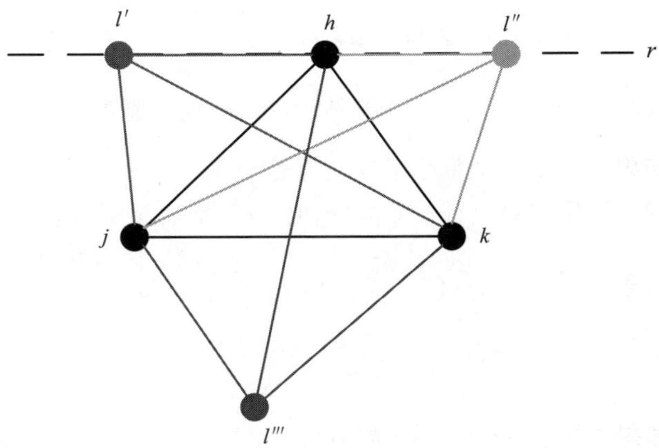

图 2-3　三种不同的解

引理 2-1 当智能体 l 在第 t 个采样时刻位于虚线 r 或 l''' 上的任意一点时，重心坐标满足 $a_{l,h}(t)$=1，$a_{l,j}(t)$=$a_{l,k}(t)$。

证明：

以图 2-3 中的 l' 和 l''' 为例来证明引理 2-1。当智能体 l 移动到点 l'，因为虚线 r 与 jk 平行，所以三角形 $\triangle ljk$ 和 $\triangle hjk$ 的高是相等的。两个三角形共用一个底 jk。因此可以得到 $S_{\triangle ljk}(t)$=$S_{\triangle hjk}(t)$，$a_{l,h}(t)$=1。同样的方法可以证明 $S_{\triangle lkh}$=$S_{\triangle lhj}$，$a_{l,j}(t)$=$a_{l,k}(t)$。

当智能体 l 移动到点 l''' 时，智能体 h、j、k 和 l 构成了一个平行四边形，根据平行四边形的性质，可以得到 $S_{\triangle ljk}(t)$=$S_{\triangle hjk}(t)$，$a_{l,h}(t)$=1，$S_{\triangle lkh}$=$S_{\triangle lhj}$，$a_{l,j}(t)$=$a_{l,k}(t)$。

证毕。

根据情形 2 的分析，判别算法给出如下：

$$\begin{gathered}\text{if}\ \ d_{hj}(t)=d_{lk}(t),d_{jl}(t)=d_{hk}(t)\\ d_{hl}^2(t)+d_{jk}^2(t)=2d_{hj}^2(t)+2d_{hk}^2(t)\\ \text{then}\ \{\gamma_{l,h}(t),\gamma_{l,j}(t),\gamma_{l,k}(t)\}=\{-1,1,1\}\end{gathered}\tag{2-12}$$

$$\begin{gathered}\text{if}\ d_{jl}^2(t)<d_{hj}^2(t)+d_{hl}^2(t)\\ \text{then}\ \{\gamma_{l,h}(t),\gamma_{l,j}(t),\gamma_{l,k}(t)\}=\{1,1,-1\}\end{gathered}\tag{2-13}$$

$$\begin{gathered}\text{if}\ d_{jl}^2(t)>d_{hj}^2(t)+d_{hl}^2(t)\\ \text{then}\ \{\gamma_{l,h}(t),\gamma_{l,j}(t),\gamma_{l,k}(t)\}=\{1,-1,1\}\end{gathered}\tag{2-14}$$

可根据三角形余弦定理推导得出算法式（2-13）和算法式（2-14），证明过程略。

在判别算法式（2-12）~算法式（2-14）分析的基础上，算法 2-2 给出了确定重心坐标符号系数的详细过程。

算法 2-2　确定二维平面中重心坐标的符号系数

输入　$a_{l,h}(t)$，$a_{l,j}(t)$，$a_{l,k}(t)$，$d_{hl}(t)$，$d_{hj}(t)$，$d_{hk}(t)$，$d_{jl}(t)$，$d_{jk}(t)$，$d_{lk}(t)$。

求解　等式（2-11）。若解唯一，则跳至步骤输出。

如果　其中一个重心坐标的值等于 0，

则　设置对应符号系数的值为 1，然后跳至步骤求解。

如果　$d_{hl}^2(t)+d_{jk}^2(t)=2d_{hj}^2(t)+2d_{hk}^2(t)$，$d_{hj}(t)=d_{lk}(t)$ 且 $d_{jl}(t)=d_{hk}(t)$，

则　$\{\gamma_{l,h}(t),\gamma_{l,j}(t),\gamma_{l,k}(t)\}=\{-1,1,1\}$。

如果　$d_{jl}^2(t)<d_{hj}^2(t)+d_{hl}^2(t)$，

则　$\{\gamma_{l,h}(t),\gamma_{l,j}(t),\gamma_{l,k}(t)\}=\{1,1,-1\}$。

如果　$d_{jl}^2(t)>d_{hj}^2(t)+d_{hl}^2(t)$，

则　$\{\gamma_{l,h}(t),\gamma_{l,j}(t),\gamma_{l,k}(t)\}=\{1,-1,1\}$。

输出　$\{\gamma_{l,h}(t),\gamma_{l,j}(t),\gamma_{l,k}(t)\}$。

确定重心坐标系的符号系数后，提出了一种带有符号系数的分布式定位估计算法。

$$\hat{\boldsymbol{c}}_l^{i+1}(t)=\sum_{q\in N_l}\gamma_{l,q}^{i+1}(t)a_{l,q}^{i+1}(t)\hat{\boldsymbol{c}}_q^i(t)+\sum_{w\in N_l}\gamma_{l,w}^{i+1}(t)a_{l,w}^{i+1}(t)\boldsymbol{c}_w^*(t) \tag{2-15}$$

等式（2-15）和等式（2-1）的区别在于增加了符号系数 $\gamma_{l,q}^{i+1}(t)$ 和 $\gamma_{l,w}^{i+1}(t)$ 来确保 $\gamma_{l,h}(t)a_{l,h}(t)+\gamma_{l,j}(t)a_{l,j}(t)+\gamma_{l,k}(t)a_{l,k}(t)=1$。

考虑所有 $(N-m)$ 个跟随者智能体，给出等式（2-15）的紧凑形式:

$$\hat{\boldsymbol{C}}_s^{i+1}(t)=\boldsymbol{G}^{i+1}(t)\hat{\boldsymbol{C}}_s^i(t)+\boldsymbol{\Phi}^{i+1}(t)\boldsymbol{C}_a^*(t) \tag{2-16}$$

其中：$\boldsymbol{\Phi}^{i+1}(t)=\begin{bmatrix}\gamma_{m+1,1}^{i+1}(t)a_{m+1,1}^{i+1}(t) & \cdots & \gamma_{m+1,m}^{i+1}(t)a_{m+1,m}^{i+1}(t)\\ \vdots & \ddots & \vdots\\ \gamma_{N,1}^{i+1}(t)a_{N,1}^{i+1}(t) & \cdots & \gamma_{N,m}^{i+1}(t)a_{N,m}^{i+1}(t)\end{bmatrix}$

$$
\boldsymbol{G}^{i+1}(t)=\begin{bmatrix} 0 & \begin{matrix}\gamma_{m+1,m+2}^{i+1}(t)\\ \times a_{m+1,m+2}^{i+1}(t)\end{matrix} & \cdots & \begin{matrix}\gamma_{m+1,N}^{i+1}(t)\\ \times a_{m+1,N}^{i+1}(t)\end{matrix} \\ \begin{matrix}\gamma_{m+2,m+1}^{i+1}(t)\\ \times a_{m+2,m+1}^{i+1}(t)\end{matrix} & 0 & \cdots & \begin{matrix}\gamma_{m+2,N}^{i+1}(t)\\ \times a_{m+2,N}^{i+1}(t)\end{matrix} \\ \vdots & \vdots & \ddots & \vdots \\ \begin{matrix}\gamma_{N,m+1}^{i+1}(t)\\ \times a_{N,m+1}^{i+1}(t)\end{matrix} & \begin{matrix}\gamma_{N,m+2}^{i+1}(t)\\ \times a_{N,m+2}^{i+1}(t)\end{matrix} & \cdots & 0 \end{bmatrix}
$$

根据 2.3.1 小节的分析可知，当跟随者智能体任意分布时，矩阵 $\boldsymbol{G}^{i+1}(t)$ 可能会不稳定，因此，算法式（2-16）可能不收敛。

受 Richardson 迭代方法 [142] 的启发，本小节提出了一种基于迭代学习的改进型分布式定位估计算法。

$$
\hat{\boldsymbol{C}}_s^{i+1}(t)=\{\boldsymbol{I}-\delta[\boldsymbol{Q}^{i+1}(t)]^{\mathrm{T}}\boldsymbol{Q}^{i+1}(t)\}\hat{\boldsymbol{C}}_s^{i}(t)+\delta[\boldsymbol{Q}^{i+1}(t)]^{\mathrm{T}}\boldsymbol{\Phi}^{i+1}(t)\boldsymbol{C}_a^{*}(t) \tag{2-17}
$$

式中，δ 为常数系数；$\boldsymbol{Q}^{i+1}(t)=\boldsymbol{I}-\boldsymbol{G}^{i+1}(t)$，$\boldsymbol{I}-\boldsymbol{G}^{i+1}(t)$ 为非奇异的；$[\boldsymbol{Q}^{i+1}(t)]^{\mathrm{T}}\boldsymbol{Q}^{i+1}(t)$ 为正定的。

算法 2-3 给出了具有任意分布的动态多智能体系统的分布式定位估计算法的完整过程。

算法 2-3　任意分布条件下估计跟随者智能体的真实坐标

迭代循环　i=1：Iteration。

赋初值　任意给定跟随者智能体的初始估计坐标 $\hat{\boldsymbol{c}}_l^{i}(t), l\in\{m+1,\cdots,N\}$，选择常数系数 δ。

步骤 1.　每一个跟随者智能体向邻居发送自身估计坐标 $\hat{\boldsymbol{c}}_l^{i}(t)$。

步骤 2.　测量相对距离，计算重心坐标 $a_{l,q}^{i+1}(t)$ 和 $a_{l,w}^{i+1}(t)$。

步骤 3.　根据算法 2-2 确定符号系数 $\gamma_{l,q}^{i+1}(t)$ 和 $\gamma_{l,w}^{i+1}(t)$。

步骤 4.　更新：

$$
\hat{\boldsymbol{C}}_s^{i+1}(t)=\{\boldsymbol{I}-\delta[\boldsymbol{Q}^{i+1}(t)]^{\mathrm{T}}\boldsymbol{Q}^{i+1}(t)\}\hat{\boldsymbol{C}}_s^{i}(t)+\delta\left[\boldsymbol{Q}^{i+1}(t)\right]^{\mathrm{T}}\boldsymbol{\Phi}^{i+1}(t)\boldsymbol{C}_a^{*}(t)
$$

步骤 5.　更新 $i=i+1$，返回步骤 1。

下面将给出带有符号系数的改进型分布式定位估计算法 2-3 的收敛性定理及证明。

定理 2-2 考虑任意分布条件下具有重复运行特性的动态多智能体系统的实时定位问题。应用分布式定位估计算法 2-3，可以保证估计误差渐近收敛到零，即 $\lim_{i\to\infty}\left\|\boldsymbol{E}_s^{i+1}(t)\right\|_2=0$。

证明：

与 2.3.1 小节中的证明类似，等式（2-17）两侧同时减去 $\boldsymbol{C}_s^*(t)$ 可以得到：

$$\begin{aligned}\boldsymbol{E}_s^{i+1}(t)=\{\boldsymbol{I}-\delta[\boldsymbol{Q}^{i+1}(t)]^{\mathrm{T}}\boldsymbol{Q}^{i+1}(t)\}\boldsymbol{E}_s^{i}(t)+\\ \delta[\boldsymbol{Q}^{i+1}(t)]^{\mathrm{T}}[\boldsymbol{\Phi}^{i+1}(t)\boldsymbol{C}_a^*(t)-\boldsymbol{Q}^{i+1}(t)\boldsymbol{C}_s^*(t)]\end{aligned} \tag{2-18}$$

求解 $\boldsymbol{\Phi}^{i+1}(t)\boldsymbol{C}_a^*(t)-\boldsymbol{Q}^{i+1}(t)\boldsymbol{C}_s^*(t)$ 可得：

$$\begin{gathered}\gamma_{m+1,1}^{i+1}(t)a_{m+1,1}^{i+1}(t)\boldsymbol{c}_1^*(t)+\cdots+\gamma_{m+1,m}^{i+1}(t)a_{m+1,m}^{i+1}(t)\\ \times\boldsymbol{c}_m^*(t)+\gamma_{m+1,m+2}^{i+1}(t)a_{m+1,m+2}^{i+1}(t)\boldsymbol{c}_{m+2}^*(t)+\cdots+\\ \gamma_{m+1,N}^{i+1}(t)a_{m+1,N}^{i+1}(t)\boldsymbol{c}_N^*(t)=\boldsymbol{c}_{m+1}^*(t)\\ \vdots\\ \gamma_{N,1}^{i+1}(t)a_{N,1}^{i+1}(t)\boldsymbol{c}_1^*(t)+\cdots+\gamma_{N,m}^{i+1}(t)a_{N,m}^{i+1}(t)\boldsymbol{c}_m^*(t)\\ +\gamma_{N,m+1}^{i+1}(t)a_{N,m+1}^{i+1}(t)\boldsymbol{c}_{m+1}^*(t)+\cdots+\\ \gamma_{N,N-1}^{i+1}(t)a_{N,N-1}^{i+1}(t)\boldsymbol{c}_{N-1}^*(t)=\boldsymbol{c}_N^*(t)\end{gathered} \tag{2-19}$$

因为 $\boldsymbol{c}^*(t)$ 表示真实坐标，基于 $\boldsymbol{c}_l(t)=\gamma_{l,h}(t)a_{l,h}(t)\boldsymbol{c}_h(t)+\gamma_{l,j}(t)a_{l,j}(t)\boldsymbol{c}_j(t)+\gamma_{l,k}(t)a_{l,k}(t)\boldsymbol{c}_k(t)$ 可知，当相邻智能体的真实坐标已知时，可以唯一地确定待定位智能体的真实坐标。由等式（2-19）可知，$\delta[\boldsymbol{Q}^{i+1}(t)]^{\mathrm{T}}[\boldsymbol{\Phi}^{i+1}(t)\boldsymbol{C}_a^*(t)-\boldsymbol{Q}^{i+1}(t)\boldsymbol{C}_s^*(t)]=\boldsymbol{0}$。

因此，等式（2-18）可重新表述如下：

$$\boldsymbol{E}_s^{i+1}(t)=\{\boldsymbol{I}-\delta[\boldsymbol{Q}^{i+1}(t)]^{\mathrm{T}}\boldsymbol{Q}^{i+1}(t)\}\boldsymbol{E}_s^{i}(t) \tag{2-20}$$

算法 2-3 收敛的充分必要条件为矩阵 $\{\boldsymbol{I}-\delta[\boldsymbol{Q}^{i+1}(t)]^{\mathrm{T}}\boldsymbol{Q}^{i+1}(t)\}$ 的谱半径小于1。选择 δ 的值位于区间 $0<\delta<2/\lambda_{\max}$ 内，其中 $\lambda_{\max}$ 是矩阵 $[\boldsymbol{Q}^{i+1}(t)]^{\mathrm{T}}\boldsymbol{Q}^{i+1}(t)$ 的最大特征值。此时，矩阵 $\{\boldsymbol{I}-\delta[\boldsymbol{Q}^{i+1}(t)]^{\mathrm{T}}\boldsymbol{Q}^{i+1}(t)\}$ 是稳定的，并且算法 2-3 是收敛的。当 $\delta=2/(\lambda_{\min}+\lambda_{\max})$ 时收敛速率最快，其中 $\lambda_{\min}$ 是矩阵 $[\boldsymbol{Q}^{i+1}(t)]^{\mathrm{T}}\boldsymbol{Q}^{i+1}(t)$ 的最小特征值。具体证明过程可以参考文献 [143]，此处予以省略。

等式（2-20）两侧取范数可得：

$$\left\|\boldsymbol{E}_s^{i+1}(t)\right\|_2\leqslant\left\|\boldsymbol{I}-\delta[\boldsymbol{Q}^{i+1}(t)]^{\mathrm{T}}\boldsymbol{Q}^{i+1}(t)\right\|_2\left\|\boldsymbol{E}_s^{i}(t)\right\|_2 \tag{2-21}$$

令 $\sigma_2=\left\|\boldsymbol{I}-\delta[\boldsymbol{Q}^{i+1}(t)]^{\mathrm{T}}\boldsymbol{Q}^{i+1}(t)\right\|_2$，可以通过选择适当的 δ 来保证 $0<\sigma_2<1$，结果如下：

$$\left\|\boldsymbol{E}_s^{i+1}(t)\right\|_2\leqslant\sigma_2\left\|\boldsymbol{E}_s^{i}(t)\right\|_2\leqslant\sigma_2^2\left\|\boldsymbol{E}_s^{i-1}(t)\right\|_2\leqslant\cdots\leqslant\sigma_2^{i+1}\left\|\boldsymbol{E}_s^{0}(t)\right\|_2 \tag{2-22}$$

基于不等式（2-22）可以得到 $\lim_{i\to\infty}\left\|\boldsymbol{E}_s^{i+1}(t)\right\|_2=0$。

证毕。

2.3.3 特定分布条件下分布式定位估计

在多智能体系统满足某些特定拓扑结构时，估计器式（2-17）可以被简化。接下来，将对这一情形进行讨论和分析。

对于非对称非奇异矩阵$\boldsymbol{Q}^{i+1}(t)$，如果它可以对角化并且其特征值都是正的，则可以设计一种基于 Richardson 迭代方法的简化定位估计算法。

$$\hat{\boldsymbol{C}}_s^{i+1}(t)=[\boldsymbol{I}-\delta\boldsymbol{Q}^{i+1}(t)]\hat{\boldsymbol{C}}_s^{i}(t)+\delta\boldsymbol{\Phi}^{i+1}(t)\boldsymbol{C}_a^*(t) \tag{2-23}$$

为方便起见，省略中间分析过程。与前面的分析类似，可得:

$$[\boldsymbol{X}^{i+1}(t)]^{-1}\boldsymbol{Q}^{i+1}(t)\boldsymbol{X}^{i+1}(t)=\boldsymbol{\Lambda}=\mathrm{diag}[\lambda_1^{i+1}(t),\cdots,\lambda_{N-m}^{i+1}(t)] \tag{2-24}$$

式中，$\{\lambda_1^{i+1}(t),\cdots,\lambda_{N-m}^{i+1}(t)\}$为矩阵$\boldsymbol{Q}^{i+1}(t)$的特征值。

基于相似变换矩阵$\boldsymbol{X}^{i+1}(t)$和等式（2-24）中的结果，可以得到:

$$\boldsymbol{E}_s^{i+1}(t)=\boldsymbol{X}^{i+1}(t)\mathrm{diag}[1-\delta\lambda_1^{i+1}(t),\cdots,1-\delta\lambda_{N-m}^{i+1}(t)][\boldsymbol{X}^{i+1}(t)]^{-1}\boldsymbol{E}_s^{i}(t) \tag{2-25}$$

需要指出的是，等式（2-23）收敛的充要条件为矩阵$[\boldsymbol{I}-\delta\boldsymbol{Q}^{i+1}(t)]$所有特征值的模小于 1，即$\rho[\boldsymbol{I}-\delta\boldsymbol{Q}^{i+1}(t)]<1$，式中，$\rho$为谱半径。

定义$\rho[\boldsymbol{I}-\delta\boldsymbol{Q}^{i+1}(t)]=\max\{|1-\delta\lambda_1^{i+1}(t)|,\cdots,|1-\delta\lambda_{N-m}^{i+1}(t)|\}$。选择$0<\delta<2/\lambda_{\max}$，其中$\lambda_{\max}=\max\{|\lambda_1^{i+1}(t)|,\cdots,|\lambda_{N-m}^{i+1}(t)|\}$。可以得到$|1-\delta\lambda_\kappa^{i+1}(t)|<1$，$\kappa=1,\cdots,N-m$。进一步可得$\rho[\boldsymbol{I}-\delta\boldsymbol{Q}^{i+1}(t)]<1$。

剩余部分的证明与定理 2-2 的证明类似，此处予以省略。

2.4 三维空间分布式定位估计

本小节将讨论多智能体系统在三维空间中的定位估计问题。本小节的目标是设计一种分布式定位估计算法，解决具有任意分布的动态多智能体系统在三维空间中的实时定位估计问题。

如图 1-7（a）所示，当只有相对距离数据可用时，需要至少 4 个非共面的邻居智能体n、h、j和k来实现智能体l在三维空间中的精确定位估计。智能体l位于由 4 个邻居智能体n、h、j和k组成的四面体中，计算出的重心坐标满足$a_{l,n}(t)+a_{l,h}(t)+a_{l,j}(t)+a_{l,k}(t)=1$。因此智能体$l$的真实坐标可以通过如下算法得到。

$$\boldsymbol{c}_l(t)=a_{l,n}(t)\boldsymbol{c}_n(t)+a_{l,h}(t)\boldsymbol{c}_h(t)+a_{l,j}(t)\boldsymbol{c}_j(t)+a_{l,k}(t)\boldsymbol{c}_k(t) \tag{2-26}$$

说明 2-1 在三维空间中，当待定位的智能体位于其邻居智能体所构成的四面体内部时，其定位估计算法与二维空间中待定位智能体位于凸包内的算法相同。详细内容可参考算法 2-1。

需要注意的是，在图 1-7（a）中，待定位的智能体 l 总是位于其邻居智能体所构成的四面体中，这限制了定位算法在实际系统中的应用。事实上，如图 1-7（b）所示，智能体在三维空间中通常是任意分布的，并且智能体 l 及其邻居智能体 h 、 j 、 k 和 n 的位置不重叠。当智能体 l 在三维空间内任意分布时，条件 $a_{l,n}(t)+a_{l,h}(t)+a_{l,j}(t)+a_{l,k}(t)=1$ 通常无法得到满足，智能体 l 的坐标将无法利用算法式（2-1）估计得到。

因此，与 2.3.2 小节类似，引入值为 +1 或 −1 的时变符号系数 $\gamma(t)$ 来保证多智能体系统的可定位性。时变符号系数的求解算法给出如下:

$$\gamma_{l,n}(t)a_{l,n}(t)+\gamma_{l,h}(t)a_{l,h}(t)+\gamma_{l,j}(t)a_{l,j}(t)+\gamma_{l,k}(t)a_{l,k}(t)=1 \tag{2-27}$$

基于求解的符号系数，智能体 l 的坐标可通过等式（2-28）得到。

$$\begin{aligned}\boldsymbol{c}_l(t)=&\chi_{l,n}(t)a_{l,n}(t)\boldsymbol{c}_n(t)+\chi_{l,h}(t)a_{l,h}(t)\boldsymbol{c}_h(t)+\\&\chi_{l,j}(t)a_{l,j}(t)\boldsymbol{c}_j(t)+\chi_{l,k}(t)a_{l,k}(t)\boldsymbol{c}_k(t)\end{aligned} \tag{2-28}$$

三维空间中邻居智能体构成的四面体如图 2-4 所示，当四面体的 4 个平面无限延伸时，三维空间将被划分为 15 个不同的子空间，其中，4 个顶点 n 、 h 、 j 和 k 对应于 4 个不同的子空间，6 个边 nh 、 nj 、 nk 、 hj 、 hk 和 jk 对应于 6 个不同的子空间，4 个平面 nhk 、 nhj 、 njk 和 hjk 对应 4 个不同子空间，四面体 $nhjk$ 的内部也对应一个子空间。重心坐标的符号系数随智能体 l 所处子空间的不同而变化。

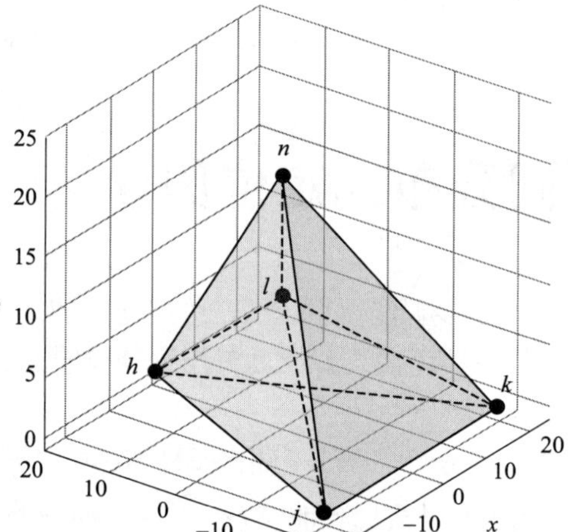

图 2-4　三维空间中邻居智能体构成的四面体

通过求解等式（2-27），符号系数 $[\gamma_{l,n}(t),\gamma_{l,h}(t),\gamma_{l,j}(t),\gamma_{l,k}(t)]$ 的值给出如下:

$\{(1,-1,-1,-1)|l\in \mathrm{n\_sub}\}$ ， $\{(-1,1,-1,-1)|l\in \mathrm{h\_sub}\}$ ， $\{(-1,-1,1,-1)|l\in \mathrm{j\_sub}\}$ ，

$\{(-1,-1,-1,1)|l\in \mathrm{k\_sub}\}$ ， $\{(1,1,-1,1)|l\in \mathrm{nhk\_sub}\}$ ， $\{(1,1,1,-1)|l\in \mathrm{nhj\_sub}\}$ ，

$\{(1,-1,1,1)|l\in \mathrm{njk\_sub}\}$ ， $\{(-1,1,1,1)|l\in \mathrm{hjk\_sub}\}$ ， $\{(1,1,-1,-1)|l\in \mathrm{nh\_sub}\}$ ，

$\{(1,-1,1,-1)|l \in \mathrm{nj\_sub}\}$， $\{(1,-1,-1,1)|l \in \mathrm{nk\_sub}\}$， $\{(-1,1,1,-1)|l \in \mathrm{hj\_sub}\}$，

$\{(-1,1,-1,1)|l \in \mathrm{hk\_sub}\}$， $\{(-1,-1,1,1)|l \in \mathrm{jk\_sub}\}$， $\{(1,1,1,1)|l \in \mathrm{nhjk\_sub}\}$。

为了节省空间，引入了一些缩写，例如，n_sub 表示与顶点 n 对应的子空间。

一般情况下，符号系数 $[\gamma_{l,n}(t),\gamma_{l,h}(t),\gamma_{l,j}(t),\gamma_{l,k}(t)]$ 的值可以通过求解式（2-27）被唯一地确定。但是，当智能体 l 位于一些特殊区域的时候，等式（2-27）的解不唯一。接下来，将对这些特殊情形展开详细的分析。

情形 1 等式（2-27）有两种不同的解。

当智能体 l 位于平面 hjk 的扩展面上（图 2-5），此时所计算的重心坐标 $a_{l,n}(t)=0$，等式（2-27）具有两种不同的解，即 $(1,1,1,-1)$ 和 $(-1,1,1,-1)$。为了确保式（2-27）具有唯一的解，当 $a_{l,n}(t)=0$ 时，符号系数 $\gamma_{l,n}(t)$ 被设置为 1。

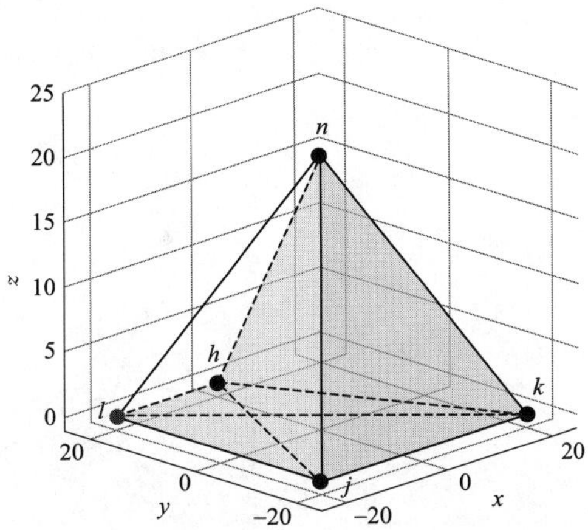

图 2-5　智能体 l 位于平面 hjk 的扩展面

类似地，当智能体 l 位于平面 nhj 的表面上时（图 2-6），即重心坐标 $a_{l,k}(t)=0$。此时，求解等式（2-27）也可以得到两种不同的解，即 $(1,1,1,-1)$ 和 $(1,1,1,1)$。因此当 $a_{l,k}(t)=0$，设置符号系数 $\gamma_{l,k}(t)$ 等于 1。

情形 2 等式（2-27）有四种不同的解。

当智能体 l 位于两个平面的连接线上时（图 2-7），等式（2-27）将有四种不同的解。例如，当智能体 l 位于 l_1 点时，重心坐标 $a_{l,h}(t)=0$ 和 $a_{l,k}(t)=0$。此时，可以得到四种不同的解，即 $(1,-1,-1,-1)$、$(1,1,-1,1)$、$(1,1,-1,-1)$ 和 $(1,-1,-1,1)$。类似地，当智能体 l 位于 l_2 或 l_3 点上时，等式（2-27）也存在四种不同的解。在这种情形下，可以通过设置 $\gamma_{l,h}(t)=1$ 和 $\gamma_{l,k}(t)=1$ 确保解的唯一性。

为了确定情形 2 中重心坐标的符号系数 $[\gamma_{l,n}(t),\gamma_{l,h}(t),\gamma_{l,j}(t),\gamma_{l,k}(t)]$，在重心坐标 $a_{l,h}(t)=0$ 和 $a_{l,k}(t)=0$ 的前提下，设计了一种判别机制。

如果 $d_{jn}(t)+d_{nl}(t)=d_{jl}(t)$，即智能体 l 位于 l_1，那么:

$$[\gamma_{l,n}(t),\gamma_{l,h}(t),\gamma_{l,j}(t),\gamma_{l,k}(t)]=(1,1,-1,1)$$

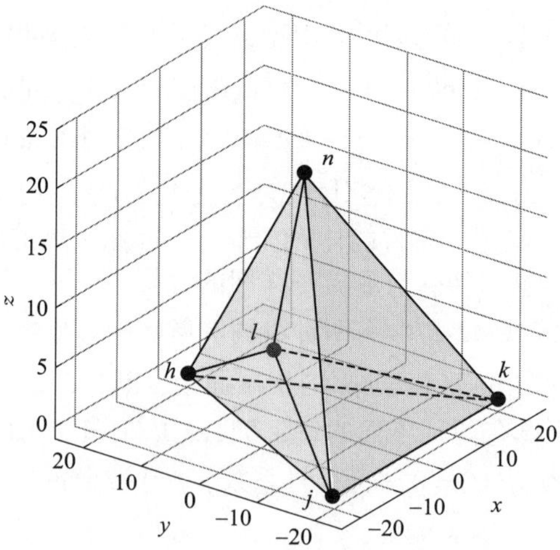

图 2-6　智能体 l 位于平面 nhj 的表面

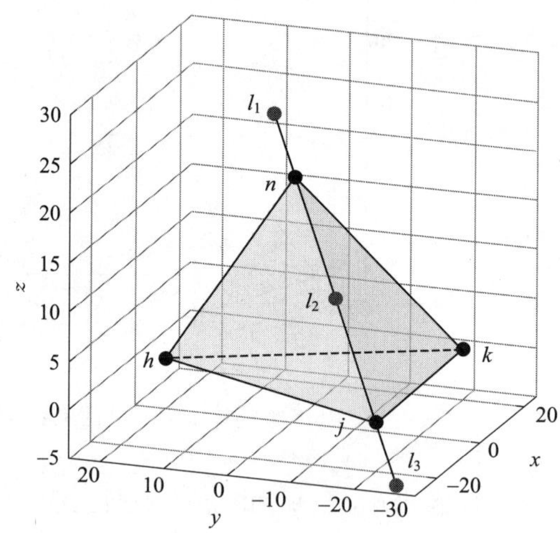

图 2-7　智能体 l 位于两平面的连接线

如果 $d_{jl}(t)+d_{nl}(t)=d_{jn}(t)$，即智能体 l 位于 l_2，那么：

$$[\gamma_{l,n}(t),\gamma_{l,h}(t),\gamma_{l,j}(t),\gamma_{l,k}(t)]=(1,1,1,1)$$

如果 $d_{jl}(t)+d_{jn}(t)=d_{nl}(t)$，即智能体 l 位于 l_3，那么：

$$[\gamma_{l,n}(t),\gamma_{l,h}(t),\gamma_{l,j}(t),\gamma_{l,k}(t)]=(-1,1,1,1)$$

算法 2-4　确定三维空间中重心坐标的符号系数

输入　$a_{l,n}(t)$，$a_{l,h}(t)$，$a_{l,j}(t)$，$a_{l,k}(t)$，$d_{hl}(t)$，$d_{hj}(t)$，$d_{hk}(t)$，$d_{jl}(t)$，$d_{jk}(t)$，$d_{lk}(t)$，$d_{nl}(t)$，$d_{nh}(t)$，$d_{nj}(t)$，$d_{nk}(t)$。

求解　等式（2-27）。若解唯一，则跳至步骤输出。

如果 其中一个重心坐标的值等于 0，
则 设置对应符号系数的值为 1，然后跳至步骤求解。

如果 重心坐标 $a_{l,k}(t)$ 和 $a_{l,h}(t)$ 的值等于 0 且 $d_{nl}(t)+d_{jl}(t)=d_{nj}(t)$，
则 $\{\gamma_{l,n}(t),\gamma_{l,h}(t),\gamma_{l,j}(t),\gamma_{l,k}(t)\}=\{1,-1,1,1\}$。

如果 重心坐标 $a_{l,k}(t)$ 和 $a_{l,h}(t)$ 的值等于 0 且 $d_{nl}(t)+d_{nj}(t)=d_{jl}(t)$，
则 $\{\gamma_{l,n}(t),\gamma_{l,h}(t),\gamma_{l,j}(t),\gamma_{l,k}(t)\}=\{1,1,-1,1\}$。

如果 重心坐标 $a_{l,k}(t)$ 和 $a_{l,h}(t)$ 的值等于 0 且 $d_{jl}(t)+d_{nj}(t)=d_{nl}(t)$，
则 $\{\gamma_{l,n}(t),\gamma_{l,h}(t),\gamma_{l,j}(t),\gamma_{l,k}(t)\}=\{-1,1,1,-1\}$。

输出 $\{\gamma_{l,n}(t),\gamma_{l,h}(t),\gamma_{l,j}(t),\gamma_{l,k}(t)\}$。

基于情形 1 和情形 2 的分析，算法 2-4 给出了确定重心坐标符号系数的详细且完整的过程。

确定重心坐标的符号系数后，可进一步设计任意分布条件下多智能体系统的分布式定位估计方案。设计和分析过程与 2.3.2 小节相同，此处予以省略。

说明 2-2 二维平面和三维空间中任意分布的多智能体系统的定位估计方案的主要区别如下：①重心坐标的计算方法，二维平面是三角形的面积比值，而三维空间中是四面体的体积之比。②重心坐标符号系数的确定方法，三维空间中重心坐标符号系数的确定方法要比二维平面中的复杂。

2.5 仿真与实物实例

在本小节中，给出了数值仿真模拟，并依托机器人和无人机平台进行了实验验证，以此来证明本章所提出的分布式定位估计算法的有效性和可实现性。

2.5.1 数值仿真

（1）二维平面中的数值仿真

在本小节中，以 7 个智能体为仿真对象来验证所提出的定位算法的有效性。分别考虑了两种不同的情形：第 1 种情形为跟随者智能体位于凸包内；第 2 种情形为跟随者智能体任意分布。

情形 1 跟随者智能体位于凸包内。

智能体间的有向通信拓扑如图 2-8 所示，其中 l_1、l_2、l_3 是领导者智能体，f_1、f_2、f_3、f_4 是跟随者智能体，所有的跟随者位于 3 个领导者所构成的凸包内。图 2-9

所示为包括 3 个领导者和 4 个跟随者在内的智能体轨迹曲线。

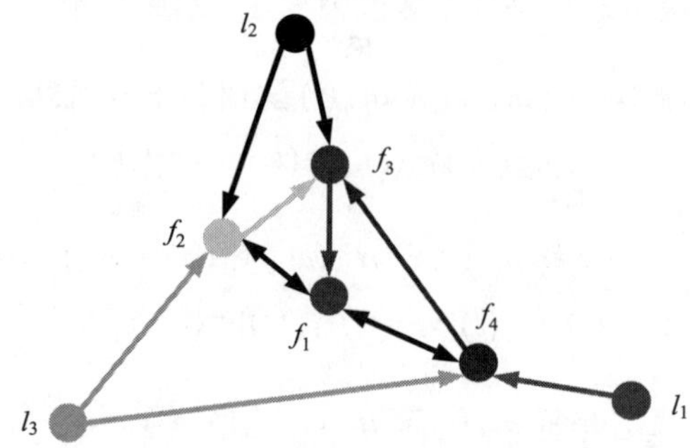

图 2-8　智能体间的有向通信拓扑

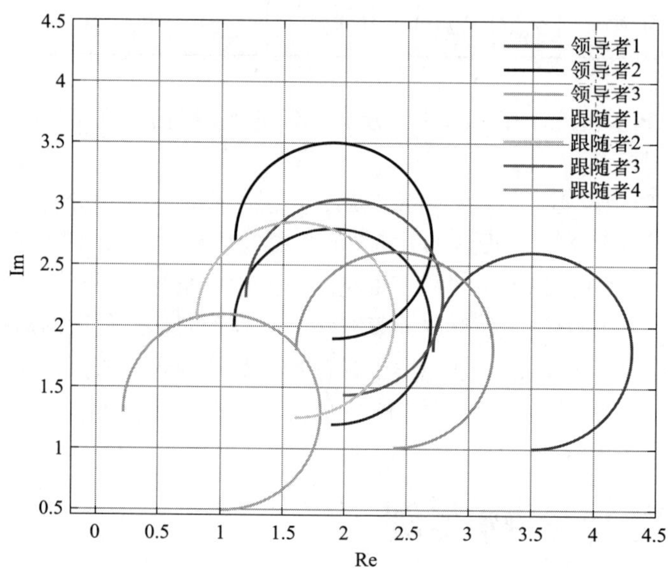

图 2-9　智能体的真实轨迹曲线

随机给定所有跟随者智能体的初始估计值，应用分布式定位估计算法 2-1。估计过程中沿迭代轴的最大估计误差如图 2-10 中的实线所示。最大估计误差定义为 $e_{l,\max}(i)=\max\limits_{t}\left\{\left\|\boldsymbol{c}_l^i(t)-\boldsymbol{c}_i^*(t)\right\|_2\right\}$。通过仿真结果得出结论：定位算法 2-1 可以保证估计误差的渐近收敛。

为了进一步展现定位估计算法 2-1 在收敛速度方面的优势，在本小节中给出了对比仿真。Ahn 等研究人员 [144] 针对单积分器建模的多智能体系统定位估计问题，提出了一种基于相对位置测量的分布式位置估计算法，具体如下：

$$\hat{p}_l^{i+1}(t)=\hat{p}_l^i(t)+k_c u_l^i(t)+k_o\sum_{j\in N_l}a_{lj}\{[\hat{p}_j^i(t)-\hat{p}_l^i(t)]-[p_j(t)-p_i(t)]\} \tag{2-29}$$

式中，$k_c>0$；$k_o>0$；$u_l^i(t)$ 为智能体 l 的速度；a_{lj} 为一个权重因子 $a_{lj}>0$；

$[p_j(t)-p_i(t)]$为测量的相对位置。

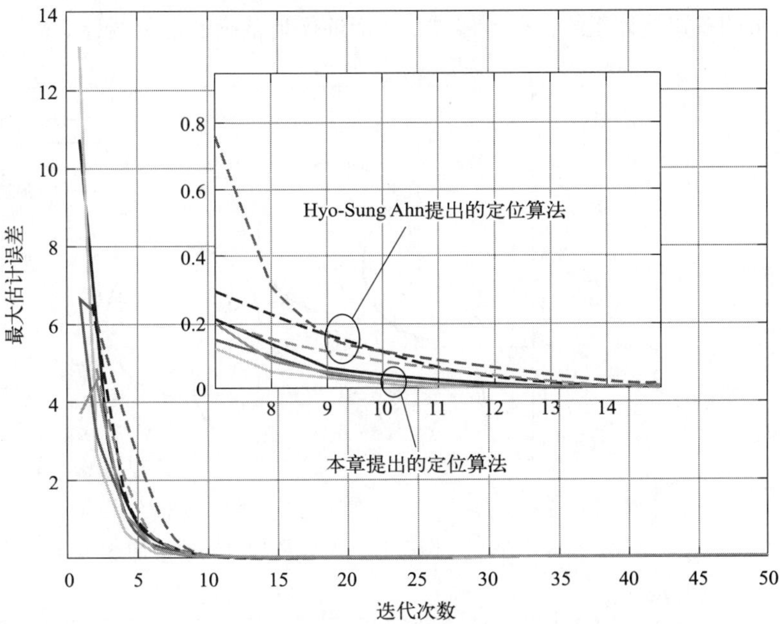

图 2-10　最大估计误差曲线

仿真条件与算法 2-1 相同，选择 $k_c=0.01$， $k_o=0.4$，所有的权重因子设置为 1。应用估计算法式（2-29），仿真结果如图 2-10 中的虚线所示。通过对比仿真结果可以发现，算法 2-1 中估计器的收敛速度要比算法（2-29）中估计器的收敛速度快。由此可以得出如下结论：基于迭代学习的分布式定位估计算法不仅可以保证精确的定位估计，还能提高估计器的收敛速度。

情形 2 跟随者智能体任意分布。

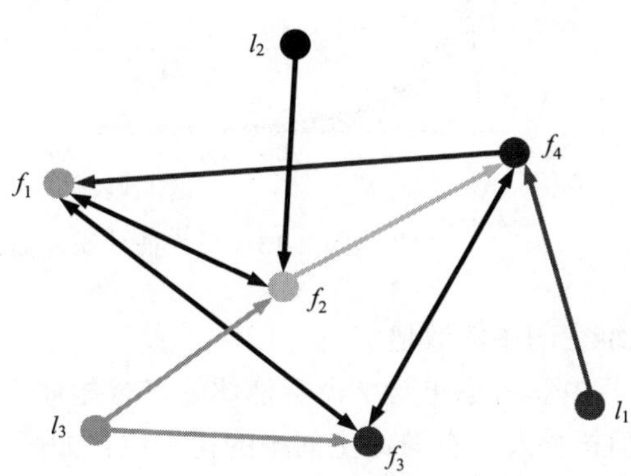

图 2-11　多智能体系统间的有向通信拓扑

多智能体系统间的有向通信拓扑如图 2-11 所示。领导者智能体和跟随者智能体的真实轨迹曲线如图 2-12 所示。常数系数选择为 $\delta=0.23$，应用分布式定位估计算法 2-3。图 2-13 给出了估计过程中沿迭代轴的最大估计误差曲线，可以发现，经过大约 40 次迭代，估计误差能够收敛到零。因此得出如下结论：对于二维空间中任意分布的多智能体系统，估计算法 2-3 能够保证精确的定位估计。

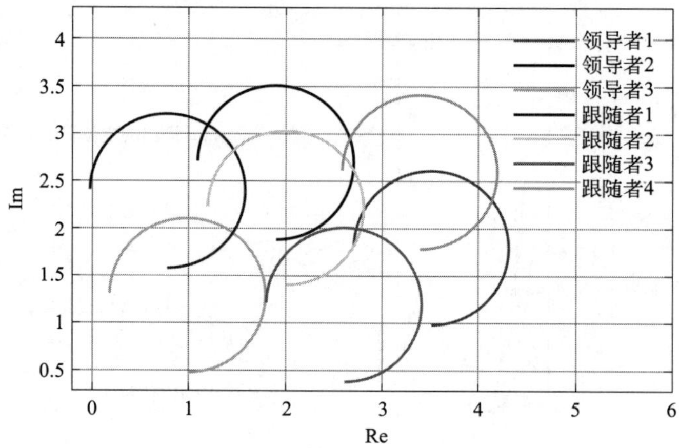

图 2-12　智能体的真实轨迹曲线

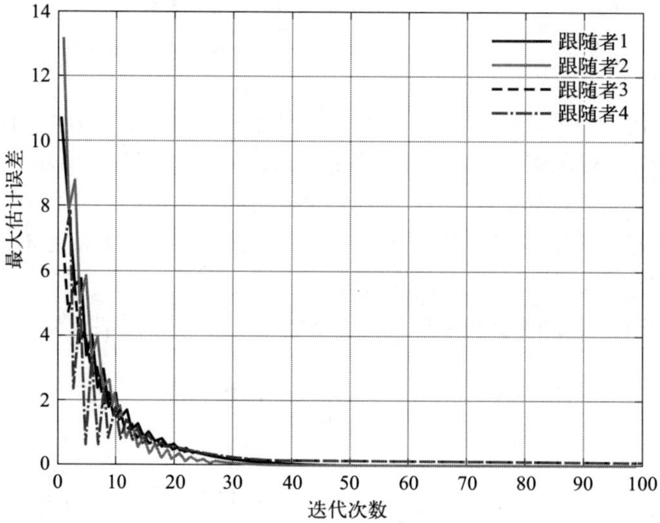

图 2-13　最大估计误差曲线

(2) 三维空间中的数值仿真

在本小节中，考虑包含 7 个智能体的多智能体系统作为仿真对象。7 个智能体之间的有向通信拓扑及其在三维空间中的初始位置如图 2-14 所示。领导者智能体 1 的真实轨迹曲线如图 2-15 所示，其中箭头表示智能体的移动方向。

跟随者智能体的初始估计值随机给出，应用分布式定位估计算法 2-4 和式 (2-17)。沿迭代轴的最大估计误差曲线如图 2-16 所示。从仿真结果可以发现最大估计误差能够渐近收敛到零。

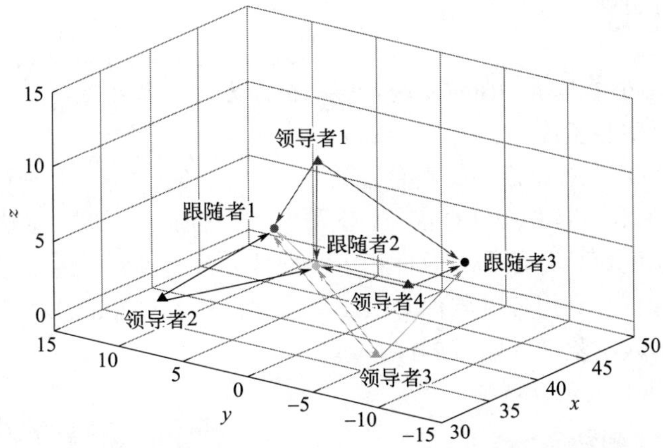

图 2-14　智能体间的通信拓扑和智能体的初始位置

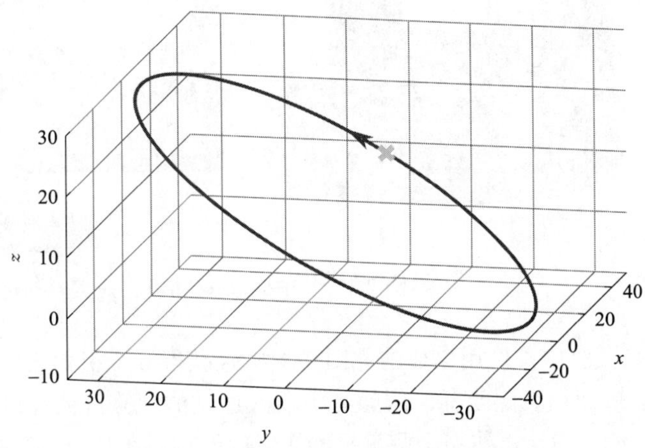

图 2-15　领导者智能体 1 的真实轨迹曲线

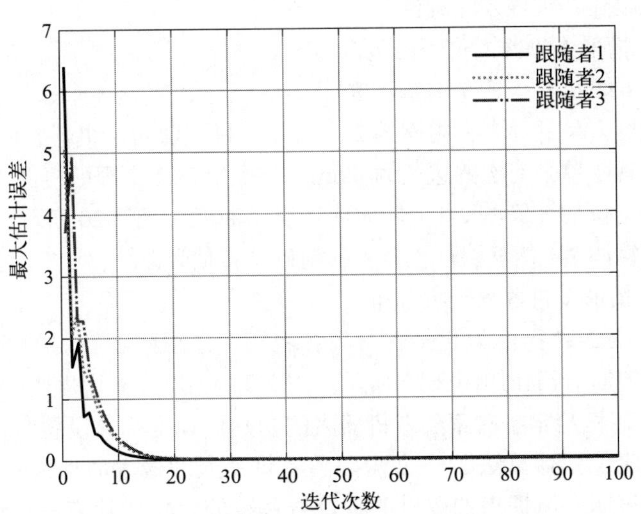

图 2-16　沿迭代轴的最大估计误差曲线

2.5.2　实验验证

本小节基于 QBot-2e 两轮移动机器人和小型四旋翼无人机对本章所提出的定位算法进行实验验证。

（1）二维平面中的实验验证

在本小节中，以 Quanser 公司生产的 QBot-2e 两轮移动机器人为实验对象，验证所提出的定位方法的有效性和可实现性。带有 Wi-Fi 路由器的主机用于处理机器人之间的通信。利用控制软件 QUARC 建立机器人与 Matlab 之间的通信接口。QBot-2e 移动机器人实验平台如图 2-17 所示。

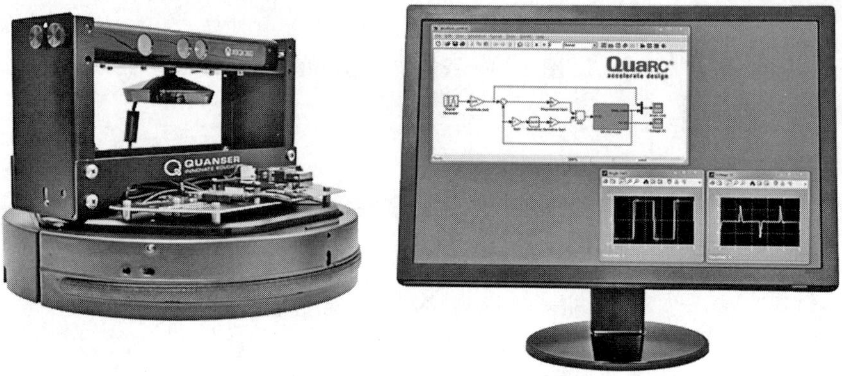

图 2-17　QBot-2e 移动机器人实验平台

在实验中，使用自建的地图和相机来获得 6 个机器人的真实坐标。领导者机器人可以直接使用真实坐标，跟随者机器人通过估计算法估计自身的坐标。机器人的速度为 0.7m/s。激光雷达用于测量机器人之间的相对距离，其采样频率为 60Hz。

分别考虑了两种不同的情形：第 1 种情形为跟随者机器人位于凸包内；第 2 种情形为跟随者机器人任意分布。

情形 1 机器人位于凸包内。

6 个机器人的部署情况如图 2-18 所示，包括 4 个领导者和 2 个跟随者。外圈的 4 个机器人是领导者，内圈的 2 个机器人是跟随者。机器人的真实轨迹曲线如图 2-19 所示，其中单个网格的边长为 0.6m。随机给定 2 个跟随机器人的初始估计坐标。应用分布式定位估计算法 2-1，最大估计误差曲线如图 2-20 所示。通过仿真结果可以得出结论，算法 2-1 能够保证机器人的精确位置估计。

情形 2 机器人随机分布。

图 2-21 所示为包括 3 个领导者和 3 个跟随者在内的 6 个机器人的分布。机器人之间的通信拓扑如图 2-22 所示。图 2-23 给出了 6 个机器人的真实轨迹曲线。

随机给定所有跟随者机器人的初始估计坐标。设置常数系数为 $\delta = 0.06$ 。应用分布式定位估计算法 2-3，2 个跟随者机器人的最大估计误差曲线如图 2-24 所示。实验结果表明，所提出的改进的带符号系数的定位估计方法保证了估计误差的渐近收敛，实现了机器人的精确定位。

图 2-18　机器人的分布示意图

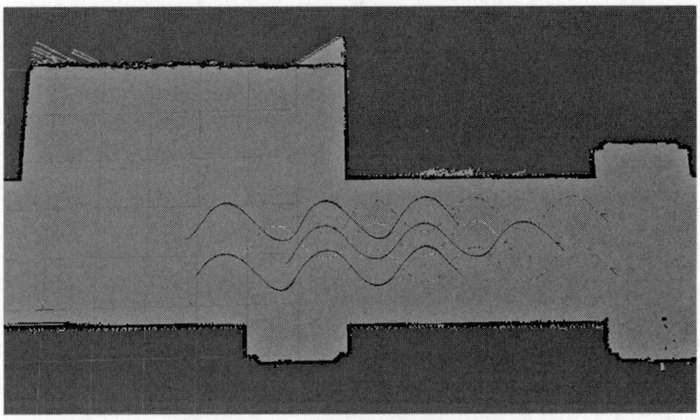

图 2-19　机器人的真实轨迹曲线

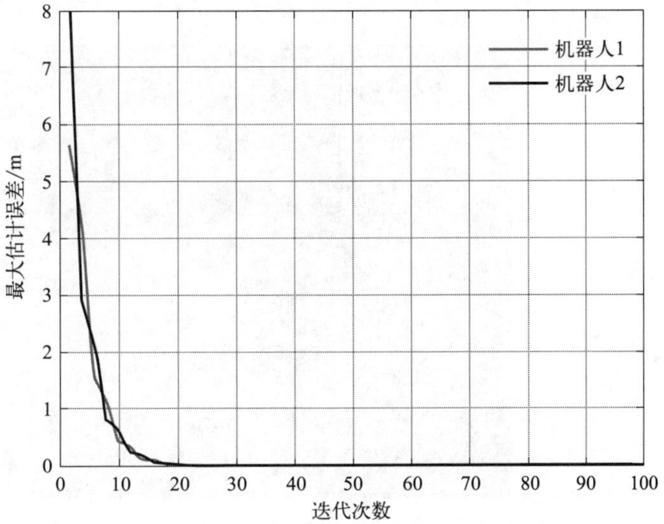

图 2-20　最大估计误差曲线

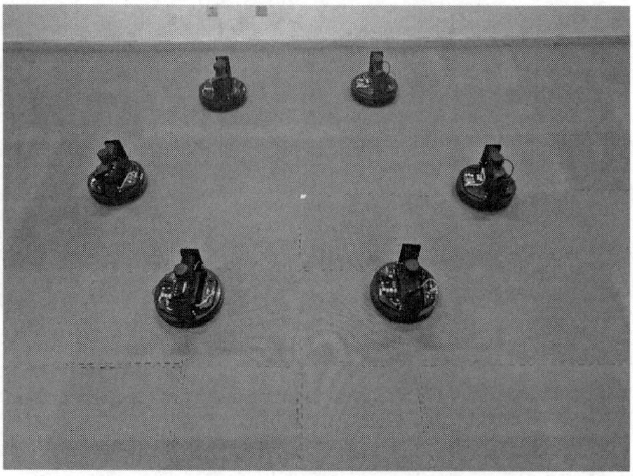

图 2-21　机器人的分布示意图

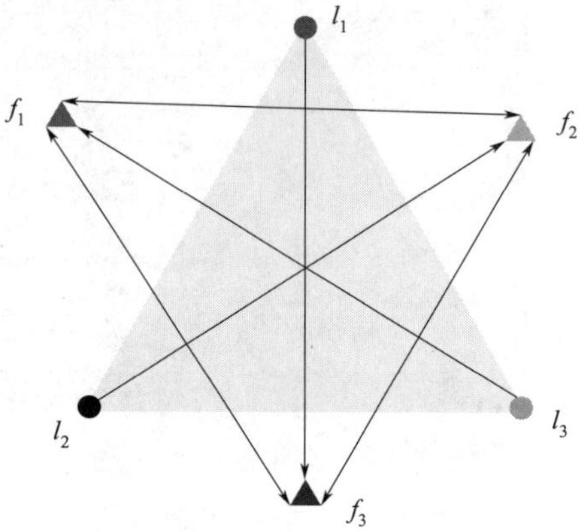

图 2-22　机器人间的通信拓扑

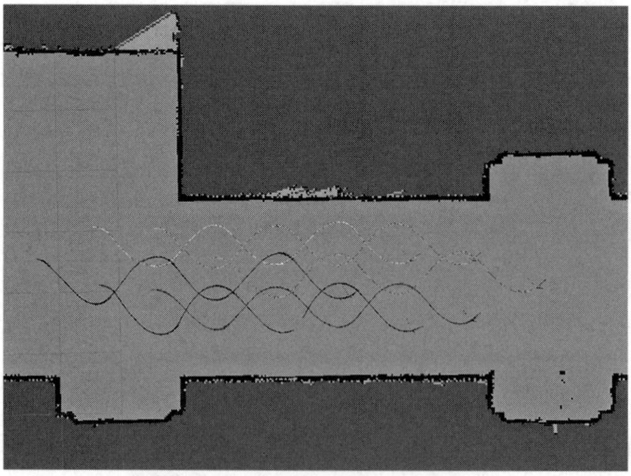

图 2-23　机器人的真实轨迹曲线

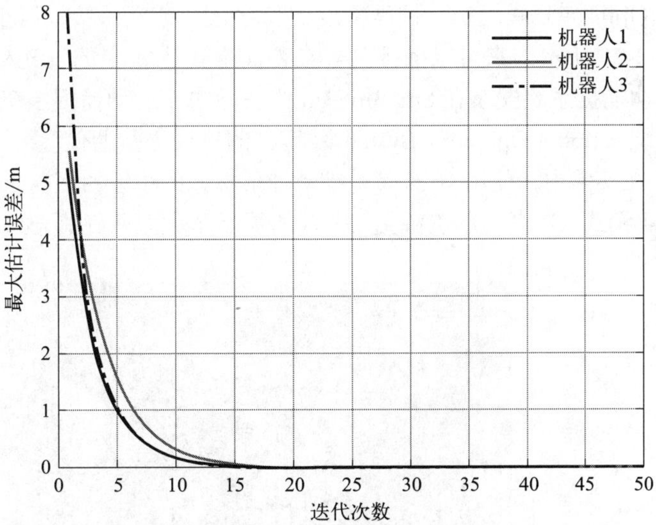

图 2-24　最大估计误差曲线

（2）三维空间中的实验验证

在本小节中，将利用无人机平台，进行小型四旋翼无人机实验，验证算法 2-4 和式（2-17）的有效性和可实现性，并对实验结果进行讨论和分析。

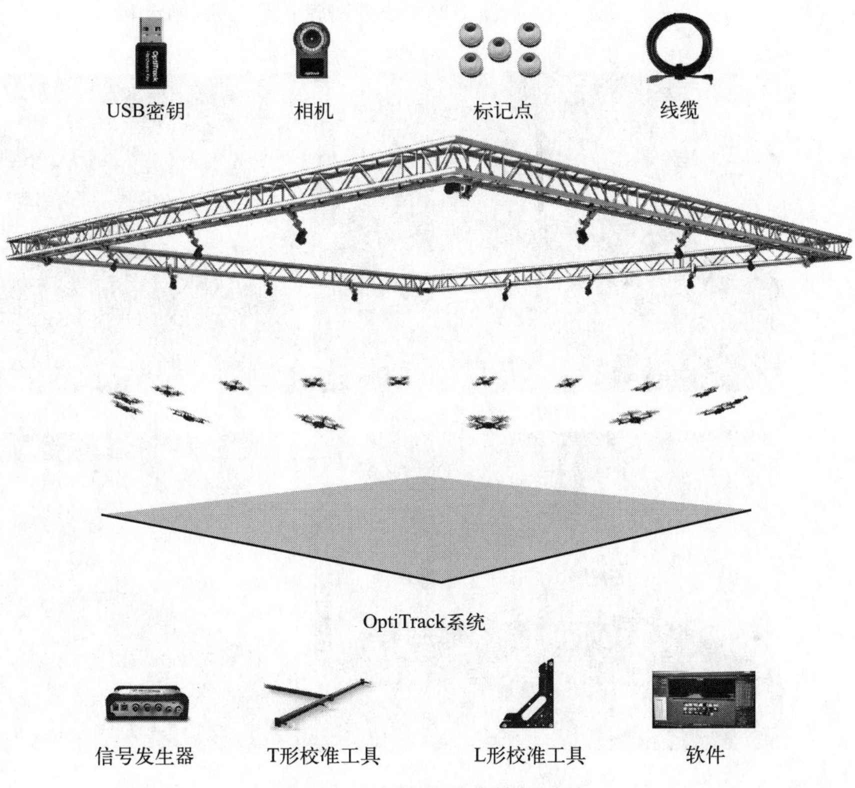

图 2-25　高精度动作捕捉系统

OptiTrack 系统是一种高精度的光学运动捕捉系统，属于被动红外光学定位技术，如图 2-25 所示，它可以捕捉附着在四旋翼无人机上的发光标记点。带有 20 个摄像头的运动捕捉系统安装在 8m×3m×3m 的空间内。运动捕捉系统和基站之间基于机器人操作系统（Robot Operating System）定义的协议进行通信。

在实验中，使用 10 架带有被动球形标记的小型四旋翼无人机 Crazyflie[145] 来测试算法 2-4 和式（2-17）的有效性。图 2-26 展示了小型四旋翼无人机 Crazyflie 的具体细节。

图 2-26　小型四旋翼无人机 Crazyflie

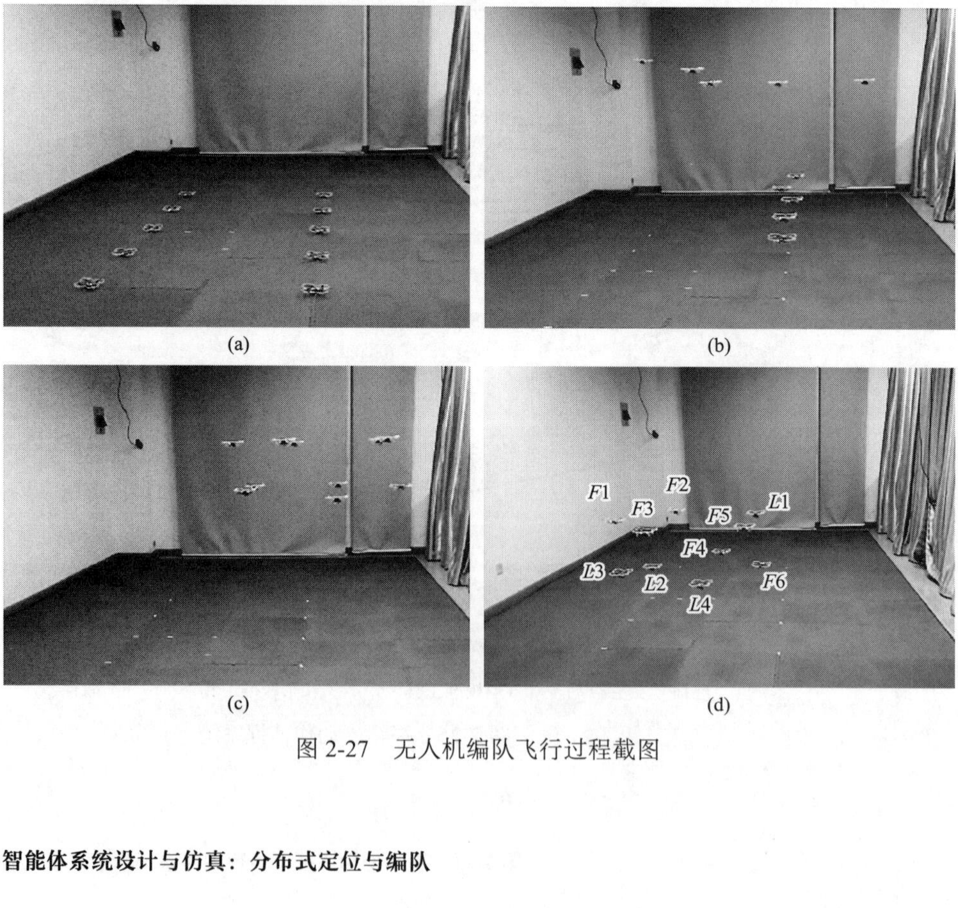

(a)　(b)　(c)　(d)

图 2-27　无人机编队飞行过程截图

图 2-27 展示出了 10 架无人机编队飞行的过程。6 架跟随者无人机的邻居集合如下：$N_{F_1}=\{F_3,F_5,L_2,L_3\}$，$N_{F_2}=\{F_4,L_1,L_2,L_4\}$，$N_{F_3}=\{L_1,L_2,L_3,L_4\}$，$N_{F_4}=\{F_1,L_2,L_3,L_4\}$，$N_{F_5}=\{F_2,F_3,L_2,L_4\}$，$N_{F_6}=\{F_2,L_1,L_3,L_4\}$

式中，L 为领导者；F 为跟随者。

10 架无人机的实时位置如图 2-28 所示，Crazyflie 的真实坐标可以通过 OptiTrack 系统实时获取，只有领导者可以直接得到其真实坐标，跟随者无人机通过估计算法估计自身的坐标。在实验中，使用超宽带（UWB）技术来测量无人机之间的相对距离。

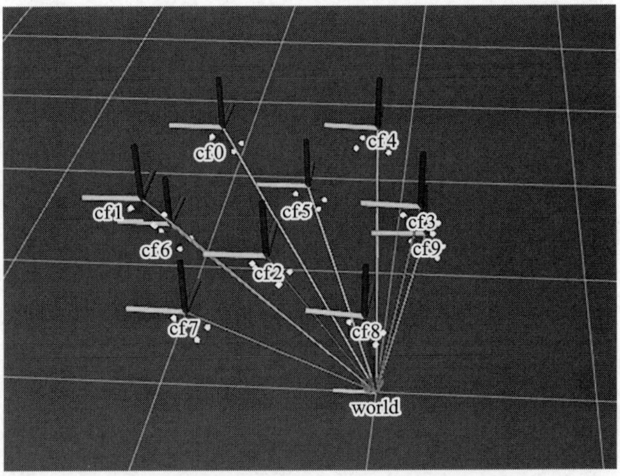

图 2-28　实验过程中无人机的实时位置

跟随者无人机的初始估计位置随机给定。选择参数 $\delta=3.2$，应用分布式定位估计算法 2-4 和式（2-17），最大估计误差曲线如图 2-29 所示，其中单位为米。通过实验

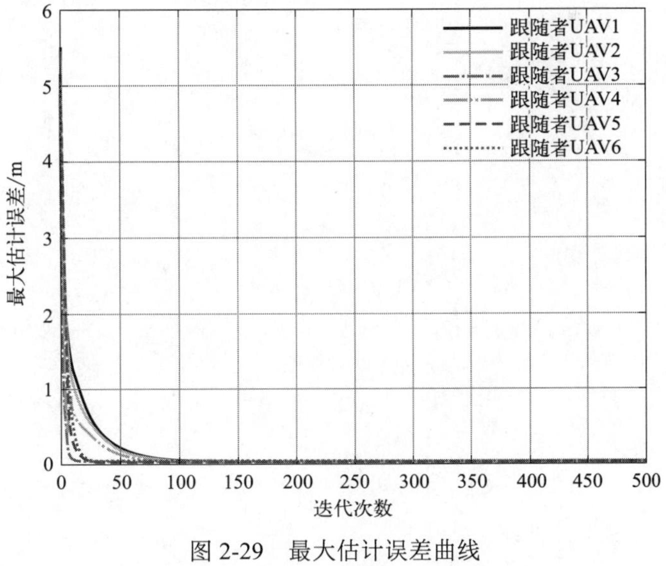

图 2-29　最大估计误差曲线

结果可以发现，分布式估计算法 2-4 和式（2-17）能够保证估计误差的渐近收敛，实现具有任意分布的无人机在三维空间中的精确定位。

从仿真和实验结果可以得出以下结论：基于迭代学习的分布式定位估计算法式（2-1）~算法式（2-4）解决了具有任意分布的多智能体系统的可定位性问题，实现了多智能体系统在二维平面和三维空间中精确定位估计。

2.6 本章小结

本章研究了在二维平面和三维空间中具有重复运行特性的多智能体系统的精确定位问题。针对凸包内智能体的定位问题，提出了一种基于迭代学习的分布式定位估计算法，上一次迭代中相同采样时刻的估计坐标用于更新当前迭代的坐标值，实现了智能体的精确定位估计。进一步将结果推广到了具有任意分布的多智能体系统，设计了一种新的计算和判别机制来确定符号系数。提出了一种改进的带符号系数的分布式定位估计算法，实现了智能体的实时精确定位。借助无穷范数和 Richardson 迭代方法，保证了多智能体系统在随机初始条件下的全局渐近收敛性。通过仿真和实验验证了算法的有效性和实用性。

第 3 章 非理想信道条件下多智能体系统分布式定位估计

3.1 概述
3.2 问题描述
3.3 有界通信时延下分布式定位估计
3.4 数据随机丢失下分布式定位估计
3.5 仿真实例
3.6 本章小结

本章将研究非理想信道条件下多智能体系统的精确定位估计问题。针对有界通信时延情形下的定位估计问题，提出一种连续的分布式定位估计算法，实现多智能体系统的精确定位估计。数据包上的迭代戳被用来检测接收到的是否为最新的数据包。进一步，将研究结果扩展到数据随机丢失情形下的精确定位估计，设计一种间歇的分布式定位估计算法。在数学期望意义上推导出收敛速度和数据丢失概率之间的关系。通过数值模拟仿真验证所提出的定位估计算法的有效性。

3.1 概述

在过去的三十多年中，基于量测信息的传感器网络精确定位算法受到了广泛关注。基于测量的相对距离信息，Khan 等研究人员 [59] 将节点定位问题转化为伪线性系统的求解问题。文献 [120] 讨论了基于方位信息的网络可定位问题。此外，具有混合局部相对测量的三维网络的定位问题也得以讨论和解决 [146]。除了上述关于静态传感器网络定位的研究，有关动态传感器网络的定位研究更符合实际应用的需求。Meng 等 [147] 研究了基于方位测量的智能体系统的定位与环绕导航问题。进一步，三维空间中未知静止目标的多智能体系统的定位和环绕导航问题得以实现 [148]。但这些方法要求智能体以给定的方式移动。此外，Deghat 等研究人员 [131,132] 提出了一种基于方位测量的估计方法，要求定位目标的移动速度比智能体的切向速度慢，保证估计误差的收敛性。

需要指出的一点是，上述工作都是在理想网络环境下开展的。在复杂网络环境中，智能体之间的数据通信延迟和数据随机丢失难以避免。数据通信延迟和丢包的原因通常在于无线网络中非理想的通信信道，如流量拥塞、不稳定和带宽限制等。直到最近几年，具有数据通信延迟的分布式定位估计问题才开始受到关注。Notaro 等研究人员 [149] 针对协同无人机群提出了一种分布式姿态和位置估计算法。在相对测量值可获得且叠加 GPS 信号的条件下保证了定位估计算法在测量延迟下的收敛性。Tian 等学者 [150,151] 利用扩展延迟图理论证明了异步定位算法在通信延迟和丢包情形下的全局收敛性。尽管具有通信延迟的多智能体系统的一致性受到了很多关注，但具有通信延迟的多智能体系统的精确定位问题在很大程度上被忽视了。

具体来说，本章提出了一种基于迭代学习的连续分布式定位估计算法，克服具有通信延迟的多智能体系统的定位估计问题。同时，还考虑了具有数据随机丢失的智能体的定位估计问题，提出了一种间歇分布式定位估计算法。此外，从随机技术的角度分析了收敛速度与数据丢失概率之间的关系。

本章的主要贡献总结如下：①相比于静态传感器网络的定位估计，本章实现了多智能体系统的实时定位估计。②与现有的具有理想信道的动态网络分布式定位算法 [131,132] 相比，消除了智能体以给定方式运行且缓慢移动的假设。③与针对具有非理想信道的网络系统所提出的间歇控制方案不同 [152,153]，本章所提出的连续分布式定位估计算法可以保证坐标估计过程不间断，进而提高估计器的收敛速度。最终实现有向图下具有通信延迟和数据随机丢失的多智能体系统精确定位。

本章的其余部分安排如下：第 3.2 节是问题描述。第 3.3 节给出了有界通信延迟情形下定位算法的设计和收敛性分析。第 3.4 节将结果推广到具有数据随机丢失的多智能体系统。在第 3.5 节中，给出了一些仿真结果。最后，第 3.6 节对本章的研究内容进行了总结。

3.2 问题描述

考虑了一个可以重复执行任务的包含 N 个智能体的多智能体系统，其中 m 个智能体是领导者，剩余 $(N-m)$ 个智能体是跟随者。所有跟随者智能体全部位于邻居智能体所构成的凸包内，如图 1-6（a）所示。领导者智能体可以通过 GPS、北斗导航等定位装置直接获得自己的位置坐标，跟随者智能体只能通过与邻居智能体交换信息和感知信息来估计自身的位置坐标。

在位置估计过程中，智能体之间需要通过通信来传递自身的估计坐标。一般情况下，通信信道通畅，数据包可以按时同步发送。然而，受多种不确定性因素的影响，智能体间传递信息时通信延迟和数据随机丢失是不可避免的。

图 3-1 给出了智能体间通信时延和数据随机丢失的示例。智能体 1 将其自身的估计坐标通过无线网络发送给智能体 2，其中实心圆表示要发送的数据包，带箭头的实线表示发送方向，i 表示迭代次数。图 3-1（a）展示了智能体间的通信延迟，从图 3-1（a）中可以发现，由于存在通信延迟，晚传输的数据包可能要比早传输的数据包更早到达，并且数据包传输延迟将持续存在一段时间。图 3-1（b）展示了智能体间的数据随机丢失，空心圆表示数据包在传输过程中丢失。

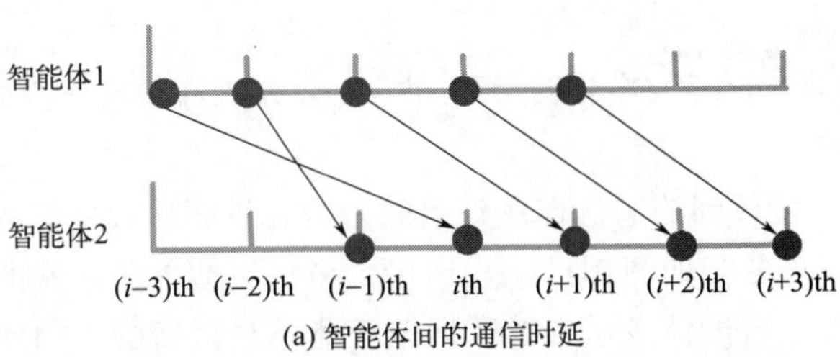

(a) 智能体间的通信时延

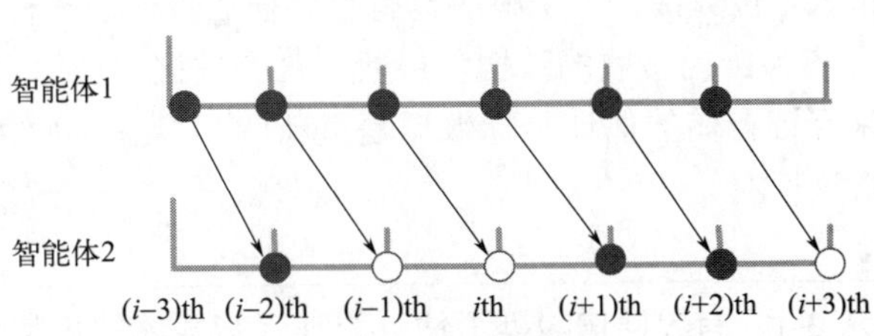

(b) 智能体间的数据随机丢失

图 3-1　智能体间的通信时延和数据随机丢失

本章的目标是为具有通信延迟和数据随机丢失的多智能体系统设计一种分布式定位方案，所设计的分布式定位估计算法可以保证估计误差$\|\boldsymbol{e}_l(t)\|_\infty$收敛到零，其中，$\boldsymbol{e}_l(t)=\hat{\boldsymbol{c}}_l(t)-\boldsymbol{c}_l^*(t)$，式中，$\hat{\boldsymbol{c}}_l(t)$为估计坐标；$\boldsymbol{c}_l^*(t)$为真实坐标。

3.3 有界通信时延下分布式定位估计

3.3.1 连续分布式定位估计算法设计

如果相邻智能体间不存在通信延迟和数据随机丢失，针对跟随者智能体l，设计一种基于迭代学习的分布式定位算法。

$$\hat{\boldsymbol{c}}_l^{i+1}(t)=\sum_{q\in N_l}a_{l,q}^{i+1}(t)\hat{\boldsymbol{c}}_q^i(t)+\sum_{w\in N_l}a_{l,w}^{i+1}(t)\boldsymbol{c}_w^*(t) \tag{3-1}$$

式中，i为重复运行的次数，在这里称之为迭代次数；t为采样时间$t=0,1,\cdots,T$；T为终端时刻；N_l为智能体l的邻居集合；$\boldsymbol{c}_w^*(t)$，$\hat{\boldsymbol{c}}_q^i(t)$为领导者邻居智能体的真实坐标和跟随者邻居智能体的估计坐标。

说明 3-1 在算法式（3-1）中，第i次迭代的估计坐标$\hat{\boldsymbol{c}}_q^i(t)$和真实坐标值$\boldsymbol{c}_w^*(t)$被用来更新第$(i+1)$次迭代的估计坐标值$\hat{\boldsymbol{c}}_l^{i+1}(t)$。此外，当跟随者智能体估计自身坐标时，只有邻居智能体传输过来的局部信息是可用的，因此定位估计算法式（3-1）是一种分布式方法。

考虑所有$(N-m)$个跟随者智能体，算法式（3-1）可被表示为如下紧凑形式：

$$\hat{\boldsymbol{C}}_s^{i+1}(t)=\boldsymbol{P}^{i+1}(t)\hat{\boldsymbol{C}}_s^i(t)+\boldsymbol{B}^{i+1}(t)\boldsymbol{C}_a^*(t) \tag{3-2}$$

向量$\hat{\boldsymbol{C}}_s^i(t)$，$\boldsymbol{C}_a^*(t)$和矩阵$\boldsymbol{P}^{i+1}(t)$，$\boldsymbol{B}^{i+1}(t)$的具体形式可参考算法式（2-2），此处予以省略。

当智能体间的通信存在延迟时，带有不同迭代戳标签的数据包到达邻居智能体的时间是无序的，如图 3-1（a）所示。考虑到智能体之间的通信延迟，跟随者智能体接收到的邻居智能体发送来的数据包可能不是最新的。因此，本小节的目标是设计一种连续分布式定位算法，用于解决具有有界通信延迟的多智能体系统的精确定位问题。

为了确保当前接收的数据包最新，每个数据包都给定一个迭代戳标签，通过检测迭代戳来保证存储的估计坐标数据是最新的。算法 3-1 给出了连续分布式定位估计方案的详细过程。

算法 3-1 有界通信时延下估计跟随者智能体的真实坐标
迭代循环 i=1：Iteration。

赋初值 任意给定跟随者智能体的初始估计坐标 $\hat{\boldsymbol{c}}_l^i(t), l \in \{m+1,\cdots,N\}$，设置 $l_i = 1$，l_i 是数据标签。

步骤 1. 每一个跟随者智能体向邻居发送自身估计坐标 $\Phi[i, \hat{\boldsymbol{c}}_l^i(t)]$。

步骤 2. 如果 $i > l_i$ 或 $l_i = 1$，则存储 $\Phi[i, \hat{\boldsymbol{c}}_l^i(t)]$ 并更新 $l_i := i$，否则丢弃 $\Phi[i, \hat{\boldsymbol{c}}_l^i(t)]$。

步骤 3. 测量相对距离，计算重心坐标 $a_{l,q}^{i+1}(t)$ 和 $a_{l,w}^{i+1}(t)$。

步骤 4. 更新:

$$\hat{\boldsymbol{c}}_l^{i+1}(t) = \sum_{q \in N_l} a_{l,q}^{l_i+1}(t)\hat{\boldsymbol{c}}_q^{l_i}(t) + \sum_{w \in N_l} a_{l,w}^{i+1}(t)\boldsymbol{c}_w^*(t)$$

步骤 5. 更新 $i = i+1$，返回步骤 1。

说明 3-2 算法 3-1 意味着当智能体 l 在第 $(i+1)$ 次迭代中更新 $\hat{\boldsymbol{c}}_l^{i+1}(t)$ 时，它不仅使用相邻智能体在第 i 次迭代的估计坐标，而且用到了存储器中先前迭代的估计坐标。换句话说，即使智能体 l 不能接收到邻居发送的第 i 次迭代的估计坐标，位置估计过程也不会中断。因此，算法 3-1 被称为连续的估计方案。

说明 3-3 迭代戳被用于判断接收到的数据是否是最新的，因此估计误差的渐近收敛性是有保证的。如果在数据包上没有迭代戳，即只要接收到估计坐标数据，无论数据是否是最新的，都将更新估计器。此时，在估计过程中，估计误差会有很大的波动，收敛速度会减慢，在 3.5 节中给出了详细的验证和分析。

下面将给出算法 3-1 的数学模型。变量 $\tau_{lj}^i(t)$ 表示当智能体 l 将其估计位置坐标发送到邻居智能体 j 时所发生的通信延迟。

假设 3-1 对于任意的 $(v_l, v_j) \in \varepsilon$，存在一个常数使得 $\tau_d < \infty$ 满足 $\tau_{lj}^i(t) < \tau_d$。

用 $\tau_{\max}$ 表示智能体之间的最大通信延迟。在算法 3-1 的基础上，提出了具有有界通信延迟的连续分布式定位算法的数学模型。

$$\begin{aligned}\hat{\boldsymbol{C}}_s^{i+1}(t) = \bar{\boldsymbol{P}}_0^{i+1}(t)\hat{\boldsymbol{C}}_s^i(t) + \bar{\boldsymbol{P}}_1^i(t)\hat{\boldsymbol{C}}_s^{i-1}(t) + \cdots + \\ \bar{\boldsymbol{P}}_{\tau_{\max}}^{i+1-\tau_{\max}}(t)\hat{\boldsymbol{C}}_s^{i-\tau_{\max}}(t) + \boldsymbol{B}^{i+1}(t)\boldsymbol{C}_a^*(t)\end{aligned} \tag{3-3}$$

式中，矩阵 $\bar{\boldsymbol{P}}_0^{i+1}(t) \in R^{(N-m)\times(N-m)}, \cdots, \bar{\boldsymbol{P}}_{\tau_{\max}}^{i+1-\tau_{\max}}(t) \in R^{(N-m)\times(N-m)}$ 为在不同次迭代运行时跟随者智能体之间的相对位置关系。由于通信延迟的存在，跟随者智能体在第 $(i+1)$ 次迭代中接收到的估计坐标不仅包括其邻居智能体第 i 次迭代的估计结果，还可能包括先前次迭代的估计结果。

3.3.2 收敛性分析

本小节将给出在有界通信延迟情形下定位估计算法 3-1 的收敛性证明。

定理 3-1 考虑一个满足假设 3-1 的可重复执行任务的多智能体系统。应用连续分布式定位估计算法 3-1，可以保证多智能体系统在有界通信时延下的精确定位估计，即 $\lim_{i\to\infty}\|\boldsymbol{E}_s^{i+1}(t)\|_\infty=0$ 。

证明：

为了便于分析，重新表述估计算法式（3-3）如下：

$$\hat{\boldsymbol{C}}_s^{i+1}(t)=\left[\overline{\boldsymbol{P}}_0^{i+1}(t),\cdots,\overline{\boldsymbol{P}}_{\tau_{\max}}^{i+1-\tau_{\max}}(t)\right]\begin{bmatrix}\hat{\boldsymbol{C}}_s^{i}(t)\\ \vdots \\ \hat{\boldsymbol{C}}_s^{i-\tau_{\max}}(t)\end{bmatrix}+\boldsymbol{B}^{i+1}(t)\boldsymbol{C}_a^*(t) \tag{3-4}$$

等式（3-4）两侧同时减去 $\boldsymbol{C}_s^*(t)$ 可以得到：

$$\begin{aligned}\boldsymbol{E}_s^{i+1}(t)=&\left[\overline{\boldsymbol{P}}_0^{i+1}(t),\cdots,\overline{\boldsymbol{P}}_{\tau_{\max}}^{i+1-\tau_{\max}}(t)\right]\begin{bmatrix}\boldsymbol{E}_s^{i}(t)\\ \vdots \\ \boldsymbol{E}_s^{i-\tau_{\max}}(t)\end{bmatrix}\\&+[\overline{\boldsymbol{P}}_0^{i+1}(t)+\cdots+\overline{\boldsymbol{P}}_{\tau_{\max}}^{i+1-\tau_{\max}}(t)-\boldsymbol{I}]\boldsymbol{C}_s^*(t)+\boldsymbol{B}^{i+1}(t)\boldsymbol{C}_a^*(t)\end{aligned} \tag{3-5}$$

由于智能体的运行轨迹沿迭代轴重复，矩阵 $\overline{\boldsymbol{P}}_0^{i+1}(t),\cdots,\overline{\boldsymbol{P}}_{\tau_{\max}}^{i+1-\tau_{\max}}(t)$ 中具有不同迭代上标的相应重心坐标之和等于矩阵 $\boldsymbol{P}^{i+1}(t)$ 中对应的重心坐标。因此，可以得到 $\overline{\boldsymbol{P}}_0^{i+1}(t)+\cdots+\overline{\boldsymbol{P}}_{\tau_{\max}}^{i+1-\tau_{\max}}(t)=\boldsymbol{P}^{i+1}(t)$ 。

$\boldsymbol{C}_a^*(t)$ 和 $\boldsymbol{C}_s^*(t)$ 表示真实坐标，根据 $\boldsymbol{c}_l(t)=a_{lh}(t)\boldsymbol{c}_h(t)+a_{lj}(t)\boldsymbol{c}_j(t)+a_{lk}(t)\boldsymbol{c}_k(t)$ 可知，当邻居的真实坐标已知时，可以唯一的确定待定位智能体的真实坐标。因此可以得到 $[\overline{\boldsymbol{P}}_0^{i+1}(t)+\cdots+\overline{\boldsymbol{P}}_{\tau_{\max}}^{i+1-\tau_{\max}}(t)-\boldsymbol{I}]\boldsymbol{C}_s^*(t)+\boldsymbol{B}^{i+1}(t)\boldsymbol{C}_a^*(t)=\boldsymbol{0}$ 。

等式（3-5）两端取无穷范数：

$$\left\|\boldsymbol{E}_s^{i+1}(t)\right\|_\infty\leqslant\left\|\left[\overline{\boldsymbol{P}}_0^{i+1}(t),\cdots,\overline{\boldsymbol{P}}_{\tau_{\max}}^{i+1-\tau_{\max}}(t)\right]\right\|_\infty\left\|\begin{bmatrix}\boldsymbol{E}_s^{i}(t)\\ \vdots \\ \boldsymbol{E}_s^{i-\tau_{\max}}(t)\end{bmatrix}\right\|_\infty \tag{3-6}$$

由于 $\overline{\boldsymbol{P}}_0^{i+1}(t)+\cdots+\overline{\boldsymbol{P}}_{\tau_{\max}}^{i+1-\tau_{\max}}(t)=\boldsymbol{P}^{i+1}(t)$ ，且矩阵 $\boldsymbol{P}^{i+1}(t)$ 中的元素表示跟随者之间的重心坐标值。因此矩阵 $\boldsymbol{P}^{i+1}(t)$ 每一行的和小于 1。根据无穷范数的性质，可以得到 $\left\|\left[\overline{\boldsymbol{P}}_0^{i+1}(t),\cdots,\overline{\boldsymbol{P}}_{\tau_{\max}}^{i+1-\tau_{\max}}(t)\right]\right\|_\infty=\sigma_2<1$ 。

基于式（3-5）和式（3-6）的分析，可以给出如下结果：

$$\left\|\boldsymbol{E}_s^{i+1}(t)\right\|_\infty\leqslant\sigma_2\left\|\begin{bmatrix}\boldsymbol{E}_s^{i}(t)\\ \vdots \\ \boldsymbol{E}_s^{i-\tau_{\max}}(t)\end{bmatrix}\right\|_\infty \tag{3-7}$$

求解式（3-7），得到：

$$\left\|\boldsymbol{E}_s^{i+1}(t)\right\|_\infty \leqslant \sigma_2^{i+1-\tau_{\max}}\left\|\begin{bmatrix}\boldsymbol{E}_s^{\tau_{\max}}(t)\\ \vdots \\ \boldsymbol{E}_s^{0}(t)\end{bmatrix}\right\|_\infty \tag{3-8}$$

由于 $0<\sigma_2<1$，并且初始估计误差 $\left\|\begin{bmatrix}\boldsymbol{E}_s^{\tau_{\max}}(t)\\ \vdots \\ \boldsymbol{E}_s^{0}(t)\end{bmatrix}\right\|_\infty$ 有界。因此根据不等式（3-8）可以得到 $\lim\limits_{i\to\infty}\left\|\boldsymbol{E}_s^{i+1}(t)\right\|_\infty=0$。

证毕。

3.4 数据随机丢失下分布式定位估计

在本小节中，考虑了智能体之间的数据随机丢失，如图 3-1（b）所示。本小节的目标是设计一种间歇分布式定位算法，用于解决数据随机丢失条件下多智能体系统的精确定位问题。

3.4.1 间歇分布式定位估计算法设计

考虑图 3-1（b）所示的智能体间的数据随机丢失，提出了一种基于迭代学习的间歇分布式定位估计算法。

$$\hat{\boldsymbol{c}}_l^{i+1}(t)=[1-\alpha_l^{i+1}(t)]\hat{\boldsymbol{c}}_l^{i}(t)+\alpha_l^{i+1}(t)\left[\sum_{q\in N_l}a_{l,q}^{i+1}(t)\hat{\boldsymbol{c}}_q^{i}(t)+\sum_{w\in N_l}a_{l,w}^{i+1}(t)\boldsymbol{c}_w^{*}(t)\right] \tag{3-9}$$

式中，$\alpha_l^{i+1}(t)$ 为沿迭代轴独立同分布的伯努利随机变量。$\alpha_l^{i+1}(t)$ 的值为 1 或 0，用来表征智能体 l 是否接收到其邻居发送来的数据。随机参数 $\alpha_l^{i+1}(t)$ 的概率定义为 $\text{prob}\{\alpha_l^{i+1}(t)=1\}=\bar{\alpha}_l$，$0<\bar{\alpha}_l<1$。

说明 3-4 在算法式（3-9）中，如果数据传输成功，则智能体 l 的坐标 $\hat{\boldsymbol{c}}_l^{i+1}(t)$ 可利用其邻居智能体发送过来的第 i 次迭代的估计坐标来更新，并且传输成功的概率为 $\bar{\alpha}_l$。如果数据传输失败，则智能体 l 将保持上一次迭代的估计坐标 $\hat{\boldsymbol{c}}_l^{i}(t)$ 不变，其概率为 $1-\bar{\alpha}_l$。

算法 3-2 给出了间歇分布式定位算法的详细过程。

算法 3-2　数据随机丢失下估计跟随者智能体的真实坐标

迭代循环 i=1：Iteration。

赋初值　任意给定跟随者智能体的初始估计坐标 $\hat{\boldsymbol{c}}_l^i(t), l \in \{m+1,\cdots,N\}$。

步骤 1.　每一个跟随者智能体向邻居发送自身估计坐标 $\hat{\boldsymbol{c}}_l^i(t)$。

步骤 2.　测量相对距离，计算重心坐标 $a_{l,q}^{i+1}(t)$ 和 $a_{l,w}^{i+1}(t)$。

步骤 3.　如果传输成功，则更新：

$$\hat{\boldsymbol{c}}_l^{i+1}(t) = \sum_{q \in N_l} a_{l,q}^{i+1}(t)\hat{\boldsymbol{c}}_q^i(t) + \sum_{w \in N_l} a_{l,w}^{i+1}(t)\boldsymbol{c}_w^*(t)$$

如果传输失败，则保持上一次迭代的估计值 $\hat{\boldsymbol{c}}_l^i(t)$ 不变。

步骤 4.　更新 $i = i+1$，返回步骤 1。

说明 3-5 引入伯努利随机变量后，算法 3-2 也可用于描述具有有界通信延迟的多智能体系统的定位估计。换句话说，如果在数据传输中没有延迟，则执行正常更新。如果无法按时接收数据，则会暂停更新。因此，定位估计算法 3-2 更具一般性，适用范围更广。

3.4.2 收敛性分析

本小节将给出数据随机丢失条件下分布式定位估计算法 3-2 的收敛性证明。

定理 3-2 考虑一个可重复执行任务的多智能体系统。应用间歇分布式定位估计算法 3-2，如果数据丢失概率满足 $\bar{\alpha}_l > 0$，则可以保证多智能体系统在数据随机丢失下的精确定位估计，即 $\lim_{i\to\infty} \tilde{\boldsymbol{a}}\left\{\left\|\boldsymbol{E}_s^{i+1}(t)\right\|_\infty\right\} = 0$。

证明：

考虑所有 $(N-m)$ 个跟随者智能体，可得：

$$\hat{\boldsymbol{C}}_s^{i+1}(t) = [\boldsymbol{I} - \boldsymbol{\alpha}^{i+1}(t)]\hat{\boldsymbol{C}}_s^i(t) + \boldsymbol{\alpha}^{i+1}(t)[\boldsymbol{P}^{i+1}(t)\hat{\boldsymbol{C}}_s^i(t) + \boldsymbol{B}^{i+1}(t)\boldsymbol{C}_a^*(t)] \tag{3-10}$$

其中，$\boldsymbol{\alpha}^{i+1}(t) = \begin{bmatrix} \alpha_{m+1}^{i+1}(t) & 0 & \cdots & 0 \\ 0 & \alpha_{m+2}^{i+1}(t) & \cdots & 0 \\ \vdots & \vdots & \ddots & \vdots \\ 0 & 0 & \cdots & \alpha_N^{i+1}(t) \end{bmatrix}$

等式（3-10）两侧同时减去 $\boldsymbol{C}_s^*(t)$，根据估计误差的定义可得：

$$\begin{aligned}\boldsymbol{E}_s^{i+1}(t)=&\left\{[\boldsymbol{I}-\boldsymbol{\alpha}^{i+1}(t)]+\boldsymbol{\alpha}^{i+1}(t)\boldsymbol{P}^{i+1}(t)\right\}\boldsymbol{E}_s^i(t)\\&+\boldsymbol{\alpha}^{i+1}(t)\left\{[\boldsymbol{P}^{i+1}(t)-\boldsymbol{I}]\boldsymbol{C}_s^*(t)+\boldsymbol{B}^{i+1}(t)\boldsymbol{C}_a^*(t)\right\}\end{aligned}\tag{3-11}$$

对等式（3-11）两侧取无穷范数：

$$\begin{aligned}\left\|\boldsymbol{E}_s^{i+1}(t)\right\|_\infty\leqslant&\left\|[\boldsymbol{I}-\boldsymbol{\alpha}^{i+1}(t)]+\boldsymbol{\alpha}^{i+1}(t)\boldsymbol{P}^{i+1}(t)\right\|_\infty\left\|\boldsymbol{E}_s^i(t)\right\|_\infty\\&+\left\|\boldsymbol{\alpha}^{i+1}(t)\{[\boldsymbol{P}^{i+1}(t)-\boldsymbol{I}]\boldsymbol{C}_s^*(t)+\boldsymbol{B}^{i+1}(t)\boldsymbol{C}_a^*(t)\}\right\|_\infty\end{aligned}\tag{3-12}$$

由 3.3 节可知，$\left\|\boldsymbol{\alpha}^{i+1}(t)\{[\boldsymbol{P}^{i+1}(t)-\boldsymbol{I}]\boldsymbol{c}_s^*(t)+\boldsymbol{B}^{i+1}(t)\boldsymbol{c}_a^*(t)\}\right\|_\infty=0$。

对等式（3-12）两侧取数学期望，可得：

$$\tilde{a}\left\{\left\|\boldsymbol{E}_s^{i+1}(t)\right\|_\infty\right\}\leqslant\left\|(\boldsymbol{I}-\bar{\boldsymbol{\alpha}})+\bar{\boldsymbol{\alpha}}\boldsymbol{P}^{i+1}(t)\right\|_\infty\tilde{a}\left\{\left\|\boldsymbol{E}_s^i(t)\right\|_\infty\right\}\tag{3-13}$$

矩阵 $(\boldsymbol{I}-\bar{\boldsymbol{\alpha}})+\bar{\boldsymbol{\alpha}}\boldsymbol{P}^{i+1}(t)$ 的具体展开形式如等式（3-14）所示。

$$\begin{aligned}&(\boldsymbol{I}-\bar{\boldsymbol{\alpha}})+\bar{\boldsymbol{\alpha}}\boldsymbol{P}^{i+1}(t)=\\&\begin{bmatrix}1-\bar{\alpha}_{m+1} & \bar{\alpha}_{m+1}a_{m+1,m+2}^{i+1}(t) & \cdots & \bar{\alpha}_{m+1}a_{m+1,N}^{i+1}(t)\\ \bar{\alpha}_{m+2}a_{m+2,m+1}^{i+1}(t) & 1-\bar{\alpha}_{m+2} & \cdots & \bar{\alpha}_{m+2}a_{m+2,N}^{i+1}(t)\\ \vdots & \vdots & \ddots & \vdots\\ \bar{\alpha}_N a_{N,m+1}^{i+1}(t) & \bar{\alpha}_N a_{N,m+2}^{i+1}(t) & \cdots & 1-\bar{\alpha}_N\end{bmatrix}\end{aligned}\tag{3-14}$$

由于 $0<\bar{\alpha}_l<1$，所以可以保证矩阵 $(\boldsymbol{I}-\bar{\boldsymbol{\alpha}})+\bar{\boldsymbol{\alpha}}\boldsymbol{P}^{i+1}(t)$ 中所有的元素都是正的。根据无穷范数的定义，$\left\|(\boldsymbol{I}-\bar{\boldsymbol{\alpha}})+\bar{\boldsymbol{\alpha}}\boldsymbol{P}^{i+1}(t)\right\|_\infty$ 可以重写为 $1-\bar{\alpha}_l+\bar{\alpha}_l\sum_{q\in N_l}a_{l,q}^{i+1}(t)$，$l\in\{m+1,\cdots N\}$。由于 $a_{l,q}^{i+1}(t)$ 表示跟随者智能体间的重心坐标，因此 $\sum_{q\in N_l}a_{l,q}^{i+1}(t)<1$。

基于上述分析可得 $1-\bar{\alpha}_l+\bar{\alpha}_l\sum_{q\in N_l}a_{l,q}^{i+1}(t)<1$。因此，$\left\|(\boldsymbol{I}-\bar{\boldsymbol{\alpha}})+\bar{\boldsymbol{\alpha}}\boldsymbol{P}^{i+1}(t)\right\|_\infty=\sigma_3<1$ 成立。

根据式（3-10）~式（3-14）的分析，可以得到：

$$\tilde{a}\left\{\left\|\boldsymbol{E}_s^{i+1}(t)\right\|_\infty\right\}\leqslant\sigma_3^{i+1}\tilde{a}\left\{\left\|\boldsymbol{E}_s^0(t)\right\|_\infty\right\}\tag{3-15}$$

因为 $0<\sigma_3<1$，并且初始估计误差 $\left\|\boldsymbol{E}_s^0(t)\right\|_\infty$ 有界，通过不等式（3-15）可以得到 $\lim\limits_{i\to\infty}\tilde{a}\left\{\left\|\boldsymbol{E}_s^{i+1}(t)\right\|_\infty\right\}=0$。

证毕。

3.4.3 收敛速率分析

本小节将讨论数据丢失概率与估计器收敛速度之间的关系。

根据无穷范数的性质可知，$\left\|(\boldsymbol{I}-\overline{\boldsymbol{\alpha}})+\overline{\boldsymbol{\alpha}}\boldsymbol{P}^{i+1}(t)\right\|_{\infty}=\delta_l=1-\overline{\alpha}_l+\overline{\alpha}_l\sum_{q\in N_l}a_{l,q}^{i+1}(t)$，$l\in$，$\{m+1,\cdots N\}$ 其值会影响估计误差的收敛速度。由于 $\sum_{q\in N_l}a_{l,q}^{i+1}(t)<1$，当 $\overline{\alpha}_l$ 减小时，即数据包丢失概率增加，可以发现 δ_l 的值也在增加，并且 δ_l 的值趋近于 1。此时，估计误差的收敛速度将减慢。相反，当 $\overline{\alpha}_l$ 增大时，即数据包丢失概率减小，此时 δ_l 的值将减小，估计误差的收敛速度将变得更快。

从以上分析可以得出如下结论：数据包丢失不会影响估计器的收敛性，但会影响收敛速度。当数据丢失的概率增加时，估计器收敛速度将变慢。

3.5 仿真实例

在本小节中，提供了 Matlab 仿真来证明所提出估计算法的有效性。

考虑了一个包含 7 个智能体可重复执行任务的多智能体系统。智能体间的通信拓扑如图 3-2 所示，其中三角形外部的点是领导者智能体，内部的点是跟随者智能体。所有智能体的真实轨迹曲线如图 3-3 所示，其中跟随者智能体位于领导者智能体所构成的凸包内。接下来将分别对两种情形下算法 3-1 和算法 3-2 的收敛性进行仿真验证。第 1 种情形为有界通信延迟，第 2 种情形为数据随机丢失。

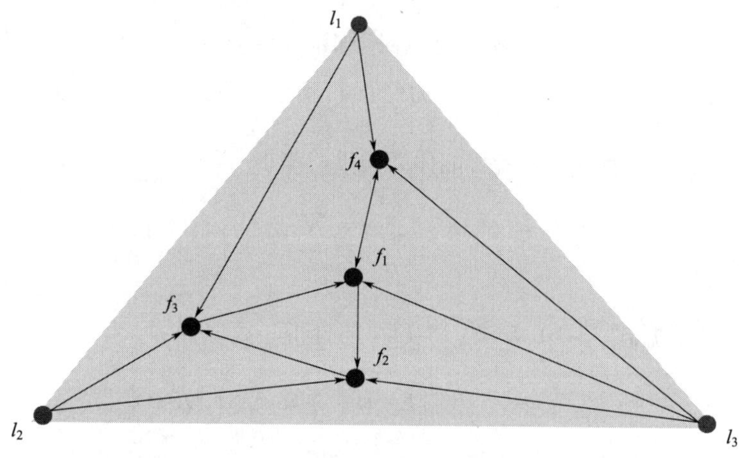

图 3-2　智能体间的通信拓扑

情形 1 有界通信延迟。

通信延迟是随机且有界的，设置为 $\tau_{\max}=6$。跟随者智能体的初始估计坐标随机给出。应用算法 3-1，仿真结果如图 3-4 和图 3-5 所示。图 3-4 给出了沿迭代轴的最大估计误差 $e_{l,\max}(i)=\max_{t}\left\{\left\|\hat{\boldsymbol{c}}_l^i(t)-\boldsymbol{c}_l^*(t)\right\|_2\right\}$ 的收敛曲线，可以发现应用算法 3-1 后，估计误差能够渐近收敛到零。与此同时，也给出了理想网络传输条件下的最大估计误差曲线，如图 3-5 所示。

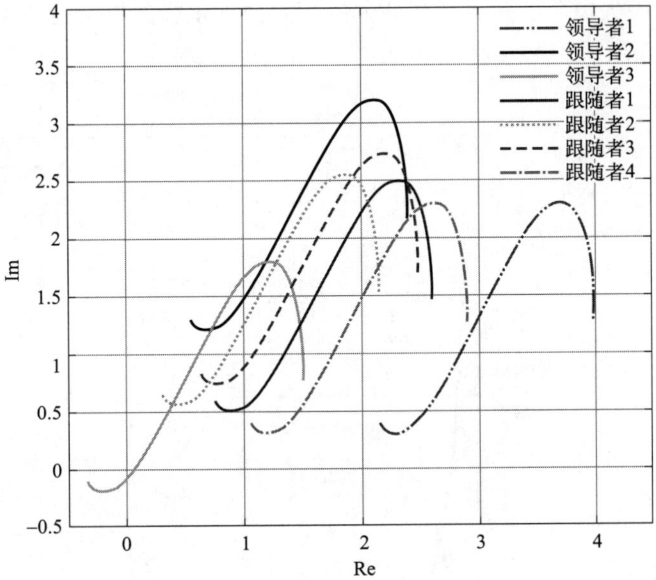

图 3-3 智能体的真实轨迹曲线

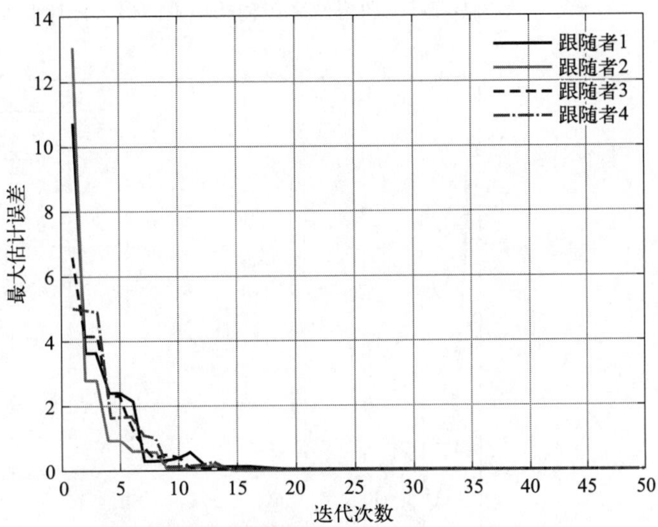

图 3-4 有界通信延迟下的最大估计误差曲线

图 3-6 是没有区分迭代戳情形下的最大估计误差曲线。通过仿真结果可以发现，估计误差在收敛过程中存在较大的波动，并且收敛速度要比图 3-4 要慢。通过对比图 3-4 ~ 图 3-6 的仿真结果，可以得出如下结论：尽管在有界通信延迟条件下的收敛速度比在理想网络传输中的收敛速度慢，但估计算法 3-1 可以保证估计误差的平滑和渐近收敛，并且不会出现大的波动。

情形 2 数据随机丢失。

设置智能体间数据包丢失概率为 10%，Matlab 中的 binopdf 函数用于描述数据包的丢失概率。跟随者智能体的初始估计坐标随机给出。应用算法 3-2，仿真结果如图 3-7 所示。

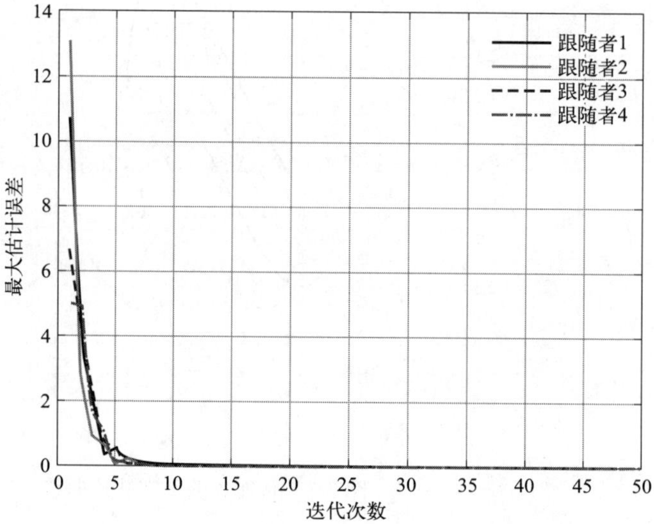

图 3-5　理想网络传输条件下的最大估计误差曲线

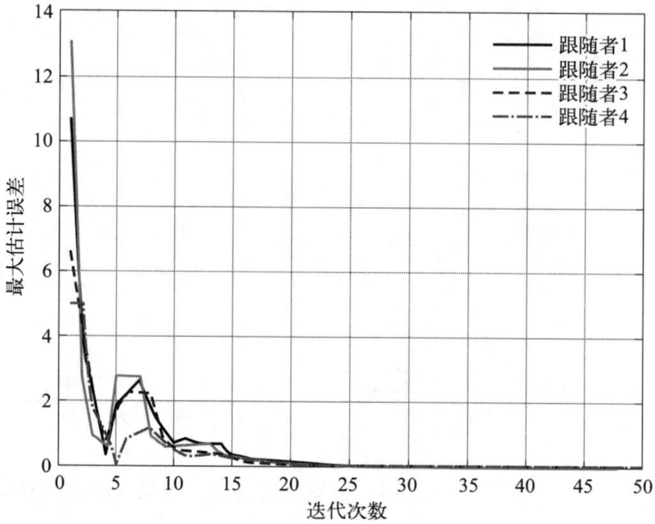

图 3-6　不区分迭代戳情形下的最大估计误差曲线

图 3-7 展示了在 10% 丢包概率下多智能体系统的最大估计误差曲线。可以发现，算法 3-2 保证了估计误差的渐近收敛特性，但收敛速度稍逊于理想网络传输条件下的收敛速度。

通过仿真研究，可以得出如下结论：所提出的连续和间歇的分布式定位估计方案可以实现非理想信道条件下多智能体系统的精确定位估计。

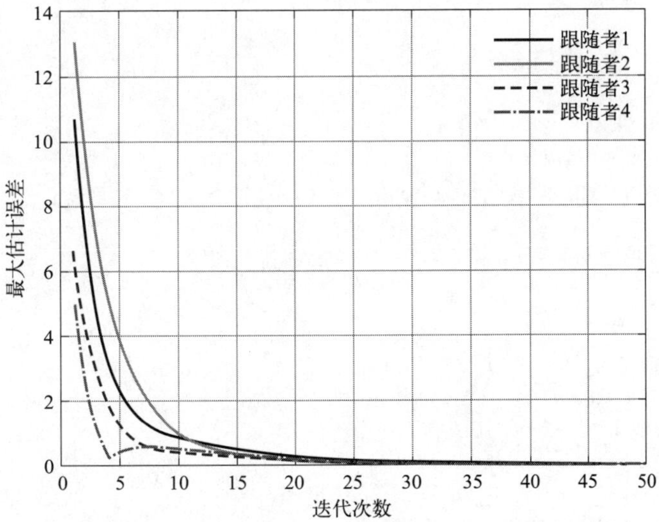

图 3-7　10% 丢包概率下的最大估计误差曲线

3.6　本章小结

本章研究了具有非理想信道的多智能体系统的精确定位估计问题，所提出的基于迭代学习的连续分布式定位估计方案解决了具有有界通信延迟的多智能体系统的定位估计问题。同时，所设计的间歇分布式定位算法实现了数据随机丢失条件下多智能体系统的精确定位估计。讨论了收敛速度与数据丢失概率之间的关系，给出了两种估计算法严格的收敛性证明。仿真研究也验证了所提出的定位方案的有效性。

第 4 章 随机噪声条件下多智能体系统分布式定位估计

4.1 概述
4.2 问题描述
4.3 测量噪声下分布式定位估计
4.4 测量与通信噪声下分布式定位估计
4.5 仿真与实物实例
4.6 本章小结

本章将研究有向图下具有测量和通信噪声干扰的动态多智能体系统的精确定位估计问题。引入重心坐标来描述智能体之间的相对位置关系。提出一种新的基于迭代学习的鲁棒分布式定位估计算法。基于历史迭代信息构造的相对距离无偏估计器用于消除测量噪声。利用设计的包含两个迭代变化增益算子的随机逼近方法来抑制通信噪声。在测量噪声零均值和独立分布以及通信噪声有界的条件下，推导出所提出的鲁棒分布式定位估计方案的渐近收敛性。通过数值仿真和 QBot-2e 机器人实验验证所提方法的有效性和可实现性。

4.1 概述

在实际系统中，尤其是在多智能体网络中，测量噪声和通信噪声无处不在。产生噪声的原因有很多种，通常是测量或网络传输过程中发生的一些随机事件，如传感器精度过低、传输链路随机故障和恢复、应用环境突然变化等。现有的大部分定位算法，一般都假设应用环境理想。因此，在定位估计过程中考虑随机噪声，消除噪声对定位精度的影响，实现多智能体系统的精确定位具有重要的理论意义和应用价值。直到最近几年，测量噪声和通信噪声条件下的分布式定位估计问题才开始得到研究。Khan 等研究人员 [62] 提出了一种改进的基于重心坐标的定位方法，该方法可以在测量噪声存在的情形下实现精确的节点定位。此外，Tian 等学者 [80] 针对测量和通信噪声存在的静态网络定位估计问题，提出了一种基于相对位置的分布式定位算法。然而，上述定位方法都是针对静态传感器网络提出的，不能直接用于解决本章所研究的动态多智能体系统的定位问题。需要强调的一点是，具有随机噪声的多智能体系统精确定位对于后续任务的成功执行起到了关键的作用。因此，设计一种鲁棒的分布式估计算法来实现智能体的精确定位十分重要，且具有一定的挑战性。

具体来说，本章提出了一种基于迭代学习的鲁棒分布式定位估计算法，该算法可以解决具有测量和通信噪声的多智能体系统的实时精确定位问题。本章的主要贡献总结如下：①所构造的相对距离无偏估计器消除了测量噪声。②所设计的随机逼近方法有效抑制了通信噪声。③所提出的鲁棒分布式定位算法实现了测量和通信噪声条件下多智能体系统的精确定位。

本章的其余部分安排如下：第 4.2 节给出了详细的问题描述。第 4.3 节介绍了存在测量噪声情形下的估计器设计和收敛性分析方法。第 4.4 节给出了测量与通信噪声同时存在时定位算法设计和收敛性分析。第 4.5 节提供了一些仿真和实验结果。最后，第 4.6 节总结了本章的工作。

4.2 问题描述

考虑了一个具有 m 个领导者和 $(N-m)$ 个跟随者的动态多智能体系统，该系统可以重复执行任务。领导者智能体能够通过装备的定位装置直接获取自身坐标，跟随者智能体只能通过与邻居智能体交换信息并基于传感器感知信息来估计自身的坐标。

传感器测量得到的相对距离数据用于计算重心坐标。受复杂应用环境和传感器测量精度的影响，测量得到的智能体之间的相对距离数据往往包含噪声。同时，在位置估计过程中，智能体需要通过无线网络向邻居智能体发送自身的估计坐标，其通信信道不可避免地受到随机噪声的干扰。在数据采集和传输过程中，各种不确定性因素影响导致的测量噪声和通信噪声会降低定位精度，会导致定位失败。

本章的目标是为具有测量噪声和通信噪声的动态多智能体系统开发一种有效的鲁棒分布式定位估计方法。所设计的估计算法能够保证多智能体系统实现精确的定位估计，即 $\|\boldsymbol{e}_l(t)\|_\infty=0$， $\boldsymbol{e}_l(t)=\hat{\boldsymbol{c}}_l(t)-\boldsymbol{c}^*(t)$，式中， $\boldsymbol{e}_l(t)$ 为估计误差， $\hat{\boldsymbol{c}}_l(t)$ 为估计坐标， $\boldsymbol{c}^*(t)$ 为真实坐标。

4.3 测量噪声下分布式定位估计

本小节将考虑跟随者智能体位于邻居智能体所构成的凸包内的情形，如图 1-6（a）所示，研究具有测量噪声的多智能体系统的定位估计问题。本小节的目标是设计一种有效的分布式定位估计算法，消除测量噪声对定位精度的影响。

定义第 i 次迭代第 t 个采样时刻测量的相对距离如下：

$$\tilde{d}_{xy}^i(t)=d_{xy}^i(t)+\upsilon_{xy}^i(t) \tag{4-1}$$

式中， i 为迭代次数； $d_{xy}^i(t)$ 为智能体 x 和 y 之间的真实距离； $\upsilon_{xy}^i(t)$ 为相对距离测量噪声。

下面给出关于测量噪声的假设。

假设 4-1 对于所有的智能体 $x,y\in v$， $i\in N$，测量噪声 $\upsilon_{xy}^i(t)$ 是有界的，沿迭代轴独立同分布，且测量噪声的数学期望等于零。

在设计估计算法之前，需要利用等式（4-2）计算得到估计的智能体间的相对距离数据 $\hat{d}_{xy}^i(t)$。

$$\begin{aligned}&\hat{d}_{xy}^i(t)=\frac{1}{i}\sum_{n=0}^{i}\tilde{d}_{xy}^n(t)=\frac{i-1}{i}\hat{d}_{xy}^{i-1}(t)+\frac{1}{i}\tilde{d}_{xy}^i(t)\\&\hat{d}_{xy}^0(t)=\tilde{d}_{xy}^0(t)\end{aligned} \tag{4-2}$$

根据假设 4-1 和强大数定律 [154] 可以得到，当迭代次数 i 趋近于无穷时，估计的相对距离数据 $\hat{d}_{xy}^i(t)$ 能够以概率 1 收敛到真实的相对距离数据 $d_{xy}^i(t)$，即 $\lim\limits_{i\to\infty}\hat{d}_{xy}^i(t)=d_{xy}^i(t)$。

4.3.1 估计器设计

基于估计的距离数据，设计基于迭代学习的分布式定位估计算法。

$$\hat{\boldsymbol{c}}_l^{i+1}(t)=\sum_{q\in N_l}\hat{a}_{l,q}^{i+1}(t)\hat{\boldsymbol{c}}_q^i(t)+\sum_{w\in N_l}\hat{a}_{l,w}^{i+1}(t)\boldsymbol{c}_w^*(t) \tag{4-3}$$

式中，$\hat{a}_{l,q}^{i+1}(t)$，$\hat{a}_{l,w}^{i+1}(t)$ 为估计的重心坐标值。

算法 4-1 给出了基于迭代学习的分布式定位估计算法的详细过程。

算法 4-1　测量噪声条件下估计跟随者智能体的真实坐标

迭代循环 i=1：Iteration。

赋初值　任意给定跟随者智能体的初始估计坐标 $\hat{\boldsymbol{c}}_l^i(t), l\in\{m+1,\cdots,N\}$。

步骤 1.　每一个跟随者智能体向邻居发送自身估计坐标 $\hat{\boldsymbol{c}}_l^i(t)$。

步骤 2.　测量相对距离 $\tilde{d}_{xy}^i(t)$，计算估计的相对距离：

$$\hat{d}_{xy}^i(t)\text{：}\ \hat{d}_{xy}^i(t)=\frac{1}{i}\sum_{n=0}^{i}\tilde{d}_{xy}^n(t)=\frac{i-1}{i}\hat{d}_{xy}^{i-1}(t)+\frac{1}{i}\tilde{d}_{xy}^i(t)$$

步骤 3.　计算重心坐标 $\hat{a}_{l,q}^{i+1}(t)$ 和 $\hat{a}_{l,w}^{i+1}(t)$。

步骤 4.　更新：

$$\hat{\boldsymbol{c}}_l^{i+1}(t)=\sum_{q\in N_l}\hat{a}_{l,q}^{i+1}(t)\hat{\boldsymbol{c}}_q^i(t)+\sum_{w\in N_l}\hat{a}_{l,w}^{i+1}(t)\boldsymbol{c}_w^*(t)$$

步骤 5.　更新 $i=i+1$，返回**步骤 1**。

说明 4-1 重心坐标 $\hat{a}_{l,q}^{i+1}(t)$ 和 $\hat{a}_{l,w}^{i+1}(t)$ 是基于估计的相对距离数据 $\hat{d}_{xy}^{i+1}(t)$ 计算得到的。由于测量噪声的存在，估计的重心坐标 $\hat{a}_{l,q}^{i+1}(t)$、$\hat{a}_{l,w}^{i+1}(t)$ 和真实的重心坐标 $a_{l,q}^{i+1}(t)$、$a_{l,w}^{i+1}(t)$ 之间存在偏差。根据强大数定理可知，当迭代次数 i 趋近于无穷时，估计的重心坐标就等于真实的估计坐标，即 $\lim_{i\to\infty}\hat{a}_{l,q}^{i+1}(t)=a_{l,q}^{i+1}(t)$，$\lim_{i\to\infty}\hat{a}_{l,w}^{i+1}(t)=a_{l,w}^{i+1}(t)$。

说明 4-2 在估计算法式（4-3）中，当智能体 l 估计其自身坐标 $\hat{\boldsymbol{c}}_l^{i+1}(t)$ 时，只有跟随者邻居智能体的估计坐标 $\hat{\boldsymbol{c}}_q^i(t)$ 和领导者邻居智能体的真实坐标 $\boldsymbol{c}_w^*(t)$ 这些局部信息是可用的。因此，定位估计算法式（4-3）是分布式的。

说明 4-3 在假设 4-1 中，假设测量端的噪声为零均值、有界且独立分布。对测量噪声的零均值假设是合理的。举例来说，带有偏差的基于到达时间的相对距离测量可以转换为无偏差测量 [155]。因此，假设 4-1 是合理的，并不保守。

4.3.2 收敛性分析

本小节将证明测量噪声条件下定位估计算法 4-1 的收敛性。

定理 4-1 考虑一个可重复执行任务的动态多智能体系统，当测量噪声满足假设 4-1 中的条件时，所提出的分布式定位估计算法 4-1 能够保证多智能体系统的位置估计误差以概率 1 收敛到零，即 $\lim_{i\to\infty}\left\|\boldsymbol{E}_s^{i+1}(t)\right\|_{\infty}=0$。

证明：

考虑所有 $(N-m)$ 个跟随者智能体：

$$\hat{\boldsymbol{C}}_s^{i+1}(t)=\hat{\boldsymbol{P}}^{i+1}(t)\hat{\boldsymbol{C}}_s^{i}(t)+\hat{\boldsymbol{B}}^{i+1}(t)\boldsymbol{C}_a^{*}(t) \tag{4-4}$$

$$\hat{\boldsymbol{C}}_s^{i}(t)=\left[[\hat{\boldsymbol{c}}_{m+1}^{i}(t)]^{\mathrm{T}},\cdots,[\hat{\boldsymbol{c}}_{N}^{i}(t)]^{\mathrm{T}}\right]^{\mathrm{T}}$$

$$\boldsymbol{C}_a^{*}(t)=\left[[\boldsymbol{c}_{1}^{*}(t)]^{\mathrm{T}},\cdots,[\boldsymbol{c}_{m}^{*}(t)]^{\mathrm{T}}\right]^{\mathrm{T}}$$

$$\hat{\boldsymbol{P}}^{i+1}(t)=\begin{bmatrix} 0 & \hat{a}_{m+1,m+2}^{i+1}(t) & \cdots & \hat{a}_{m+1,N}^{i+1}(t) \\ \hat{a}_{m+2,m+1}^{i+1}(t) & 0 & \cdots & \hat{a}_{m+2,N}^{i+1}(t) \\ \vdots & \vdots & \ddots & \vdots \\ \hat{a}_{N,m+1}^{i+1}(t) & \hat{a}_{N,m+2}^{i+1}(t) & \cdots & 0 \end{bmatrix}\in R^{(N-m)\times(N-m)}$$

$$\hat{\boldsymbol{B}}^{i+1}(t)=\begin{bmatrix} \hat{a}_{m+1,1}^{i+1}(t) & \hat{a}_{m+1,2}^{i+1}(t) & \cdots & \hat{a}_{m+1,m}^{i+1}(t) \\ \hat{a}_{m+2,1}^{i+1}(t) & \hat{a}_{m+2,2}^{i+1}(t) & \cdots & \hat{a}_{m+2,m}^{i+1}(t) \\ \vdots & \vdots & \ddots & \vdots \\ \hat{a}_{N,1}^{i+1}(t) & \hat{a}_{N,2}^{i+1}(t) & \cdots & \hat{a}_{N,m}^{i+1}(t) \end{bmatrix}\in R^{(N-m)\times m}$$

式中，$\hat{\boldsymbol{C}}_s^{i}(t)$ 为所有跟随者智能体的估计坐标；$\boldsymbol{C}_a^{*}(t)$ 为所有领导者智能体的真实坐标；$\hat{\boldsymbol{P}}^{i+1}(t)$ 为跟随者智能体之间的信息交互；$\hat{\boldsymbol{B}}^{i+1}(t)$ 为跟随者智能体和领导者智能体之间的信息交互。

说明 4-4 矩阵 $\hat{\boldsymbol{P}}^{i+1}(t)$ 和矩阵 $\hat{\boldsymbol{B}}^{i+1}(t)$ 分别是 $\boldsymbol{P}^{i+1}(t)$ 和 $\boldsymbol{B}^{i+1}(t)$ 的估计矩阵。$\boldsymbol{P}^{i+1}(t)$ 和 $\boldsymbol{B}^{i+1}(t)$ 是由真实重心坐标组成的系统矩阵。

定义 $\tilde{\boldsymbol{P}}^{i+1}(t)=\hat{\boldsymbol{P}}^{i+1}(t)-\boldsymbol{P}^{i+1}(t)$，$\tilde{\boldsymbol{B}}^{i+1}(t)=\hat{\boldsymbol{B}}^{i+1}(t)-\boldsymbol{B}^{i+1}(t)$ 为估计误差矩阵。定义 $\boldsymbol{E}_s^{i+1}(t)=\hat{\boldsymbol{C}}_s^{i+1}(t)-\boldsymbol{C}_s^{*}(t)$ 为位置估计误差，式中，$\boldsymbol{C}_s^{*}(t)$ 为跟随者智能体的真实坐标。

根据估计误差矩阵 $\tilde{\boldsymbol{P}}^{i+1}(t)$ 和 $\tilde{\boldsymbol{B}}^{i+1}(t)$ 的定义，等式（4-4）可重新表述如下：

$$\begin{aligned}\hat{\boldsymbol{C}}_s^{i+1}(t)=&\tilde{\boldsymbol{P}}^{i+1}(t)\hat{\boldsymbol{C}}_s^{i}(t)+\tilde{\boldsymbol{B}}^{i+1}(t)\boldsymbol{C}_a^{*}(t)\\&+\boldsymbol{P}^{i+1}(t)\hat{\boldsymbol{C}}_s^{i}(t)+\boldsymbol{B}^{i+1}(t)\boldsymbol{C}_a^{*}(t)\end{aligned} \tag{4-5}$$

等式（4-5）两侧同时减去 $\boldsymbol{C}_s^{*}(t)$，可得：

$$\begin{aligned}\boldsymbol{E}_s^{i+1}(t)=&\boldsymbol{P}^{i+1}(t)\boldsymbol{E}_s^{i}(t)+\tilde{\boldsymbol{P}}^{i+1}(t)\boldsymbol{E}_s^{i}(t)\\&+\{[\boldsymbol{P}^{i+1}(t)-\boldsymbol{I}]\boldsymbol{C}_s^{*}(t)+\boldsymbol{B}^{i+1}(t)\boldsymbol{C}_a^{*}(t)\}\\&+\tilde{\boldsymbol{P}}^{i+1}(t)\boldsymbol{C}_s^{*}(t)+\tilde{\boldsymbol{B}}^{i+1}(t)\boldsymbol{C}_a^{*}(t)\end{aligned}\tag{4-6}$$

因为 $\boldsymbol{B}^{i+1}(t)\boldsymbol{C}_a^{*}(t)+[\boldsymbol{P}^{i+1}(t)-\boldsymbol{I}]\boldsymbol{C}_s^{*}(t)=\boldsymbol{0}$，等式（4-6）可重新表述如下：

$$\begin{aligned}\boldsymbol{E}_s^{i+1}(t)=&\boldsymbol{P}^{i+1}(t)\boldsymbol{E}_s^{i}(t)+\tilde{\boldsymbol{P}}^{i+1}(t)\boldsymbol{E}_s^{i}(t)\\&+\tilde{\boldsymbol{P}}^{i+1}(t)\boldsymbol{C}_s^{*}(t)+\tilde{\boldsymbol{B}}^{i+1}(t)\boldsymbol{C}_a^{*}(t)\end{aligned}\tag{4-7}$$

对等式（4-7）两侧取无穷范数，可以得到：

$$\begin{aligned}&\left\|\boldsymbol{E}_s^{i+1}(t)\right\|_\infty\leqslant\left[\left\|\boldsymbol{P}^{i+1}(t)\right\|_\infty+\left\|\tilde{\boldsymbol{P}}^{i+1}(t)\right\|_\infty\right]\left\|\boldsymbol{E}_s^{i}(t)\right\|_\infty\\&+\left\|\tilde{\boldsymbol{P}}^{i+1}(t)\right\|_\infty\left\|\boldsymbol{C}_s^{*}(t)\right\|_\infty+\left\|\tilde{\boldsymbol{B}}^{i+1}(t)\right\|_\infty\left\|\boldsymbol{C}_a^{*}(t)\right\|_\infty\end{aligned}\tag{4-8}$$

存在一个足够大的迭代次数 i_b，使得对于任意的 $i\geqslant i_b$：

$$\left\|\tilde{\boldsymbol{P}}^{i+1}(t)\right\|_\infty\leqslant\xi,\left\|\tilde{\boldsymbol{B}}^{i+1}(t)\right\|_\infty\leqslant\xi\tag{4-9}$$

其中：

$$\xi<1-\left\|\boldsymbol{P}^{i+1}(t)\right\|_\infty$$

说明 4-5 随着迭代次数的增加，估计的相对距离 $\hat{d}_{xy}^{i}(t)$ 将会逐渐收敛到真实的相对距离 $d_{xy}^{i}(t)$。因此基于估计数据计算得到的重心坐标 $\hat{a}_{l,q}^{i+1}(t)$、$\hat{a}_{l,w}^{i+1}(t)$ 也将会逐渐收敛到真实的重心坐标 $a_{l,q}^{i+1}(t)$、$a_{l,w}^{i+1}(t)$。换句话说，根据强大数定律，可以得到 $\lim\limits_{i\to\infty}\hat{\boldsymbol{P}}^{i+1}(t)=\boldsymbol{P}^{i+1}(t)$。因此，存在一个足够大的迭代次数能够使 $\left\|\tilde{\boldsymbol{P}}^{i+1}(t)\right\|_\infty$ 收敛到一个小的有界范围内，且保证 $\left\|\boldsymbol{P}^{i+1}(t)\right\|_\infty+\left\|\tilde{\boldsymbol{P}}^{i+1}(t)\right\|_\infty<1$ 成立。

根据说明 4-5 的分析，可以得到：

$$\left\|\boldsymbol{P}^{i+1}(t)\right\|_\infty+\left\|\tilde{\boldsymbol{P}}^{i+1}(t)\right\|_\infty=\sigma_1<1\tag{4-10}$$

因此，不等式（4-8）可以重新表述为

$$\left\|\boldsymbol{E}_s^{i+1}(t)\right\|_\infty\leqslant\sigma_1\left\|\boldsymbol{E}_s^{i}(t)\right\|_\infty+\xi\sigma_2\tag{4-11}$$

式中，σ_2 为有界的，$\sigma_2=\left\|\boldsymbol{C}_s^{*}(t)\right\|_\infty+\left\|\boldsymbol{C}_a^{*}(t)\right\|_\infty<\infty$。

通过求解不等式（4-11），可以得到如下结果：

$$\left\|\boldsymbol{E}_s^{i+1}(t)\right\|_\infty\leqslant\sigma_1^{i-i_b+1}\left\|\boldsymbol{E}_s^{i_b}(t)\right\|_\infty+\xi\frac{\sigma_2}{1-\sigma_1}\tag{4-12}$$

由于$0<\sigma_1<1$，因此可得：

$$\lim_{i\to\infty}\sigma_1^{i-i_b+1}\left\|\boldsymbol{E}_s^{i_b}(t)\right\|_\infty=0 \tag{4-13}$$

同理，可以得到$\dfrac{\sigma_2}{1-\sigma_1}=\sigma_3<\infty$有界。注意：$\sigma_3$和$\xi$相互独立，因此不等式（4-12）可以被重新表述如下：

$$\limsup_{i\to\infty}\left\|\boldsymbol{E}_s^{i+1}(t)\right\|_\infty\leqslant\xi\sigma_3 \tag{4-14}$$

因为不等式（4-14）对于任意的ξ都成立，所以不等式（4-14）意味着$\lim\limits_{i\to\infty}\left\|\boldsymbol{E}_s^{i+1}(t)\right\|_\infty=0$成立。

证毕。

4.4 测量与通信噪声下分布式定位估计

本小节研究了具有测量噪声和通信噪声的多智能体系统的定位问题。目标是设计一种新颖的基于迭代学习的鲁棒分布式定位估计算法，用于解决多智能体系统的精确定位问题。

4.4.1 估计器设计

基于迭代学习的鲁棒分布式定位估计算法设计如下：

$$\begin{aligned}\hat{\boldsymbol{c}}_l^{i+1}(t)=&[1-\alpha^{i+1}(t)]\hat{\boldsymbol{c}}_l^i(t)+\beta^{i+1}(t)\times\\&\left\{\sum_{q\in N_l}\hat{a}_{l,q}^{i+1}(t)[\hat{\boldsymbol{c}}_q^i(t)+\boldsymbol{\varphi}_q^i(t)]\sum_{w\in N_l}\hat{a}_{l,w}^{i+1}(t)[\boldsymbol{c}_w^*(t)+\boldsymbol{\varphi}_w^i(t)]\right\}\end{aligned} \tag{4-15}$$

$$\alpha^{i+1}(t)=\frac{1}{(1+i)^{\lambda_1}},\quad \beta^{i+1}(t)=\frac{1}{(1+i)^{\lambda_2}}$$

式中，$\alpha^{i+1}(t)$，$\beta^{i+1}(t)$为两个迭代变化增益；$0<\lambda_1<\lambda_2<1$，$\lambda_2-\lambda_1<\zeta$，$\zeta>0$为一个小的有界值；$\boldsymbol{\varphi}_q^i(t)$，$\boldsymbol{\varphi}_w^i(t)$为在不同信道中的通信噪声。

假设 4-2 对于所有的$q,w\in N_l$，$i\in R$，通信噪声$\boldsymbol{\varphi}_q^i(t)$和$\boldsymbol{\varphi}_w^i(t)$都是有界的。

算法 4-2 给出了基于迭代学习的鲁棒分布式定位估计算法的完整过程。

算法 4-2　通信和测量噪声条件下估计跟随者智能体的真实坐标
迭代循环 i=1：Iteration。

赋初值　任意给定跟随者智能体的初始估计坐标 $\hat{\boldsymbol{c}}_l^i(t), l \in \{m+1, \cdots, N\}$ 。选择常数增益 λ_1 和 λ_2 。

步骤 1. 每一个跟随者智能体向邻居发送自身估计坐标 $\hat{\boldsymbol{c}}_l^i(t)$ 。

步骤 2. 测量相对距离 $\tilde{d}_{xy}^i(t)$ ，计算估计的相对距离：

$$\hat{d}_{xy}^i(t): \quad \hat{d}_{xy}^i(t) = \frac{1}{i}\sum_{n=0}^{i}\tilde{d}_{xy}^n(t) = \frac{i-1}{i}\hat{d}_{xy}^{i-1}(t) + \frac{1}{i}\tilde{d}_{xy}^i(t)$$

步骤 3. 计算重心坐标 $\hat{a}_{l,q}^{i+1}(t)$ 和 $\hat{a}_{l,w}^{i+1}(t)$ 。

步骤 4. 更新：

$$\begin{aligned}\hat{\boldsymbol{c}}_l^{i+1}(t) = &[1-\alpha^{i+1}(t)]\hat{\boldsymbol{c}}_l^i(t) + \beta^{i+1}(t) \times \\ &\left\{\sum_{q \in N_l}\hat{a}_{l,q}^{i+1}(t)[\hat{\boldsymbol{c}}_q^i(t) + \boldsymbol{\varphi}_q^i(t)]\sum_{w \in N_l}\hat{a}_{l,w}^{i+1}(t)[\boldsymbol{c}_w^*(t) + \boldsymbol{\varphi}_w^i(t)]\right\}\end{aligned}$$

步骤 5. 更新 $i = i+1$ ，返回**步骤 1**。

为了便于分析，考虑所有 $(N-m)$ 个跟随者智能体，给出紧凑形式。

$$\begin{aligned}\hat{\boldsymbol{C}}_s^{i+1}(t) = &\left[1-\alpha^{i+1}(t)\right]\hat{\boldsymbol{C}}_s^i(t) + \beta^{i+1}(t)\hat{\boldsymbol{P}}^{i+1}(t) \times \\ &\left[\hat{\boldsymbol{C}}_s^i(t) + \boldsymbol{\Phi}_s^i(t)\right] + \beta^{i+1}(t)\hat{\boldsymbol{B}}^{i+1}(t)\left[\boldsymbol{C}_a^*(t) + \boldsymbol{\Phi}_a^i(t)\right]\end{aligned} \tag{4-16}$$

$$\boldsymbol{\Phi}_s^i(t) = \left\{\left[\boldsymbol{\varphi}_{m+1}^i(t)\right]^{\mathrm{T}}, \cdots, \left[\boldsymbol{\varphi}_N^i(t)\right]^{\mathrm{T}}\right\}^{\mathrm{T}}, \quad \boldsymbol{\Phi}_a^i(t) = \left\{\left[\boldsymbol{\varphi}_1^i(t)\right]^{\mathrm{T}}, \cdots, \left[\boldsymbol{\varphi}_m^i(t)\right]^{\mathrm{T}}\right\}^{\mathrm{T}}$$

式中， $\boldsymbol{\Phi}_s^i(t)$ ， $\boldsymbol{\Phi}_a^i(t)$ 为智能体间的通信噪声。

4.4.2 收敛性分析

在收敛性分析之前，首先给出如下引理。

引理 4-1[156] 对于所有的迭代次数 k ，令 $u_k \geqslant 0$ 。如果存在一些常数 $\sigma>0$ ， $\delta>0$ ， $0<\lambda_1<1$ 和 $\lambda_1<\lambda_2$ 使得不等式（4-17）成立。

$$u_{k+1} \leqslant \left[1-\frac{\sigma}{(1+k)^{\lambda_1}}\right]u_k + \frac{\delta}{(1+k)^{\lambda_2}} \tag{4-17}$$

那么可得出如下结论：

$$u_k \leqslant \frac{\delta}{\sigma} \times \frac{1}{(1+k)^{\lambda_2-\lambda_1}} + o\left[\frac{1}{(1+k)^{\lambda_2-\lambda_1}}\right] \tag{4-18}$$

接下来，将给出测量噪声和通信噪声条件下分布式定位估计算法 4-2 的收敛性证明。

定理 4-2 考虑一个可重复执行任务的动态多智能体系统，当测量噪声和通信噪声分别满足假设 4-1 和假设 4-2 时，所提出的鲁棒分布式定位估计算法 4-2 能够保证多智能体系统的位置估计误差以概率 1 收敛到零，即 $\lim\limits_{i\to\infty}\left\|\boldsymbol{E}_s^{i+1}(t)\right\|_\infty=0$。

证明：

根据矩阵 $\tilde{\boldsymbol{P}}^{i+1}(t)$ 和 $\tilde{\boldsymbol{B}}^{i+1}(t)$ 的定义，等式（4-16）可重新表述为

$$\begin{aligned}\hat{\boldsymbol{C}}_s^{i+1}(t)=&\left[1-\alpha^{i+1}(t)\right]\hat{\boldsymbol{C}}_s^{i}(t)+\beta^{i+1}(t)\tilde{\boldsymbol{P}}^{i+1}(t)\times\\&\left[\hat{\boldsymbol{C}}_s^{i}(t)+\boldsymbol{\varPhi}_s^{i}(t)\right]+\beta^{i+1}(t)\boldsymbol{P}^{i+1}(t)\left[\hat{\boldsymbol{C}}_s^{i}(t)+\boldsymbol{\varPhi}_s^{i}(t)\right]\\&+\beta^{i+1}(t)\tilde{\boldsymbol{B}}^{i+1}(t)\left[\boldsymbol{C}_a^{*}(t)+\boldsymbol{\varPhi}_a^{i}(t)\right]\\&+\beta^{i+1}(t)\boldsymbol{B}^{i+1}(t)\left[\boldsymbol{C}_a^{*}(t)+\boldsymbol{\varPhi}_a^{i}(t)\right]\end{aligned}\tag{4-19}$$

等式（4-19）两侧同时减去 $\boldsymbol{C}_s^{*}(t)$，可得：

$$\begin{aligned}\boldsymbol{E}_s^{i+1}(t)=&\left[1-\alpha^{i+1}(t)+\beta^{i+1}(t)\boldsymbol{P}^{i+1}(t)\right]\boldsymbol{E}_s^{i}(t)+\\&\beta^{i+1}(t)\tilde{\boldsymbol{P}}^{i+1}(t)\boldsymbol{E}_s^{i}(t)+\left[\beta^{i+1}(t)-\alpha^{i+1}(t)\right]\boldsymbol{C}_s^{*}(t)\\&+\beta^{i+1}(t)\left\{\left[\boldsymbol{P}^{i+1}(t)-\boldsymbol{I}\right]\boldsymbol{C}_s^{*}(t)+\boldsymbol{B}^{i+1}(t)\boldsymbol{C}_a^{*}(t)\right\}\\&+\beta^{i+1}(t)\left[\boldsymbol{P}^{i+1}(t)\boldsymbol{\varPhi}_s^{i}(t)+\boldsymbol{B}^{i+1}(t)\boldsymbol{\varPhi}_a^{i}(t)\right]\\&+\beta^{i+1}(t)\tilde{\boldsymbol{P}}^{i+1}(t)\left[\boldsymbol{C}_s^{*}(t)+\boldsymbol{\varPhi}_s^{i}(t)\right]\\&+\beta^{i+1}(t)\tilde{\boldsymbol{B}}^{i+1}(t)\left[\boldsymbol{C}_a^{*}(t)+\boldsymbol{\varPhi}_a^{i}(t)\right]\end{aligned}\tag{4-20}$$

由于 $\boldsymbol{B}^{i+1}(t)\boldsymbol{C}_a^{*}(t)+\left[\boldsymbol{P}^{i+1}(t)-\boldsymbol{I}\right]\boldsymbol{C}_s^{*}(t)=\boldsymbol{0}$，对等式（4-20）两侧取无穷范数，可以得到如下结果：

$$\begin{aligned}\left\|\boldsymbol{E}_s^{i+1}(t)\right\|_\infty\leqslant&\left\|1-\alpha^{i+1}(t)+\beta^{i+1}(t)\boldsymbol{P}^{i+1}(t)\right\|_\infty\left\|\boldsymbol{E}_s^{i}(t)\right\|_\infty\\&+\beta^{i+1}(t)\left\|\tilde{\boldsymbol{P}}^{i+1}(t)\right\|_\infty\left\|\boldsymbol{E}_s^{i}(t)\right\|_\infty+\left[\alpha^{i+1}(t)-\beta^{i+1}(t)\right]\left\|\boldsymbol{C}_s^{*}(t)\right\|_\infty\\&+\beta^{i+1}(t)\left[\left\|\boldsymbol{P}^{i+1}(t)\right\|_\infty\left\|\boldsymbol{\varPhi}_s^{i}(t)\right\|_\infty+\left\|\boldsymbol{B}^{i+1}(t)\right\|_\infty\left\|\boldsymbol{\varPhi}_a^{i}(t)\right\|_\infty\right]\\&+\beta^{i+1}(t)\left\|\tilde{\boldsymbol{P}}^{i+1}(t)\right\|_\infty\left[\left\|\boldsymbol{C}_s^{*}(t)\right\|_\infty+\left\|\boldsymbol{\varPhi}_s^{i}(t)\right\|_\infty\right]\\&+\beta^{i+1}(t)\left\|\tilde{\boldsymbol{B}}^{i+1}(t)\right\|_\infty\left[\left\|\boldsymbol{C}_a^{*}(t)\right\|_\infty+\left\|\boldsymbol{\varPhi}_a^{i}(t)\right\|_\infty\right]\end{aligned}\tag{4-21}$$

因为矩阵 $\boldsymbol{P}^{i+1}(t)$ 中的元素表示跟随者之间的重心坐标，可以保证矩阵 $\boldsymbol{P}^{i+1}(t)$ 中每一行的和都小于 1。根据无穷范数的性质可得 $\left\|\boldsymbol{P}^{i+1}(t)\right\|_\infty<1$。

由于 $\alpha^{i+1}(t)>\beta^{i+1}(t)>0$，不等式（4-21）的第 1 项可转化如下：

$$\begin{aligned}&\left\|1-\alpha^{i+1}(t)+\beta^{i+1}(t)\boldsymbol{P}^{i+1}(t)\right\|_\infty\left\|\boldsymbol{E}_s^{i}(t)\right\|_\infty\\&\leqslant\left[1-\alpha^{i+1}(t)+\beta^{i+1}(t)\left\|\boldsymbol{P}^{i+1}(t)\right\|_\infty\right]\left\|\boldsymbol{E}_s^{i}(t)\right\|_\infty\end{aligned}$$

$$\begin{aligned}&\leqslant\left[1-\alpha^{i+1}(t)+\alpha^{i+1}(t)\left\|\boldsymbol{P}^{i+1}(t)\right\|_{\infty}\right]\left\|\boldsymbol{E}_s^i(t)\right\|_{\infty}\\&=1-\alpha^{i+1}(t)\left[1-\left\|\boldsymbol{P}^{i+1}(t)\right\|_{\infty}\right]\left\|\boldsymbol{E}_s^i(t)\right\|_{\infty}\\&\leqslant\left[1-\alpha^{i+1}(t)\delta_1\right]\left\|\boldsymbol{E}_s^i(t)\right\|_{\infty}\end{aligned}\tag{4-22}$$

其中:

$$\delta_1=1-\left\|\boldsymbol{P}^{i+1}(t)\right\|_{\infty}$$

类似地，可以得到:

$$\beta^{i+1}(t)\left\|\tilde{\boldsymbol{P}}^{i+1}(t)\right\|_{\infty}\left\|\boldsymbol{E}_s^i(t)\right\|_{\infty}\leqslant\alpha^{i+1}(t)\left\|\tilde{\boldsymbol{P}}^{i+1}(t)\right\|_{\infty}\left\|\boldsymbol{E}_s^i(t)\right\|_{\infty}\tag{4-23}$$

根据不等式（4-9）和说明 4-5 的分析，可以得到:

$$\begin{aligned}&\left\|1-\alpha^{i+1}(t)+\beta^{i+1}(t)\boldsymbol{P}^{i+1}(t)\right\|_{\infty}\left\|\boldsymbol{E}_s^i(t)\right\|_{\infty}\\&+\beta^{i+1}(t)\left\|\tilde{\boldsymbol{P}}^{i+1}(t)\right\|_{\infty}\left\|\boldsymbol{E}_s^i(t)\right\|_{\infty}\\&\leqslant\left[1-\alpha^{i+1}(t)\delta_1\right]\left\|\boldsymbol{E}_s^i(t)\right\|_{\infty}+\alpha^{i+1}(t)\xi\left\|\boldsymbol{E}_s^i(t)\right\|_{\infty}\\&=\left[1-\alpha^{i+1}(t)(\delta_1-\xi)\right]\left\|\boldsymbol{E}_s^i(t)\right\|_{\infty}\end{aligned}\tag{4-24}$$

因为 $\lambda_1<\lambda_2$，$\lambda_2-\lambda_1<\zeta$，所以存在一个足够大的迭代次数 i_o，使得对于 $i\geqslant i_o$，$\beta^{i+1}(t)\to\alpha^{i+1}(t)$ 成立。因此当 $i\geqslant i_o$ 时，对于有界的 $\left\|\boldsymbol{C}_s^*(t)\right\|_{\infty}$，不等式（4-21）的第 3 项 $\left[\alpha^{i+1}(t)-\beta^{i+1}(t)\right]\left\|\boldsymbol{C}_s^*(t)\right\|_{\infty}$ 可以忽略不计。

根据假设 4-2 可知，通信噪声 $\left\|\boldsymbol{\Phi}_s^i(t)\right\|_{\infty}$ 和 $\left\|\boldsymbol{\Phi}_a^i(t)\right\|_{\infty}$ 是有界的。因为矩阵 $\boldsymbol{B}^{i+1}(t)$ 中的元素表示跟随者智能体和领导者智能体间的重心坐标，所以 $\left\|\boldsymbol{B}^{i+1}(t)\right\|_{\infty}$ 是有界的，$\boldsymbol{C}_s^*(t)$ 和 $\boldsymbol{C}_a^*(t)$ 表示真实坐标，$\left\|\boldsymbol{C}_s^*(t)\right\|_{\infty}$ 和 $\left\|\boldsymbol{C}_a^*(t)\right\|_{\infty}$ 也是有界的。

基于上述分析，不等式（4-21）右侧的后三项可以被重新表述为

$$\begin{aligned}&\beta^{i+1}(t)\left[\left\|\boldsymbol{P}^{i+1}(t)\right\|_{\infty}\left\|\boldsymbol{\Phi}_s^i(t)\right\|_{\infty}+\left\|\boldsymbol{B}^{i+1}(t)\right\|_{\infty}\left\|\boldsymbol{\Phi}_a^i(t)\right\|_{\infty}\right]\\&+\beta^{i+1}(t)\left\|\tilde{\boldsymbol{P}}^{i+1}(t)\right\|_{\infty}\left[\left\|\boldsymbol{C}_s^*(t)\right\|_{\infty}+\left\|\boldsymbol{\Phi}_s^i(t)\right\|_{\infty}\right]\\&+\beta^{i+1}(t)\left\|\tilde{\boldsymbol{B}}^{i+1}(t)\right\|_{\infty}\left[\left\|\boldsymbol{C}_a^*(t)\right\|_{\infty}+\left\|\boldsymbol{\Phi}_a^i(t)\right\|_{\infty}\right]\\&\leqslant\beta^{i+1}(t)\delta_2\end{aligned}\tag{4-25}$$

式中，$\delta_2<\infty$ 是一个有界值。

令 $i_{\max}=\max(i_b,i_o)$，根据式（4-22）~式（4-25）的分析，对于任意 $i\geqslant i_{\max}$，不等式（4-21）可以被重新表述为

$$\begin{aligned}&\left\|\boldsymbol{E}_s^{i+1}(t)\right\|_{\infty}\leqslant\left[1-\alpha^{i+1}(t)(\delta_1-\xi)\right]\left\|\boldsymbol{E}_s^i(t)\right\|_{\infty}+\beta^{i+1}(t)\delta_2\\&=\left[1-\alpha^{i+1}(t)\delta_3\right]\left\|\boldsymbol{E}_s^i(t)\right\|_{\infty}+\beta^{i+1}(t)\delta_2\end{aligned}\tag{4-26}$$

式中，$\delta_3=\delta_1-\xi$。

根据引理 4-1，可以得到：

$$\left\|\boldsymbol{E}_s^{i+1}(t)\right\|_\infty \leqslant \frac{\delta_2}{\delta_3}\times\frac{1}{(1+i)^{\lambda_2-\lambda_1}}+o\left[\frac{1}{(1+i)^{\lambda_2-\lambda_1}}\right] \tag{4-27}$$

因为 $\dfrac{\delta_2}{\delta_3}$ 是有界的，不等式（4-27）意味着 $\lim\limits_{i\to\infty}\left\|\boldsymbol{E}_s^{i+1}(t)\right\|_\infty=0$ 成立。

证毕。

4.5 仿真与实物实例

在本小节中，提供了数值仿真和 QBot-2e 机器人实验来证明所提出算法的有效性和可实现性。

4.5.1 数值仿真

考虑了一个包含 7 个智能体的多智能体系统，它们在二维平面中沿着椭圆轨迹移动。智能体之间的有向拓扑如图 4-1 所示，其中跟随者智能体位于由领导者智能体所构成的凸包中。

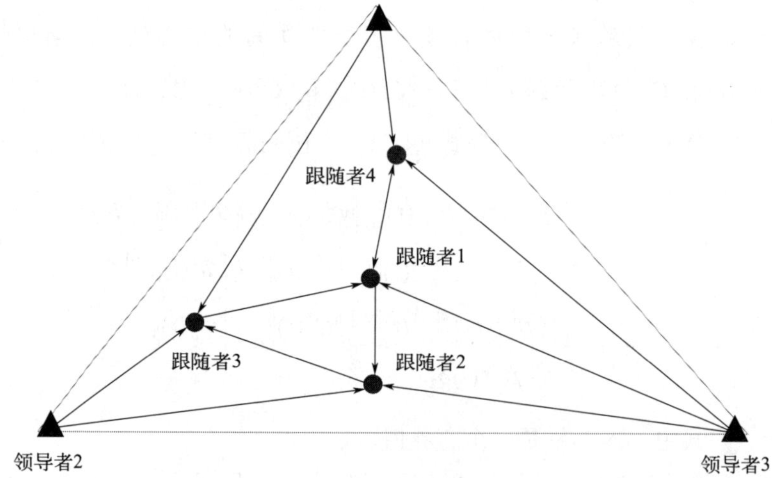

图 4-1 智能体间的有向拓扑

所有智能体的真实轨迹曲线如图 4-2 所示，其中星号表示智能体的初始位置，箭头表示智能体的移动方向。为了节省空间，本小节将只讨论算法 4-2 在测量和通信噪声同时存在时的收敛性。

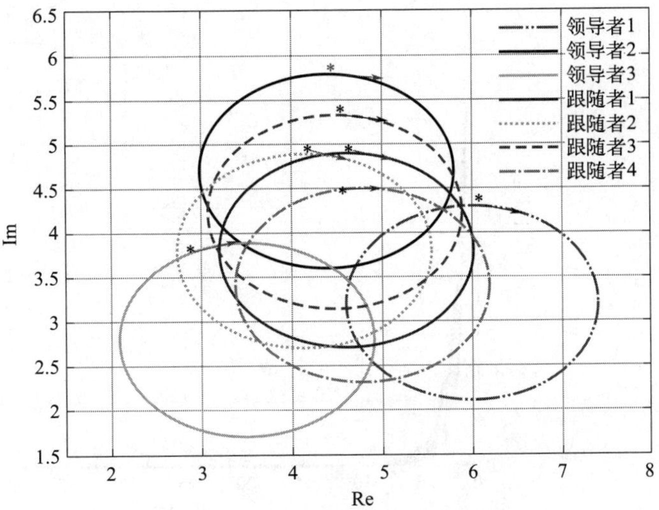

图 4-2　智能体的真实轨迹曲线

在仿真中，相对距离测量噪声 $\upsilon_{xy}^{i}(t)$ 服从高斯分布，其均值为 0，沿迭代轴的方差为 $\dfrac{d_{xy}(t)}{10}$。通信噪声在 $[-0.5, 0.5]$ 范围内随机变化，被手动添加至估计坐标中。跟随者智能体的初始估计坐标随机给定。选择参数为 $\lambda_1 = 0.82$，$\lambda_2 = 0.83$。

应用算法 4-2，沿迭代轴的最大估计误差曲线 $e_{l,\max}(i) = \max\limits_{t}\left\{\left\|\hat{c}_l^{i}(t) - c_l^{*}(t)\right\|_2\right\}$ 如图 4-3 所示。通过仿真结果可以看出，最大估计误差能够渐近收敛到零。同时，为了进行比较，理想环境下的最大估计误差曲线如图 4-4 所示。此外，仅存在测量噪声条件下的估计误差曲线如图 4-5 所示。

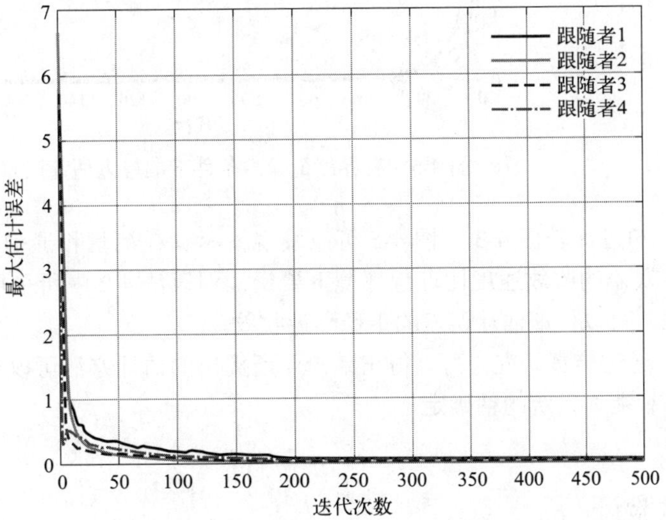

图 4-3　有界通信和测量噪声条件下的最大估计误差曲线

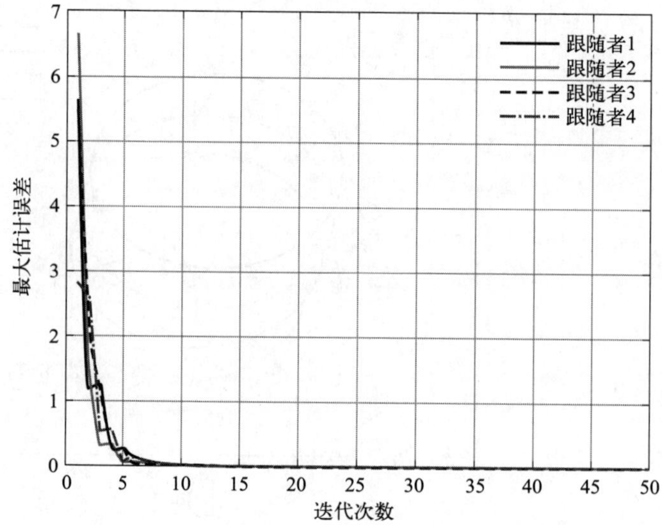

图 4-4　理想环境下的最大估计误差曲线

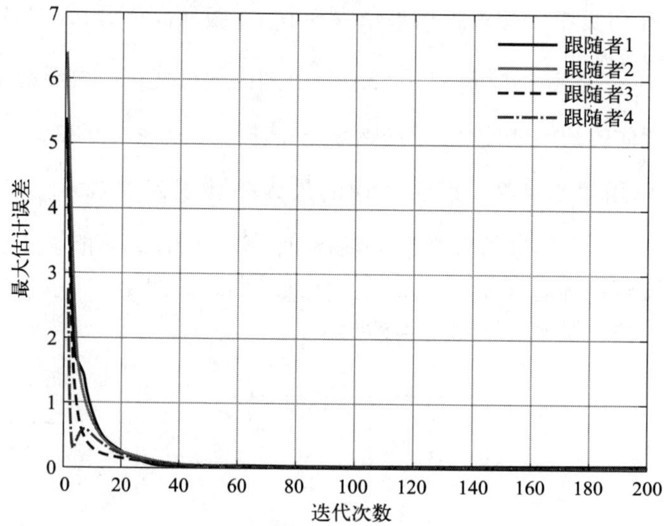

图 4-5　有界测量噪声条件下的最大估计误差曲线

通过比较图 4-3 ~ 图 4-5 可以发现，尽管在测量和通信噪声同时存在的条件下，估计误差的收敛速度比理想环境下要慢，但算法 4-2 中所采用无偏估计器和随机逼近方法，可以保证估计误差的平稳渐近收敛。

通过仿真研究，可以得出结论：所提出的估计方法可以实现测量和通信噪声干扰下多智能体系统的精确定位。

4.5.2　实验验证

本小节利用 QBot-2e 机器人平台来验证本章所提出的鲁棒分布式定位方法的有效

性和可实现性。

图 4-6 给出了 5 个机器人之间的有向通信拓扑，其中外圈的 3 个机器人是领导者，内圈的 2 个机器人是跟随者。领导者机器人可以直接获取自身的真实坐标，跟随者机器人通过所提出的估计方法估计自身的坐标。类似于第 4.5.1 节，仅讨论算法 4-2 在测量和通信噪声同时存在时的收敛性。

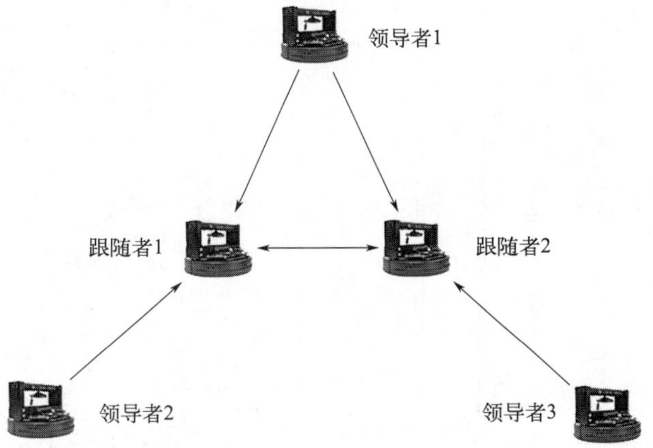

图 4-6　机器人之间的有向通信拓扑

实验中机器人的真实轨迹曲线如图 4-7 所示，其中单个网格的边长为 0.6m。通过自建的地图和摄像头获得机器人的真实坐标。机器人的速度为 0.7m/s。激光雷达用于测量机器人之间的相对距离，其采样频率为 60Hz。

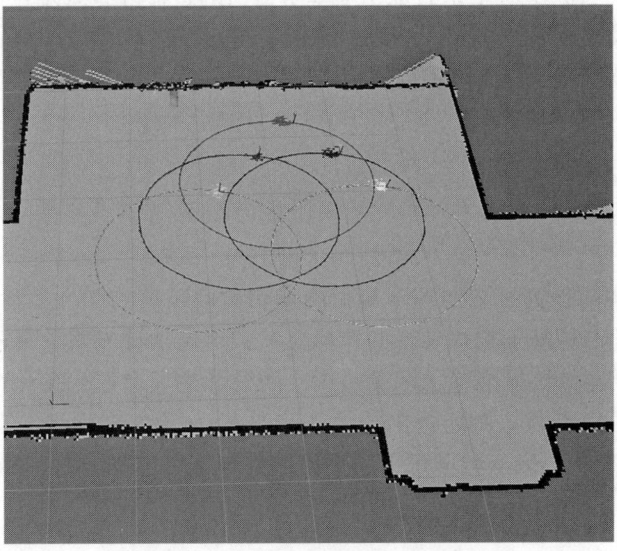

图 4-7　机器人的真实轨迹曲线

设置通信噪声在 [−0.5,0.5] 范围内随机变化。由于激光雷达测量机器人之间的相

对距离时存在测量噪声，因此在本小节中不再手动添加额外的测量噪声。随机给出两个跟随者机器人的初始估计值。选择参数为 $\lambda_1 = 0.79$ ，$\lambda_2 = 0.81$ 。应用算法 4-2，沿迭代轴的最大估计误差 $e_{l,\max}(i) = \max_t \left\{ \left\| \hat{c}_l^i(t) - c_l^*(t) \right\|_2 \right\}$ 如图 4-8 所示，其单位为米。通过观察可以发现，估计误差曲线的收敛是渐近稳定的。估计误差在第 500 次迭代时收敛到一个小的有界值，并且有收敛到零的趋势。

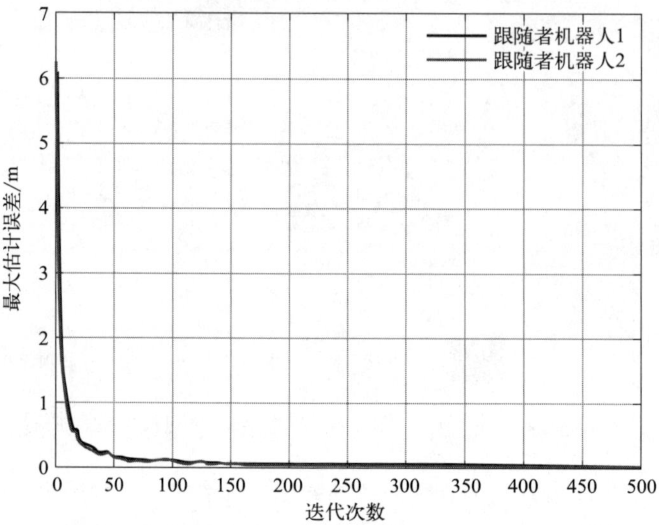

图 4-8　有界通信和测量噪声条件下的最大估计误差曲线

仿真和实验结果验证了本章所提出的鲁棒分布式定位估计算法的有效性和可实现性。因此可以得出如下结论：所提出的定位估计算法解决了有向图下具有有界测量和通信噪声的多智能体系统的精确定位问题。

4.6　本章小结

本章研究了有向图下具有测量和通信噪声的动态多智能体系统的精确定位问题，提出了一种基于迭代学习的鲁棒分布式定位估计方案。基于历史迭代信息构造的相对距离无偏估计器消除了测量噪声，所设计的具有迭代变化增益的随机逼近方法有效抑制了通信噪声。对所提出的算法也进行了严格的渐近收敛性分析。通过数值仿真和 QBot-2e 机器人实验验证了所提出的分布式定位算法的有效性和实用性。

第 5 章 轨迹长度随机变化下多智能体系统分布式定位估计

5.1 概述
5.2 问题描述
5.3 全历史数据补偿下分布式定位估计
5.4 滚动域历史数据补偿下分布式定位估计
5.5 仿真与实物实例
5.6 本章小结

本章考虑有向图下具有重复运行特征的多智能体系统的连续定位问题。由于系统约束和外部环境的影响，智能体的轨迹长度随机变化。本章设计一种新颖的分布式迭代学习定位估计方法，该方法具有全历史平均数据补偿功能。利用先前运行过程中所有可用历史数据的平均值来补偿不完整的轨迹。所设计的诊断机制和搜索机制用于判断智能体是否停止运行，并筛选出可用的历史数据。为了减轻计算负担，进一步提出一种具有滚动域历史平均数据补偿的改进型分布式定位算法。通过严格分析，证明估计算法在数学期望意义下的渐近收敛性。同时，分析不完全重复轨迹对估计误差和收敛速度的影响。基于 QBot-2e 机器人平台的实验结果验证所提方法的可实现性和有效性。

5.1 概述

在位置估计过程中，智能体能够在运行过程中保持完整的轨迹是我们所期望的。但在实际情况中，由于外部环境的干扰或硬件故障，智能体可能会提前停止运行，导致当前次运行的轨迹数据将不完整。估计器将无法完成正常的定位估计，进而影响定位的精度和收敛速度。近年来，基于迭代学习的多智能体系统在轨迹长度随机变化下的协同控制开始受到关注 [165,166]，但轨迹长度随机变化下多智能体系统的定位估计鲜有报道。因此，确保随机变化轨迹下动态多智能体系统的位置估计具有重要意义。与此同时，不完全重复运行所导致的轨迹偏差对定位精度的影响也不容忽视。

具体来说，本章考虑了有向图下具有重复运行特征和随机变化轨迹长度的多智能体系统的连续定位问题。提出了一种具有全历史平均数据补偿的分布式迭代学习定位估计方法。在设计估计算法之前，首先提出了一种诊断机制和搜索机制，其目的是判断智能体是否停止运行，并筛选出所有可用的历史信息。引入重心坐标来表征智能体间的相对位置关系，使用伯努利随机变量表示智能体的随机轨迹长度，每个智能体的轨迹长度变化是相互独立的。如果诊断机制判断智能体正常运行，则采用无补偿措施的算法来估计位置。如果智能体意外停止运行，则利用搜索机制选择的历史数据来保证持续的定位估计。同时，为了进一步减轻计算负担，将结果扩展至具有滚动域历史平均数据补偿的方法。通过严格的数学分析，证明出了数学期望意义下估计算法的渐近收敛性。同时，还分析了智能体不完整的重复轨迹对估计误差和收敛速度的影响。本章的贡献总结如下：①提出了一种带有补偿措施的新型分布式迭代学习估计方法，保证了连续定位估计。②实现了轨迹长度随机变化的多智能体系统的精确定位估计。

本章其余部分安排如下：第 5.2 节是问题描述。第 5.3 节介绍了估计器设计并给出了收敛性分析。第 5.4 节将结果扩展到具有滚动域历史数据补偿的分布式定位估计。第 5.5 节通过数值模拟和机器人实验来验证方法的有效性。最后，第 5.6 节是结论。

5.2 问题描述

考虑包含 m 个领导者和 $(N-m)$ 个跟随者的多智能体系统，智能体之间的信息传递由有向图描述。领导者可通过自身配备的定位设备直接获取位置坐标，跟随者则通过与领导者的间接或直接通信以及测量的相对距离信息估计自身的位置坐标。

在定位过程中，受外部环境的不确定性和硬件问题等的影响，智能体可能会提前停止运行，无法执行完整的任务或无法保持完整的轨迹长度。因此，实际轨迹长度在不同的运行中会有所不同。定义时间常数 $t \in \{0,1,\cdots,\Gamma^i\}$，其中，$\Gamma^i$ 为第 ith 次迭代真实的轨迹长度；i 为迭代次数。

此外，为智能体实际的轨迹长度设定一个下限 $\Gamma_{\min}$ 也是合理的。例如，如图 5-1 所示，对于采样时间 $t=\Gamma_{\min}$ 来说，智能体的轨迹始终存在。如果 $t>\Gamma_{\min}$，智能体的真实轨迹长度将以一定概率沿迭代轴随机变化。

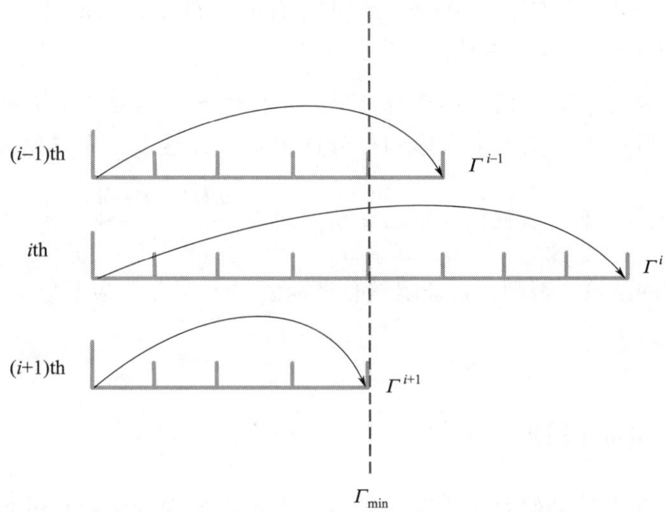

图 5-1　不同迭代的变化轨迹长度

本章旨在为轨迹长度随机变化下的多智能体系统设计一种有效的分布式定位算法。即使轨迹长度在不同迭代之间随机变化且智能体的轨迹不完全重复，所提出的方案仍然可以保证估计误差 $\boldsymbol{e}(t)$ 收敛到一个较小的有界值，即 $\boldsymbol{e}(t)=\hat{\boldsymbol{c}}(t)-\boldsymbol{c}^*(t)$，式中，$\hat{\boldsymbol{c}}(t)$ 为估计坐标；$\boldsymbol{c}^*(t)$ 为实际坐标。

5.3 全历史数据补偿下分布式定位估计

假设所有跟随者都位于由其邻居所形成的凸包中。智能体的轨迹长度沿迭代轴随机变化，如图 5-1 所示。在不失一般性的前提下，我们考虑二维空间中的定位问题。

本小节的目标是开发一种带补偿的分布式定位估计算法，用于保证多智能体系统的精确定位。

需要注意的是，与现有文献中的定位方法不同，所要设计的算法不仅要考虑轨迹长度变化情况下的持续定位问题，还要考虑智能体轨迹不完全重复情况下的定位精度问题。

5.3.1 诊断机制设计

当智能体 l 受外部环境影响或其自身的硬件故障而在第 $(t-1)$ 个采样时刻意外停止运行时，其邻居仍然使用配备的传感器来测量第 t 个采样时刻的相对距离 $d(t)$ 。然而，根据该采样时刻的异常相对距离信息 $d(t)$ 计算出的重心坐标值是不准确的，这将影响最终的定位精度。因此，应首先设计一种故障检测机制，确定智能体是否在采样时刻 $(t-1)$ 停止了运行。在设计诊断机制之前，给出一个假设。

假设 5-1 对于在第 i 次迭代的采样时刻 $t\in\{0,1,\cdots,\Gamma^i\}$ ，至少存在一次迭代其长度 $\Gamma^\kappa,\kappa\in\{1,\cdots,i-1\}$ 要比之前迭代中的 t 大。

从先前的迭代中选择一个重心坐标值 $a^\kappa(t),\kappa\in\{1,\cdots,i-1\}$ 作为标准值，并根据实际应用场景设置一个合理的百分比值 φ ，如速度、采样间隔 $\varDelta$ 等。计算出重心坐标 $a^i(t)$ 后，就可以进行简单的诊断。如果 $\dfrac{\left|a^i(t)-a^\kappa(t)\right|}{a^\kappa(t)}\leqslant\varphi$ ，那么可以得出智能体运行正常的结论。否则，则证明重心坐标值 $a^i(t)$ 异常，应予以舍弃。然后采取相应的补偿措施。

5.3.2 搜索机制设计

在设计补偿算法之前，应该首先考虑如何找到有用的历史数据。针对智能体 l ，设计了如下搜索机制。

令 Γ_q^{i+1} 表示跟随者邻居智能体在第 $(i+1)$ 迭代的真实轨迹， Γ_w^{i+1} 表示领导者邻居智能体在第 $(i+1)$ 迭代的真实轨迹。定义两个集合： $\varLambda_q^{i+1}=\left\{\Gamma_q^j\,\middle|\,t\leqslant\Gamma_q^j,j=1,\cdots,i\right\}$ 和 $\varLambda_w^{i+1}=\left\{\Gamma_w^j\,\middle|\,t\leqslant\Gamma_w^j,j=1,\cdots,i\right\}$ 。 n_q^{i+1} 和 n_w^{i+1} 分别表示在 $\varLambda_q^{i+1}$ 和集合 $\varLambda_w^{i+1}$ 中元素的数量。

说明 5-1 设置集合 $\varLambda_q^{i+1}$ 和 $\varLambda_w^{i+1}$ 的目的是找出从初始迭代到最近一次迭代计算出的所有可用的重心坐标，为后续补偿算法的设计做准备。

5.3.3 补偿机制设计

设计了一种新的基于全历史平均数据补偿的分布式定位估计算法:

$$
\begin{aligned}
\hat{\boldsymbol{c}}_l^{i+1}(t)=\Bigg\{&\sum_{q\in N_l}\left\{\delta\left[1-\beta_q^{i+1}(t)\right]\frac{1}{n_q^{i+1}}\sum_{\tau=0}^{i}a_{l,q}^{\tau}(t)\right\}\hat{\boldsymbol{c}}_q^{i}(t)\\
&+\sum_{w\in N_l}\left\{\delta\left[1-\beta_w^{i+1}(t)\right]\frac{1}{n_w^{i+1}}\sum_{\tau=0}^{i}a_{l,w}^{\tau}(t)\right\}\boldsymbol{c}_w^{i}(t)\Bigg\}\\
&+\sum_{q\in N_l}\beta_q^{i+1}(t)a_{l,q}^{i+1}(t)\hat{\boldsymbol{c}}_q^{i}(t)+\sum_{w\in N_l}\beta_w^{i+1}(t)a_{l,w}^{i+1}(t)\boldsymbol{c}_w^{i}(t)
\end{aligned}
\tag{5-1}
$$

式中，N_l 为智能体 l 的邻居智能体；$\beta_q^{i+1}(t)$，$\beta_w^{i+1}(t)$ 为两个伯努利随机变量，其值等于 1 或 0，用于表征邻居智能体在第 $(i+1)$ 次迭代第 t 个采样时刻正常运行或停止运行；δ 为一个常数系数，$0<\delta<1$；$\boldsymbol{c}_w^{i}(t)$，$\hat{\boldsymbol{c}}_q^{i}(t)$ 为邻居智能体的坐标值；$\frac{1}{n_q^{i+1}}\sum_{\tau=0}^{i}a_{l,q}^{\tau}(t)$，$\frac{1}{n_w^{i+1}}\sum_{\tau=0}^{i}a_{l,w}^{\tau}(t)$ 为两个迭代平均算子来处理历史数据。

$\beta_q^{i+1}(t)$ 和 $\beta_w^{i+1}(t)$ 的概率定义如下：$\operatorname{prob}\left\{\beta_q^{i+1}(t)=1\right\}=\tilde{\boldsymbol{a}}\left\{\beta_q^{i+1}(t)\right\}=\bar{\beta}_q(t)$，$0<\bar{\beta}_q(t)<1$ $\operatorname{prob}\left\{\beta_w^{i+1}(t)=1\right\}=\tilde{\boldsymbol{a}}\left\{\beta_w^{i+1}(t)\right\}=\bar{\beta}_w(t)$，$0<\bar{\beta}_w(t)<1$。

式中，$\tilde{\boldsymbol{a}}\{\}$ 为数学期望。

只要智能体 l 的任意一个邻居智能体停止运行，估计算法式（5-1）中所需的重心坐标就无法正常计算。因此，算法式（5-1）中所有伯努利随机变量的值应由轨迹长度最短的邻居智能体确定。

令 $\beta_l^{\min,i+1}(t)=\min\limits_{q,w\in N_l}\left\{\beta_q^{i+1}(t),\beta_w^{i+1}(t)\right\}$ 表示具有最短轨迹长度的相邻智能体的伯努利随机变量，可以得到：

$$
\begin{aligned}
\hat{\boldsymbol{c}}_l^{i+1}(t)=\left[1-\beta_l^{\min,i+1}(t)\right]\Bigg\{&\sum_{q\in N_l}\left[\delta\frac{1}{n_q^{i+1}}\sum_{\tau=0}^{i}a_{l,q}^{\tau}(t)\right]\hat{\boldsymbol{c}}_q^{i}(t)\\
&+\sum_{w\in N_l}\left[\delta\frac{1}{n_w^{i+1}}\sum_{\tau=0}^{i}a_{l,w}^{\tau}(t)\right]\boldsymbol{c}_w^{i}(t)\Bigg\}\\
&+\beta_l^{\min,i+1}(t)\left[\sum_{q\in N_l}a_{l,q}^{i+1}(t)\hat{\boldsymbol{c}}_q^{i}(t)+\sum_{w\in N_l}a_{l,w}^{i+1}(t)\boldsymbol{c}_w^{i}(t)\right]
\end{aligned}
\tag{5-2}
$$

算法 5-1 给出了基于全历史平均数据补偿的分布式定位估计算法的完整过程。

算法 5-1　时变轨迹长度下估计跟随者智能体的真实坐标

迭代循环 i=1：Iteration。

赋初值　任意给定跟随者智能体的初始估计坐标 $\hat{\boldsymbol{c}}^{i}(t)$。

步骤 1.　每一个跟随者智能体向邻居发送自身估计坐标 $\hat{\boldsymbol{c}}^{i}(t)$。

步骤 2. 测量相对距离，计算重心坐标 $a^i(t)$。

步骤 3. 将 $a^i(t)$ 与标准值比较。如果 $\frac{\left|a^i(t)-a^\kappa(t)\right|}{a^\kappa(t)} \leqslant \varphi$，则跳至步骤 6。否则，跳至步骤 4。

步骤 4. 从先前迭代中筛选出所有可用的重心坐标值:

$$\Lambda_q^{i+1}=\left\{\Gamma_q^j \middle| t \leqslant \Gamma_q^j, j=1,\cdots,i\right\}, \quad \Lambda_w^{i+1}=\left\{\Gamma_w^j \middle| t \leqslant \Gamma_w^j, j=1,\cdots,i\right\}$$

步骤 5. 更新:

$$\hat{\boldsymbol{c}}_l^{i+1}(t)=\sum_{q\in N_l}\left[\delta\frac{1}{n_q^{i+1}}\sum_{\tau=0}^{i}a_{l,q}^{\tau}(t)\right]\hat{\boldsymbol{c}}_q^i(t)+\sum_{w\in N_l}\left[\delta\frac{1}{n_w^{i+1}}\sum_{\tau=0}^{i}a_{l,w}^{\tau}(t)\right]\boldsymbol{c}_w^i(t)$$

步骤 6. 更新:

$$\hat{\boldsymbol{c}}_l^{i+1}(t)=\sum_{q\in N_l}a_{l,q}^{i+1}(t)\hat{\boldsymbol{c}}_q^i(t)+\sum_{w\in N_l}a_{l,w}^{i+1}(t)\boldsymbol{c}_w^i(t)$$

步骤 7. 更新 $i=i+1$，返回步骤 1。

说明 5-2 对于具有重复运行特征的多智能体系统，智能体的轨迹在不同的迭代中非严格重复。在不同的迭代中相同采样时刻计算得到的重心坐标会有一定的偏差。因此，将常数系数 δ 添加到式（5-2）中。只要智能体的轨迹在一个小的合理范围内波动，通过调整 δ 的值，估计误差就可以收敛到一个可接受的有界范围内。

5.3.4 收敛性分析

考虑所有的智能体，可以得到如下紧凑形式:

$$\begin{aligned}\hat{\boldsymbol{C}}_s^{i+1}(t)=&\left\{\left[\boldsymbol{I}-\boldsymbol{\beta}^{\min,i+1}(t)\right]\boldsymbol{F}^{i+1}(t)+\boldsymbol{\beta}^{\min,i+1}(t)\boldsymbol{P}^{i+1}(t)\right\}\hat{\boldsymbol{C}}_s^i(t)\\&+\left\{\left[\boldsymbol{I}-\boldsymbol{\beta}^{\min,i+1}(t)\right]\boldsymbol{G}^{i+1}(t)+\boldsymbol{\beta}^{\min,i+1}(t)\boldsymbol{B}^{i+1}(t)\right\}\boldsymbol{C}_a^i(t)\end{aligned} \tag{5-3}$$

$$\boldsymbol{C}_a^i(t)=\left[\left[\boldsymbol{c}_1^i(t)\right]^{\mathrm{T}},\cdots,\left[\boldsymbol{c}_m^i(t)\right]^{\mathrm{T}}\right]^{\mathrm{T}}$$

$$\hat{\boldsymbol{C}}_s^i(t)=\left[\left[\hat{\boldsymbol{c}}_{m+1}^i(t)\right]^{\mathrm{T}},\cdots,\left[\hat{\boldsymbol{c}}_N^i(t)\right]^{\mathrm{T}}\right]^{\mathrm{T}}$$

$$\boldsymbol{\beta}^{\min,i+1}(t)=\begin{bmatrix}\beta_{m+1}^{\min,i+1}(t) & 0 & \cdots & 0\\ 0 & \beta_{m+2}^{\min,i+1}(t) & \cdots & 0\\ \vdots & \vdots & \ddots & \vdots\\ 0 & 0 & \cdots & \beta_{N}^{\min,i+1}(t)\end{bmatrix}$$

$$\boldsymbol{F}^{i+1}(t)=\begin{bmatrix}0 & \dfrac{\delta}{n_{m+2}^{i+1}}\sum_{\tau=0}^{i}a_{m+1,m+2}^{\tau}(t) & \cdots & \dfrac{\delta}{n_{N}^{i+1}}\sum_{\tau=0}^{i}a_{m+1,N}^{\tau}(t)\\ \dfrac{\delta}{n_{m+1}^{i+1}}\sum_{\tau=0}^{i}a_{m+2,m+1}^{\tau}(t) & 0 & \cdots & \dfrac{\delta}{n_{N}^{i+1}}\sum_{\tau=0}^{i}a_{m+2,N}^{\tau}(t)\\ \vdots & \vdots & \ddots & \vdots\\ \dfrac{\delta}{n_{m+1}^{i+1}}\sum_{\tau=0}^{i}a_{N,m+1}^{\tau}(t) & \dfrac{\delta}{n_{m+2}^{i+1}}\sum_{\tau=0}^{i}a_{N,m+2}^{\tau}(t) & \cdots & 0\end{bmatrix}$$

$$\boldsymbol{G}^{i+1}(t)=\begin{bmatrix}\dfrac{\delta}{n_{1}^{i+1}}\sum_{\tau=0}^{i}a_{m+1,1}^{\tau}(t) & \dfrac{\delta}{n_{2}^{i+1}}\sum_{\tau=0}^{i}a_{m+1,2}^{\tau}(t) & \cdots & \dfrac{\delta}{n_{m}^{i+1}}\sum_{\tau=0}^{i}a_{m+1,m}^{\tau}(t)\\ \dfrac{\delta}{n_{1}^{i+1}}\sum_{\tau=0}^{i}a_{m+2,1}^{\tau}(t) & \dfrac{\delta}{n_{2}^{i+1}}\sum_{\tau=0}^{i}a_{m+2,2}^{\tau}(t) & \cdots & \dfrac{\delta}{n_{m}^{i+1}}\sum_{\tau=0}^{i}a_{m+2,m}^{\tau}(t)\\ \vdots & \vdots & \ddots & \vdots\\ \dfrac{\delta}{n_{1}^{i+1}}\sum_{\tau=0}^{i}a_{N,1}^{\tau}(t) & \dfrac{\delta}{n_{2}^{i+1}}\sum_{\tau=0}^{i}a_{N,2}^{\tau}(t) & \cdots & \dfrac{\delta}{n_{m}^{i+1}}\sum_{\tau=0}^{i}a_{N,m}^{\tau}(t)\end{bmatrix}$$

$$\boldsymbol{P}^{i+1}(t)=\begin{bmatrix}0 & a_{m+1,m+2}^{i+1}(t) & \cdots & a_{m+1,N}^{i+1}(t)\\ a_{m+2,m+1}^{i+1}(t) & 0 & \cdots & a_{m+2,N}^{i+1}(t)\\ \vdots & \vdots & \ddots & \vdots\\ a_{N,m+1}^{i+1}(t) & a_{N,m+2}^{i+1}(t) & \cdots & 0\end{bmatrix}$$

式中，$\boldsymbol{C}_a^i(t)$ 所有领导者的真实坐标；$\boldsymbol{C}_s^i(t)$ 所有跟随者的估计坐标；$\boldsymbol{F}^{i+1}(t)$ 采取补偿措施后跟随者之间的信息传递关系；$\boldsymbol{G}^{i+1}(t)$ 采取补偿措施后跟随者与领导者之间的信息传递关系；$\boldsymbol{P}^{i+1}(t)$ 当智能体正常运行时，跟随者之间的信息传递关系。

定理 5-1 考虑具有重复运行特性的动态多智能体系统。应用算法 5-1 可以解决随机变化轨迹长度下的定位估计问题，即当 i 趋于无穷时，估计误差 $\tilde{\boldsymbol{a}}\left\{\left\|\boldsymbol{e}_l^{i+1}(t)\right\|_\infty\right\}$ 将会收敛至一个小的有界值。

证明：

定义估计误差：$\boldsymbol{E}_s^{i+1}(t)=\hat{\boldsymbol{C}}_s^{i+1}(t)-\boldsymbol{C}_s^*(t)$，$\boldsymbol{E}_a^{i+1}(t)=\boldsymbol{C}_a^{i+1}(t)-\boldsymbol{C}_a^*(t)$。等式（5-3）两端同时减去 $\boldsymbol{C}_s^*(t)$，由于 $\boldsymbol{E}_a^i(t)=\boldsymbol{0}$，可以得到如下结果：

$$\begin{aligned}\boldsymbol{E}_s^{i+1}(t)=&\left\{\left[\boldsymbol{I}-\boldsymbol{\beta}^{\min,i+1}(t)\right]\boldsymbol{F}^{i+1}(t)+\boldsymbol{\beta}^{\min,i+1}(t)\boldsymbol{P}^{i+1}(t)\right\}\boldsymbol{E}_s^i(t)\\ &+\left\{\left[\boldsymbol{I}-\boldsymbol{\beta}^{\min,i+1}(t)\right]\boldsymbol{F}^{i+1}(t)+\boldsymbol{\beta}^{\min,i+1}(t)\boldsymbol{P}^{i+1}(t)-\boldsymbol{I}\right\}\boldsymbol{C}_s^*(t)\\ &+\left\{\left[\boldsymbol{I}-\boldsymbol{\beta}^{\min,i+1}(t)\right]\boldsymbol{G}^{i+1}(t)+\boldsymbol{\beta}^{\min,i+1}(t)\boldsymbol{B}^{i+1}(t)\right\}\boldsymbol{C}_a^*(t)\end{aligned}\tag{5-4}$$

等式（5-4）两侧应用期望算子并取无穷范数，可以得到：

$$\tilde{\boldsymbol{a}}\left\{\left\|\boldsymbol{E}_s^{i+1}(t)\right\|_\infty\right\} \leqslant \left\|\begin{Bmatrix}\left[\boldsymbol{I}-\overline{\boldsymbol{\beta}}^{\min,i+1}(t)\right]\boldsymbol{F}^{i+1}(t) \\ +\overline{\boldsymbol{\beta}}^{\min,i+1}(t)\boldsymbol{P}^{i+1}(t)\end{Bmatrix}\right\|_\infty \tilde{\boldsymbol{a}}\left\{\left\|\boldsymbol{E}_s^{i}(t)\right\|_\infty\right\} + \left\|\begin{matrix}\begin{Bmatrix}\left[\boldsymbol{I}-\overline{\boldsymbol{\beta}}^{\min,i+1}(t)\right]\boldsymbol{F}^{i+1}(t)+ \\ \overline{\boldsymbol{\beta}}^{\min,i+1}\boldsymbol{P}^{i+1}(t)-\boldsymbol{I}\end{Bmatrix}\boldsymbol{C}_s^*(t) \\ +\begin{Bmatrix}\left[\boldsymbol{I}-\overline{\boldsymbol{\beta}}^{\min,i+1}(t)\right]\boldsymbol{G}^{i+1}(t) \\ +\overline{\boldsymbol{\beta}}^{\min,i+1}(t)\boldsymbol{B}^{i+1}(t)\end{Bmatrix}\boldsymbol{C}_a^*(t)\end{matrix}\right\|_\infty \tag{5-5}$$

由于矩阵$\left[\boldsymbol{I}-\overline{\boldsymbol{\beta}}^{\min,i+1}(t)\right]\boldsymbol{F}^{i+1}(t)+\overline{\boldsymbol{\beta}}^{\min,i+1}(t)\boldsymbol{P}^{i+1}(t)$每一个元素都是正的，该矩阵的无穷范数可以被重新表述为

$$\begin{aligned}&\left\|\left\{\left[\boldsymbol{I}-\boldsymbol{\beta}^{\min,i+1}(t)\right]\boldsymbol{F}^{i+1}(t)+\boldsymbol{\beta}^{\min,i+1}(t)\boldsymbol{P}^{i+1}(t)\right\}\right\|_\infty \\ &=\max_{l\in\{m+1,\cdots,N\}}\left\{\sum_{q\in N_l}\begin{Bmatrix}\dfrac{\delta\left[1-\overline{\beta}_l^{\min,i+1}(t)\right]}{n_q^{i+1}}\displaystyle\sum_{\tau=0}^{i}a_{l,q}^{\tau}(t) \\ +\overline{\beta}_l^{\min,i+1}(t)a_{l,q}^{i+1}(t)\end{Bmatrix}\right\}\end{aligned} \tag{5-6}$$

式中，$\dfrac{1}{n_q^{i+1}}\displaystyle\sum_{\tau=0}^{i}a_{l,q}^{\tau}(t)$为重心坐标的历史平均值；$a_{l,q}^{i+1}(t)$为在当前采样时刻计算的重心坐标。尽管智能体的轨迹在每次运行中都存在一定的偏差，通过选择适当的趋近于 1 的δ可以保证$\dfrac{\delta}{n_q^{i+1}}\displaystyle\sum_{\tau=0}^{i}a_{l,q}^{\tau}(t)\leqslant a_{l,q}^{i+1}(t)$。

因为$0<\overline{\beta}_l^{\min,i+1}(t)<1$，可以得到：

$$\frac{\delta\left[1-\overline{\beta}_l^{\min,i+1}(t)\right]}{n_q^{i+1}}\sum_{\tau=0}^{i}a_{l,q}^{\tau}(t)+\overline{\beta}_l^{\min,i+1}(t)a_{l,q}^{i+1}(t)\leqslant a_{l,q}^{i+1}(t) \tag{5-7}$$

根据式（5-7），并且矩阵$\left[\boldsymbol{I}-\overline{\boldsymbol{\beta}}_l^{\min,i+1}(t)\right]\boldsymbol{F}^{i+1}(t)+\overline{\boldsymbol{\beta}}_l^{\min,i+1}(t)\boldsymbol{P}^{i+1}(t)$中的元素表示的是跟随者的重心坐标值，可以得到：

$$\max_{l\in\{m+1,\cdots,N\}}\left\{\sum_{q\in N_l}\left\{\frac{\delta\left[1-\overline{\beta}_l^{\min,i+1}(t)\right]}{n_q^{i+1}}\sum_{\tau=0}^{i}a_{l,q}^{\tau}(t)+\overline{\beta}_l^{\min,i+1}(t)a_{l,q}^{i+1}(t)\right\}\right\}<1 \tag{5-8}$$

由此可得

$$0<\left\|\left[\boldsymbol{I}-\boldsymbol{\beta}_l^{\min,i+1}(t)\right]\boldsymbol{F}^{i+1}(t)+\boldsymbol{\beta}_l^{\min,i+1}(t)\boldsymbol{P}^{i+1}(t)\right\|_\infty=\sigma_1<1 \tag{5-9}$$

同样的，由于$\boldsymbol{c}_l(t)=a_{l,h}(t)\boldsymbol{c}_h(t)+a_{l,j}(t)\boldsymbol{c}_j(t)+a_{l,k}(t)\boldsymbol{c}_k(t)$，且$\boldsymbol{c}_l^*(t)$，$l\in\{1,\cdots,N\}$表示智能体的真实坐标，$\dfrac{\delta\left[1-\overline{\beta}_l^{\min,i+1}(t)\right]}{n_q^{i+1}}\displaystyle\sum_{\tau=0}^{i}a_{l,q}^{\tau}(t)+\overline{\beta}_l^{\min,i+1}(t)a_{l,q}^{i+1}(t)\leqslant a_{l,q}^{i+1}(t)$，等

式（5-4）右侧的最后两项可表述如下：

$$
\begin{aligned}
&\left\{\begin{aligned}&\frac{\left[1-\bar{\boldsymbol{\beta}}_{m+1}^{\min,i+1}(t)\right]\delta}{n_1^{i+1}}\sum_{\tau=0}^{i}a_{m+1,1}^{\tau}(t)\\&+\bar{\boldsymbol{\beta}}_{m+1}^{\min,i+1}(t)a_{m+1,1}^{i+1}(t)\end{aligned}\right\}\boldsymbol{c}_1^*(t)+\cdots+\left\{\begin{aligned}&\frac{\delta\left[1-\bar{\boldsymbol{\beta}}_{m+1}^{\min,i+1}(t)\right]}{n_N^{i+1}}\sum_{\tau=0}^{i}a_{m+1,N}^{\tau}(t)\\&+\bar{\boldsymbol{\beta}}_{m+1}^{\min,i+1}(t)a_{m+1,N}^{i+1}(t)\end{aligned}\right\}\boldsymbol{c}_N^*(t)\leqslant\boldsymbol{c}_{m+1}^*(t)\\
&\qquad\vdots\\
&\left\{\begin{aligned}&\frac{\left[1-\bar{\boldsymbol{\beta}}_{N}^{\min,i+1}(t)\right]\delta}{n_1^{i+1}}\sum_{\tau=0}^{i}a_{N,1}^{\tau}(t)+\\&\bar{\boldsymbol{\beta}}_{N}^{\min,i+1}(t)a_{N,1}^{i+1}(t)\end{aligned}\right\}\boldsymbol{c}_1^*(t)+\cdots+\left\{\begin{aligned}&\frac{\delta\left[1-\bar{\boldsymbol{\beta}}_{N}^{\min,i+1}(t)\right]}{n_{N-1}^{i+1}}\sum_{\tau=0}^{i}a_{N,N-1}^{\tau}(t)\\&+\bar{\boldsymbol{\beta}}_{N}^{\min,i+1}(t)a_{N,N-1}^{i+1}(t)\end{aligned}\right\}\boldsymbol{c}_{N-1}^*(t)\leqslant\boldsymbol{c}_N^*(t)
\end{aligned}
\tag{5-10}
$$

进一步求解可得：

$$
\left\|\begin{aligned}&\left\{\left[\boldsymbol{I}-\bar{\boldsymbol{\beta}}^{\min,i+1}(t)\right]\boldsymbol{F}^{i+1}(t)+\bar{\boldsymbol{\beta}}^{\min,i+1}\boldsymbol{P}^{i+1}(t)-\boldsymbol{I}\right\}\boldsymbol{C}_s^*(t)\\&+\left\{\left[\boldsymbol{I}-\bar{\boldsymbol{\beta}}^{\min,i+1}(t)\right]\boldsymbol{G}^{i+1}(t)+\bar{\boldsymbol{\beta}}^{\min,i+1}(t)\boldsymbol{B}^{i+1}(t)\right\}\boldsymbol{C}_a^*(t)\end{aligned}\right\|_\infty\leqslant\sigma_2 \tag{5-11}
$$

式中，$\sigma_2>0$ 为一个有界的常数，并且 σ_2 的值取决于轨迹偏差的大小。只要轨迹偏差在一个小的合理范围内，σ_2 就是一个可接受的值。允许轨迹偏差的范围根据应用场景的不同而变化。

基于式（5-6）~式（5-11）的分析，不等式（5-5）可以被重新表述为

$$
\tilde{\boldsymbol{a}}\left\{\left\|\boldsymbol{E}_s^{i+1}(t)\right\|_\infty\right\}\leqslant\sigma_1\tilde{\boldsymbol{a}}\left\{\left\|\boldsymbol{E}_s^{i}(t)\right\|_\infty\right\}+\sigma_2\leqslant\cdots\leqslant\sigma_1^{i+1}\tilde{\boldsymbol{a}}\left\{\left\|\boldsymbol{E}_s^{0}(t)\right\|_\infty\right\}+\frac{\sigma_2}{1-\sigma_1} \tag{5-12}
$$

由于 $0<\sigma_1<1$，$\sigma_2>0$ 是一个有界的常数，并且初始估计误差 $\left\|\boldsymbol{E}_s^0(t)\right\|_\infty$ 是有界的，式（5-12）意味着当 i 趋于无穷时，$\tilde{\boldsymbol{a}}\left\{\left\|\boldsymbol{e}_l^{i+1}(t)\right\|_\infty\right\}$ 将会收敛至一个有界值 $\frac{\sigma_2}{1-\sigma_1}$。

证毕。

说明 5-3 如果智能体的轨迹在每次迭代中是完全重复的，则历史数据可以毫无误差地补偿丢失的轨迹数据，所提出的补偿算法可以保证在不同轨迹长度下估计误差收敛到零。即使智能体的轨迹没有完全重复并且存在小的偏差，所提出的补偿算法也可以保证估计误差收敛到一个小的有界值。

5.4 滚动域历史数据补偿下分布式定位估计

具有完整历史平均数据补偿定位算法 5-1 的优点在于，随着迭代次数的增加，历史数据库不断得到补充，可以削弱非重复轨迹对估计精度的影响。然而，随着迭代次

数的增加，系统的计算负担逐渐增加，估计误差的收敛速度会变慢。

5.4.1 滚动域历史数据补偿

在本小节中，设计了一种基于滚动域历史平均数据补偿的分布式估计算法，减少计算负担。

定义 $\Lambda_w^{i+1}=\left\{\Gamma_w^j \middle| t\leqslant\Gamma_w^j, j=i-\nu+1,\cdots,i\right\}$， $\Lambda_q^{i+1}=\left\{\Gamma_q^j \middle| t\leqslant\Gamma_q^j, j=i-\nu+1,\cdots,i\right\}$，其中 $\nu>1$ 是一个正的常数用于表示滚动域的大小。n_q^{i+1} 和 n_w^{i+1} 分别表示集合 Λ_q^{i+1} 和 Λ_w^{i+1} 中元素的数量。

在设计补偿算法之前，给出假设如下。

假设 5-2 对于第 i 次迭代中的采样时间间隔 $t\in\{0,1,\cdots,\Gamma^i\}$，至少存在一次迭代，其长度 $\Gamma^j, j\in\{i-\nu,\cdots,i-1\}$ 要大于先前迭代中的 t。

提出了一种基于滚动域历史数据补偿的分布式定位估计算法:

$$\begin{aligned}\hat{\boldsymbol{c}}_l^{i+1}(t)=&\left[1-\boldsymbol{\beta}_l^{\min,i+1}(t)\right]\left\{\sum_{q\in N_l}\left[\delta\frac{1}{n_q^{i+1}}\sum_{\tau=i-\nu+1}^{i}a_{l,q}^{\tau}(t)\right]\hat{\boldsymbol{c}}_q^i(t)+\sum_{w\in N_l}\left[\delta\frac{1}{n_w^{i+1}}\sum_{\tau=i-\nu+1}^{i}a_{l,w}^{\tau}(t)\right]\boldsymbol{c}_w^i(t)\right\}\\&+\boldsymbol{\beta}_l^{\min,i+1}(t)\left[\sum_{q\in N_l}a_{l,q}^{i+1}(t)\hat{\boldsymbol{c}}_q^i(t)+\sum_{w\in N_l}a_{l,w}^{i+1}(t)\boldsymbol{c}_w^i(t)\right]\end{aligned} \tag{5-13}$$

说明 5-4 算法式（5-13）和算法式（5-2）的区别在于，算法式（5-2）中使用了完整的历史信息进行补偿，而算法式（5-13）中只使用了最近几次迭代的历史数据，减少了计算负担。

定位估计算法 5-2 的运行过程如下所示。

算法 5-2　时变轨迹长度下估计跟随者智能体的真实坐标

步骤 1 ～ 3 和**步骤 6 ～ 7** 与算法 5-1 相同。

步骤 4. 从最近的几次迭代中搜索出所有可用的重心坐标:

$$\Lambda_q^{i+1}=\left\{\Gamma_q^j \middle| t\leqslant\Gamma_q^j, j=i-\nu+1,\cdots,i\right\},\quad \Lambda_w^{i+1}=\left\{\Gamma_w^j \middle| t\leqslant\Gamma_w^j, j=i-\nu+1,\cdots,i\right\}$$

步骤 5. 更新:

$$\hat{\boldsymbol{c}}_l^{i+1}(t)=\sum_{q\in N_l}\left[\delta\frac{1}{n_q^{i+1}}\sum_{\tau=i-\nu+1}^{i}a_{l,q}^{\tau}(t)\right]\hat{\boldsymbol{c}}_q^i(t)+\sum_{w\in N_l}\left[\delta\frac{1}{n_w^{i+1}}\sum_{\tau=i-\nu+1}^{i}a_{l,w}^{\tau}(t)\right]\boldsymbol{c}_w^i(t)$$

5.4.2 收敛性分析

定理 5-2 考虑具有重复运行特性的多智能体系统。应用算法 5-2 可以解决随机变化轨迹长度下的定位估计问题，即当 i 趋于无穷时，估计误差 $\tilde{\boldsymbol{a}}\left\{\left\|\boldsymbol{e}_l^{i+1}(t)\right\|_\infty\right\}$ 能够收敛至一个有界的值。

证明：证明过程类似于定理 5-1，此处予以省略。

5.5 仿真与实物实例

5.5.1 数值仿真

考虑了包含 7 个智能体的多智能体系统，用于验证所提出的带补偿的分布式定位算法的有效性。智能体间的有向通信拓扑如图 5-2 所示，真实轨迹曲线如图 5-3 所示。

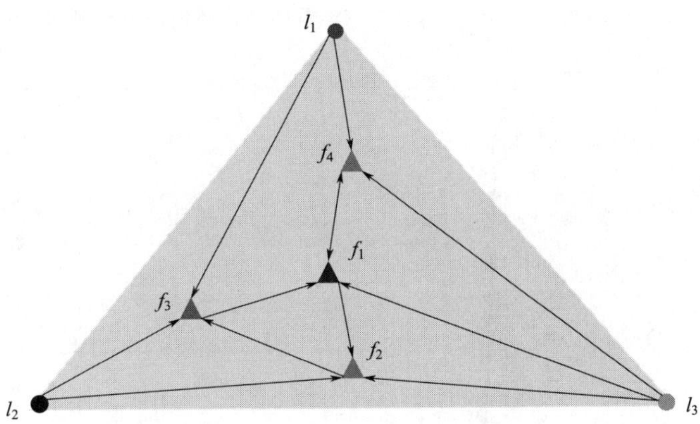

图 5-2　多智能体系统的有向通信拓扑

本小节将讨论具有随机变化轨迹长度的多智能体系统在三种不同情形下的收敛效果。第 1 种情形是非完全重复轨迹条件下基于历史平均数据补偿。第 2 种情形是轨迹完全重复条件下基于历史平均数据补偿。第 3 种情形是轨迹不完全重复条件下不采用历史平均数据补偿。

引入随机扰动来模拟智能体轨迹的不完全重复特性，伯努利随机变量用于表示轨迹长度的随机变化，所有跟随者智能体轨迹的初始估计值随机给出。

情形 1 非完全重复轨迹条件下基于历史平均数据补偿。

分别在智能体轨迹的虚轴和实轴上施加随机扰动 0.1*rand。跟随者智能体 1、2、3 和 4 的轨迹长度变化的概率分别设置为 10%、15%、15%、10%。选择参数 $\delta=0.95$，$v=3$，应用算法 5-1 和算法 5-2。仿真结果如图 5-4 ~ 图 5-6 所示。

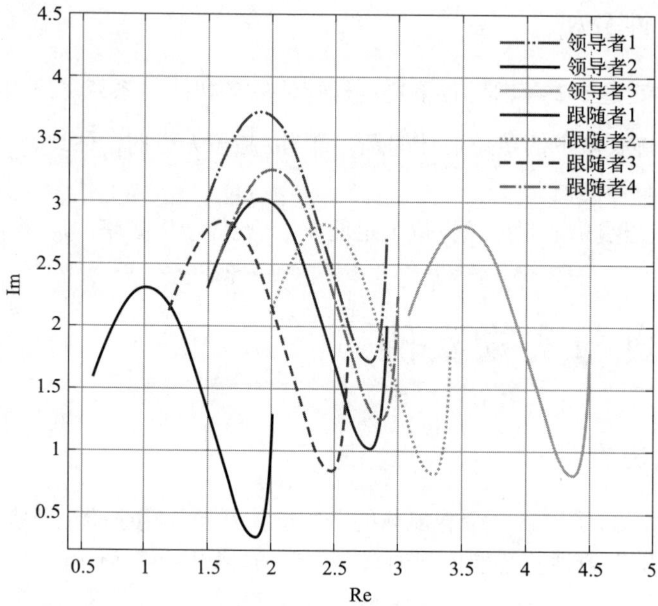

图 5-3　多智能体系统的真实轨迹曲线

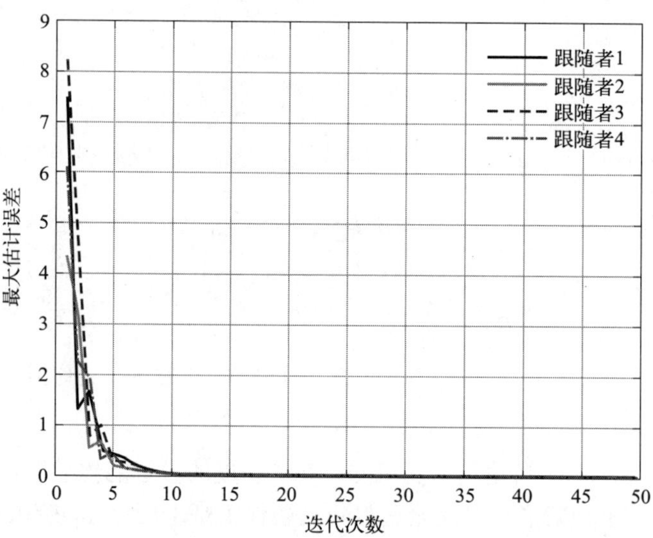

图 5-4　4 个跟随者智能体在算法 5-1 下的最大估计误差

图 5-4 和图 5-5 分别给出了应用算法 5-1 和算法 5-2 后沿迭代轴的最大估计误差曲线，最大估计误差被定义为 $e_{l,\max}(i)=\max\limits_{t}\left\{\left\|\boldsymbol{c}_l^i(t)-\boldsymbol{c}_i^*(t)\right\|_2\right\}$，式中，$t$ 为第 i 次迭代的采样时间。通过仿真结果可以得出，所提出的带补偿的估计算法 5-1 和算法 5-2 能够保证估计误差的渐近收敛，并在轨迹不完全重复的情形下实现近似精确的位置估计。图 5-6 显示的是估计器收敛后 4 个跟随者智能体最终估计误差的比较结果，左侧的直方图表示应用算法 5-1 后的最大估计误差，右侧的直方图表示应用算法 5-2 后的最大

估算误差。从图 5-6 中可以看出，应用算法 5-1 后的最大估计误差要大于应用算法 5-2 后的估计误差。

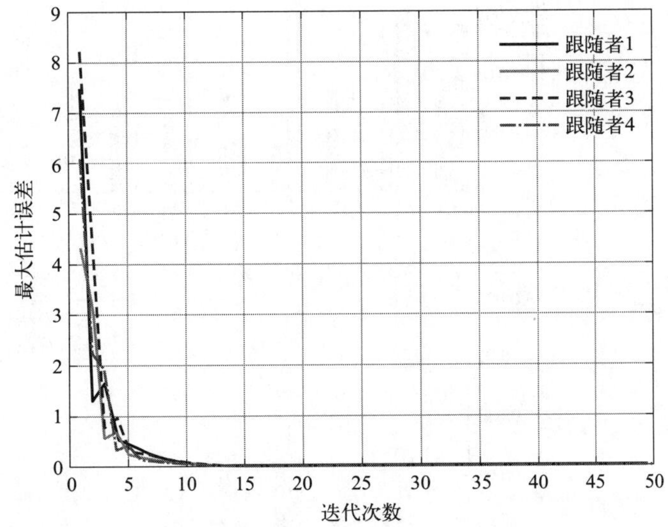

图 5-5　4 个跟随者智能体在算法 5-2 下的最大估计误差

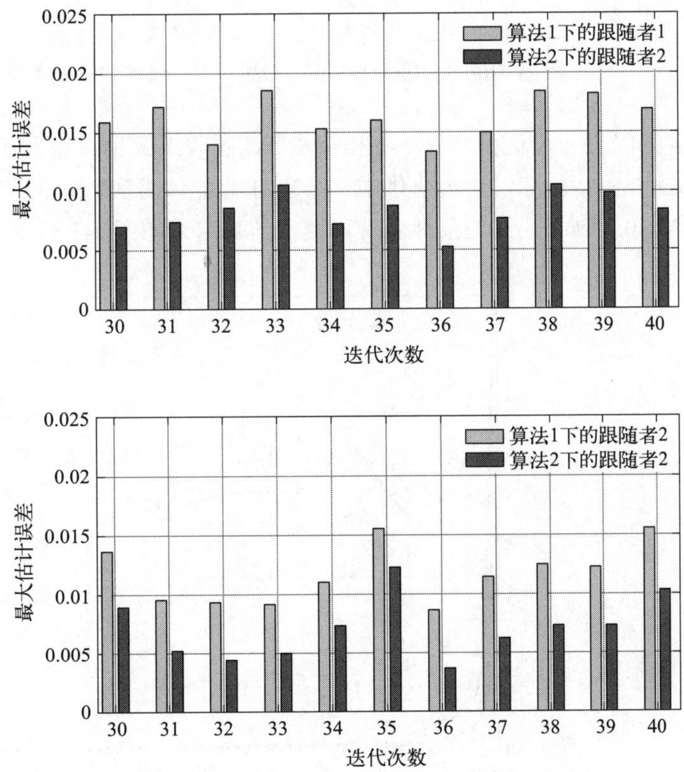

图 5-6

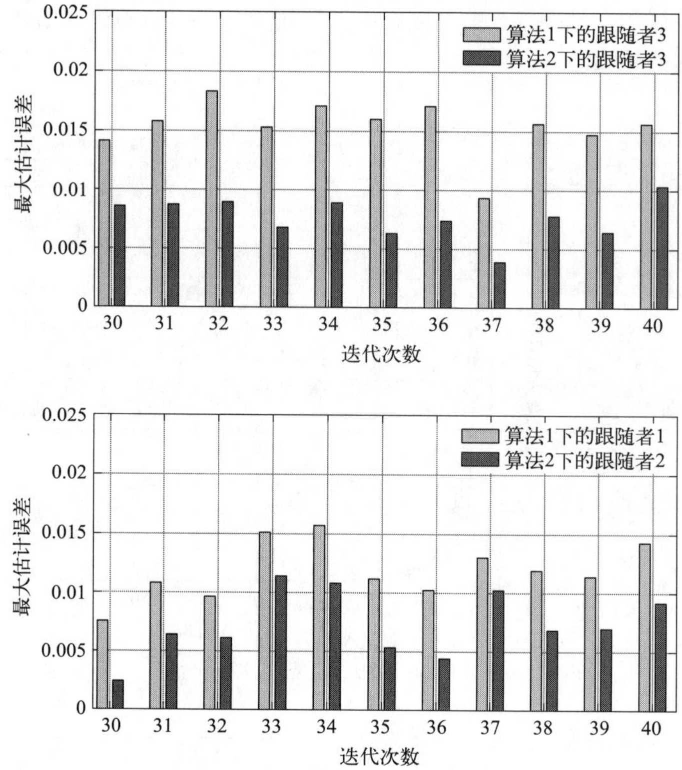

图 5-6　应用算法 5-1 和算法 5-2 后最终估计误差的比较结果

为了进一步区分算法 5-1 和算法 5-2 的收敛效果，设置了一些新的仿真条件。估计误差收敛后，第 20 次迭代中，分别在智能体真实轨迹的实轴和虚轴上施加新的随机扰动 0.2*rand，其他条件保持不变，仿真结果如图 5-7 和图 5-8 所示。

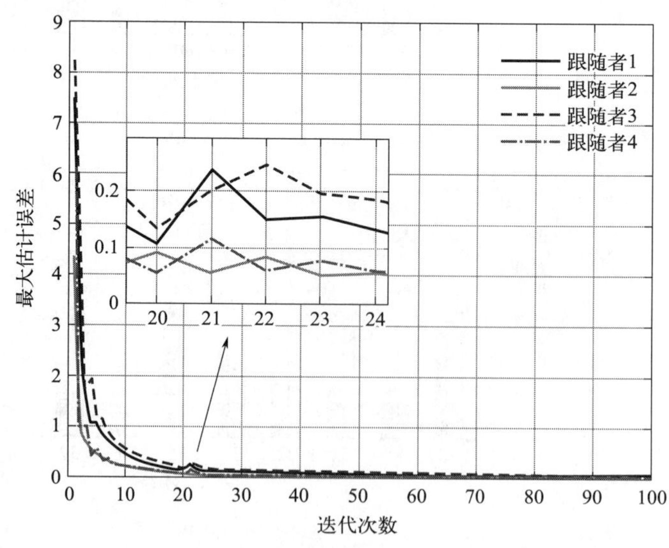

图 5-7　算法 5-1 遭遇意外扰动时的最大估计误差

比较图 5-7 和图 5-8 可以发现，应用算法 5-1 后，智能体的最大估计误差波动不大。但当应用算法 5-2 时，智能体的最大估计误差会出现大的波动，这种波动也会对随后的几次迭代产生影响。

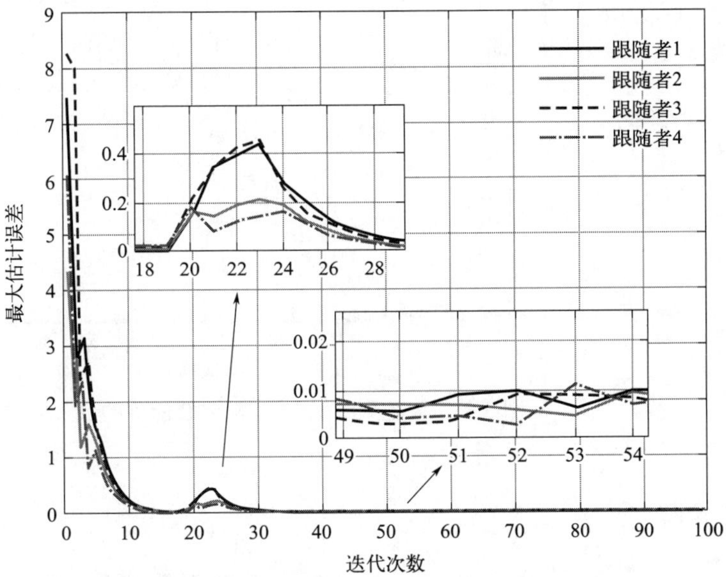

图 5-8　算法 5-2 遭遇意外扰动时的最大估计误差

由仿真结果可以得出结论，所提出的具有全历史平均数据补偿的算法 5-1 可以削弱意外随机扰动对估计误差的影响，但其最终的估计误差将受到先前迭代中随机扰动的影响。该算法适用于定位精度要求低、抗干扰能力强的多智能体系统。所提出的具有滚动域历史平均数据补偿的算法 5-2 对意外的随机扰动更敏感，但其最终定位精度要高于算法 5-1，并且计算负担远小于算法 5-1。该算法适用于定位精度要求高和外部干扰小的多智能体系统。

情形 2 轨迹完全重复条件下基于历史平均数据补偿。

在该情形下，智能体的轨迹完全重复。跟随者智能体 1、2、3 和 4 的轨迹长度变化的概率与情形 1 相同。选择 δ=1，应用算法 5-1。为了节省空间，省略了对算法 5-2 的验证。图 5-9 显示了沿迭代轴估计过程中的最大估计误差曲线，可以发现，当轨迹完全重复时，估计误差将收敛到零。

根据情形 1 和情形 2 的仿真结果，总结出以下结论。首先，对于具有完全重复运行特性的多智能体系统，所提出的两种基于历史平均数据补偿的分布式定位估计算法都能够保证估计误差收敛到零。其次，只要智能体轨迹偏差在小的合理范围内波动，即使多智能体系统的轨迹没有完全重复，所提出估计算法仍然可以保证估计误差的渐近收敛，并且估计误差可以收敛到小的有界范围内。最后，基于全历史平均数据补偿的算法 5-1 可以削弱意外的随机扰动对估计误差的影响，但随着迭代次数的增加，计算量会变大。基于滚动域历史平均数据补偿的算法 5-2 可以有效地减少计算负担，但对意外的随机扰动格外敏感。

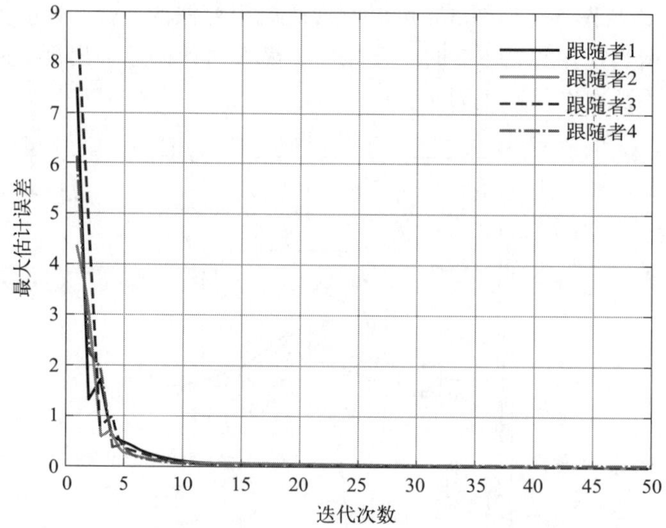

图 5-9 完全重复轨迹下跟随者智能体的最大估计误差

5.5.2 实验验证

利用 Quanter 公司生产的 6 台 QBot-2e 机器人来测试所提出的带补偿机制的分布式定位算法的有效性。QBot-2e 机器人通过实时控制软件 QUARC 与 Matlab/Simulink 建立通信接口。通过自制的地图和摄像头，可以准确地获得 6 个机器人的真实坐标。领导者机器人可以直接获取自身真实坐标，跟随者机器人根据相对距离信息和与邻居机器人的通信估计自身坐标。图 5-10 显示了 6 个 QBot-2e 机器人的分布情况。6 个机器人之间的有向通信拓扑图如图 5-11 所示，真实轨迹曲线如图 5-12 所示。外圈的 3 个机器人是领导者，内圈的 3 个机器人则是待定位的跟随者。

图 5-10 6 个 QBot-2e 机器人的分布情况

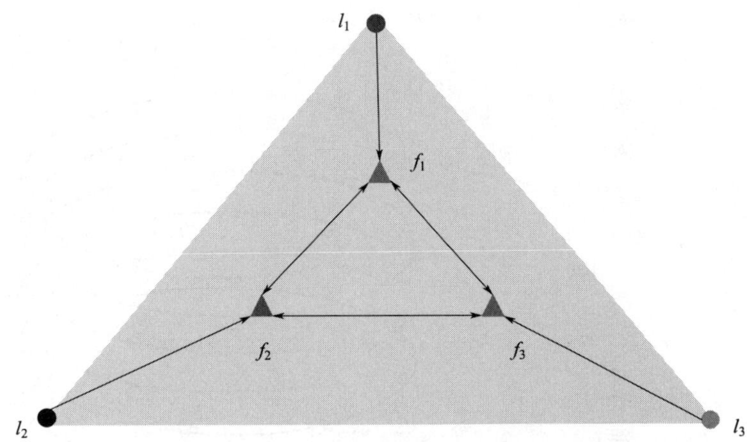

图 5-11　机器人之间的有向通信拓扑图

本小节将讨论 3 个跟随者机器人在两种不同情形下的位置估计结果。机器人轨迹曲线的初始估计值是随机给出的。机器人的速度为 0.5m/s，采样频率为 60Hz，百分比值 φ 设置为 15%。

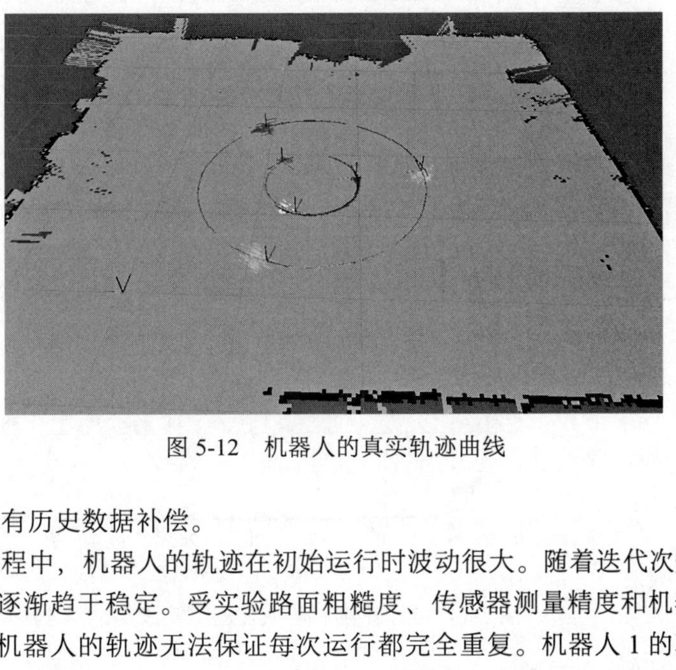
图 5-12　机器人的真实轨迹曲线

情形 1 带有历史数据补偿。

在实验过程中，机器人的轨迹在初始运行时波动很大。随着迭代次数的增加，机器人的轨迹将逐渐趋于稳定。受实验路面粗糙度、传感器测量精度和机器人自身机械结构的影响，机器人的轨迹无法保证每次运行都完全重复。机器人 1 的真实轨迹曲线如图 5-13 所示。为便于展示只给出了机器人 1 的部分轨迹数据，通过轨迹曲线可以清楚地区分不同迭代之间的轨迹长度差异。选择参数 δ=0.95， v=5，应用算法 5-1 和算法 5-2。

图 5-14 和图 5-15 分别显示了应用算法 5-1 和算法 5-2 后沿迭代轴的最大估计误差曲线。由仿真结果可以发现，这两种算法都能保证估计误差的渐近收敛，并能够在不完全重复轨迹条件下实现近似精确的位置定位。

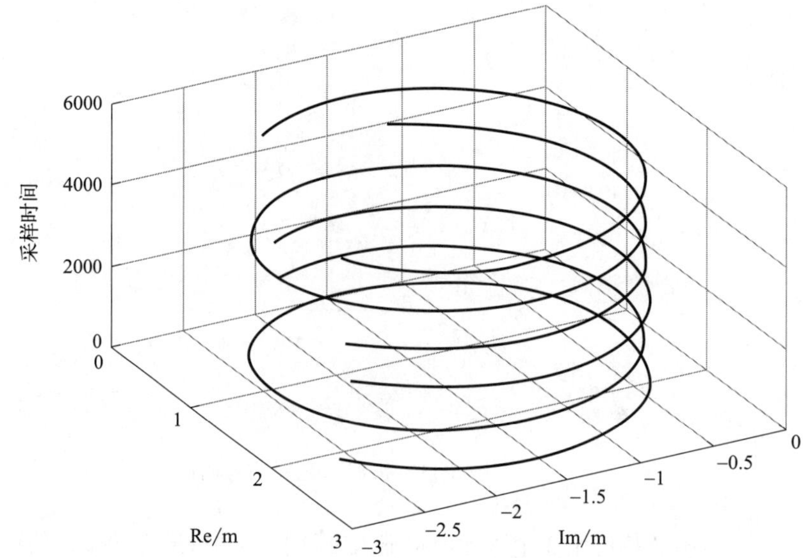

图 5-13 机器人 1 的真实轨迹曲线

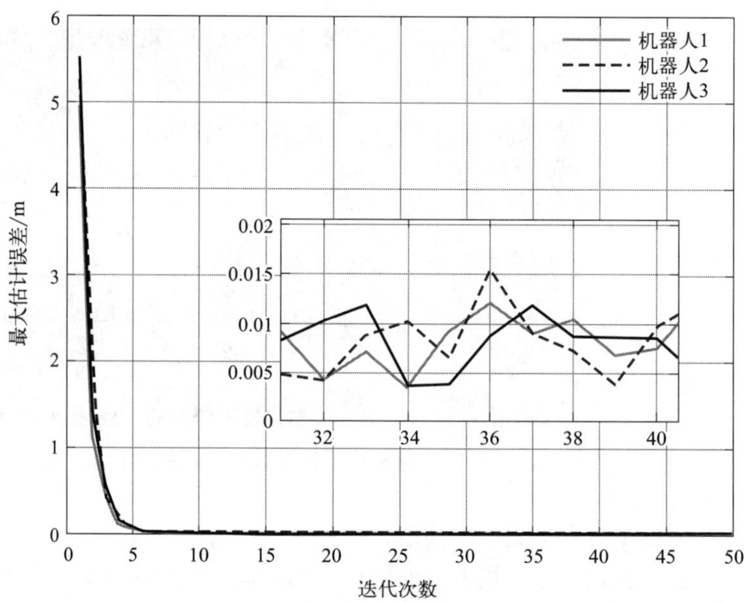

图 5-14 3 个跟随机器人在应用算法 5-1 后的最大估计误差

图 5-16 给出了估计器收敛后 3 个跟随者机器人最大估计误差的比较结果。左侧的直方图表示应用算法 5-1 的最大估计误差，右侧的直方图表示应用算法 5-2 的最大估算误差。可以看到算法 5-1 的最大估计误差要大于算法 5-2 的估计误差。

从实验结果中可以看出，所提出的具有历史平均数据补偿的方法可以有效地处理具有随机变化轨迹长度的机器人的连续定位问题，即使机器人的轨迹没有完全重复，也能够保证近似精确的定位结果。

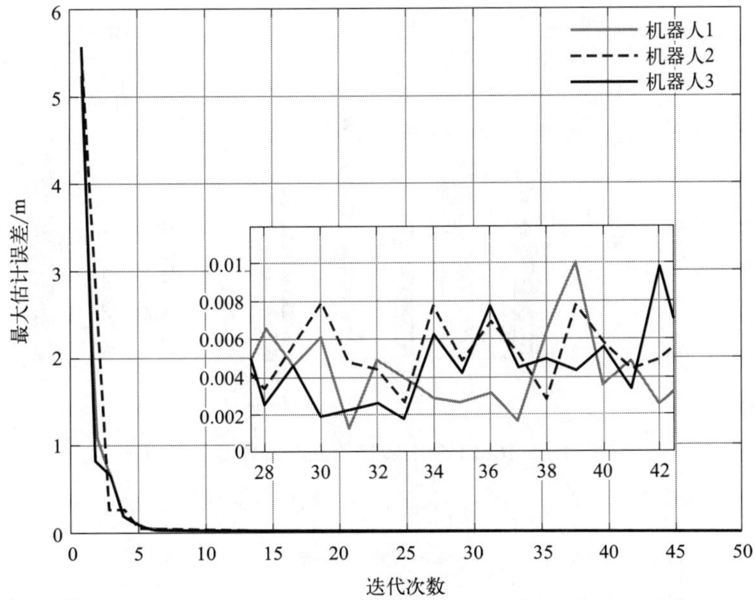

图 5-15 3 个跟随机器人在应用算法 5-2 后的最大估计误差

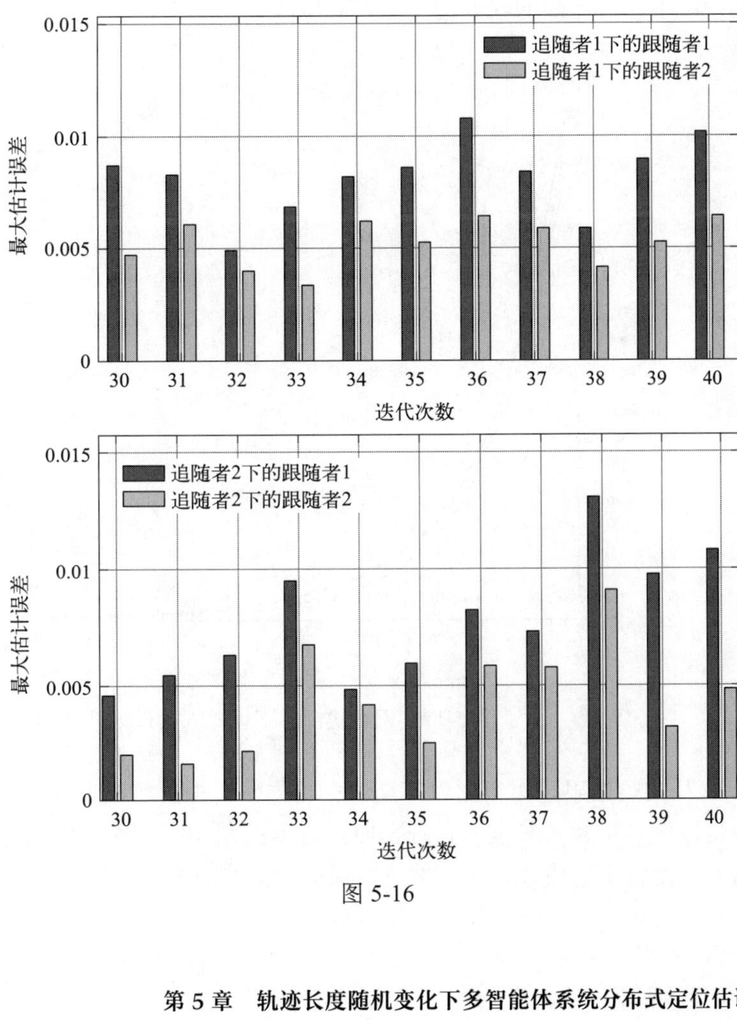

图 5-16

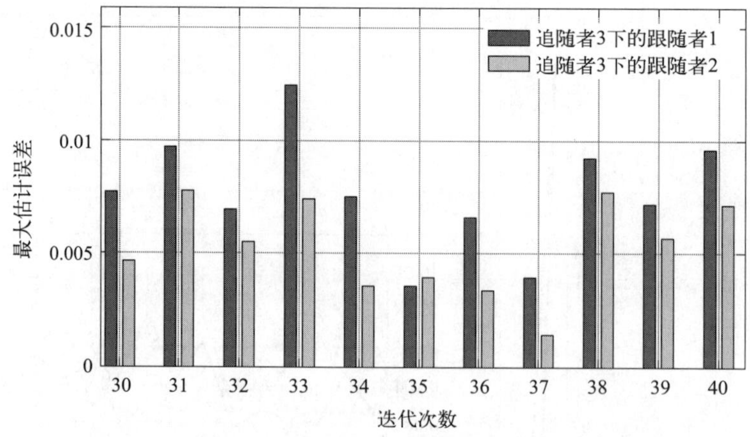

图 5-16　3 个跟随机器人在算法 5-1 和算法 5-2 下最终估计误差的比较结果

情形 2 无历史数据补偿。

在该情形下，估计器的参数与情形 1 相同。当机器人的轨迹不完整时，估计器不采取任何补偿措施。最大估计误差曲线如图 5-17 所示，可以看出在没有任何补偿措施的情况下，估计器的收敛速度显著减慢。

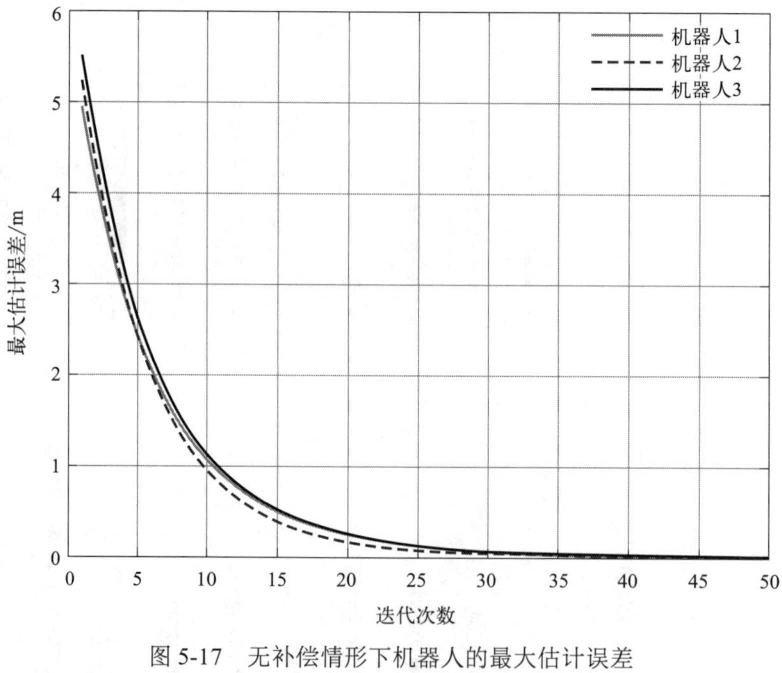

图 5-17　无补偿情形下机器人的最大估计误差

从实验结果可以得出以下结论：首先，所提出的两种分布式定位估计算法可以有效地减轻随机轨迹长度对估计器收敛速度的影响。其次，即使机器人的轨迹没有完全重复，所提出的估计方法仍然可以保证近似准确的定位结果。

5.6 本章小结

本章解决了有向图下具有重复运行特性和随机变化轨迹长度的多智能体系统的连续定位问题，分别提出了两种新的具有历史平均数据补偿的分布式迭代学习定位估计方法，所设计的诊断机制和搜索机制能够满足实际应用的要求。基于全历史平均数据补偿的分布式定位估计算法可以有效地削弱不完全重复轨迹对估计误差的影响，确保了估计器的渐近收敛。基于滚动时域历史平均数据补偿的改进分布式定位估计算法可以有效减少计算负担。通过严格的分析，也证明了数学期望意义下估计方法的渐近收敛性。数值模拟和基于 QBot-2e 机器人平台的实验结果也验证了所提方法的有效性和可实现性。

第 6 章 乘性故障条件下多智能体系统分布式定位估计

6.1 概述
6.2 问题描述
6.3 数据驱动自适应分布式定位估计
6.4 收敛性分析
6.5 仿真实例
6.6 本章小结

本章考虑传感器乘性故障情形下多智能体系统的分布式定位估计问题。构建一个新的线性数据模型来表征重心坐标与相对距离之间的关系。基于该线性模型，设计一种自适应参数估计算法，并将其应用于解决存在传感器乘性故障的多智能体系统的相对距离补偿问题。利用估计参数，提出一种基于迭代学习的数据驱动自适应分布式定位估计方案。在该方案中，只用到了测量得到的相对距离数据，而不是系统模型信息。并用数值模拟和实验结果验证所提方法的有效性。

6.1 概述

当前，大多数现有的定位方法都假定传感器在理想的应用环境中且工作状态良好。然而，传感器故障是导致性能不稳定的主要原因之一，其发生率高于执行器，而且往往是由于应用环境的复杂性造成的。定位估计性能取决于传感器测量信息的质量。传感器故障情形下系统的控制问题在工业界和学术界引起了越来越多的关注。一些传感器失效检测和补偿算法相继被提出[60,167-169]。传感器失效对定位估计方法的收敛性和准确性的影响尚未得到充分考虑。传感器失效情况下的定位估计问题通常具有挑战性，主要原因在于除传感器感知信息外没有任何其他反馈信息。在这项工作中，智能体的模型是未知的，这意味着无法获得智能体的状态信息。举例来说，同时需要状态信息和测量信息的卡尔曼滤波算法就无法应用于解决传感器故障情形下的定位估计问题。因此，研究感知变量补偿算法对精确定位估计尤为重要。

具体来说，基于构建的线性数据模型，设计了一种数据驱动的自适应参数估计算法。在迭代学习的基础上，结合参数估计算法，提出了一种具有补偿机制的数据驱动自适应分布式定位估计方案，用于克服存在传感器乘性故障的多智能体系统定位估计问题。这项工作的主要贡献可归纳如下：①与静态网络定位相比，解决了具有重复运行特性的多智能体系统的定位估计问题。②构建了一个线性数据模型来描述重心坐标和相对距离之间的关系。③提出了一种具有补偿机制的数据驱动自适应分布式定位估计方案，消除了传感器乘性故障对最终定位精度的影响。

6.2 问题描述

在这项工作中，测量到的相对距离作为唯一可用的感知信息，被用来估计跟随者智能体的全局坐标。包括领导者和跟随者在内的所有智能体都配备了激光雷达，可用于测量智能体间相对距离数据。仅考虑二维欧几里得空间中的定位估计问题，其中重心坐标被用于描述跟随者智能体 l 与其邻居 j，h 和 k 之间的相对位置关系。定义 $\boldsymbol{c}_l(t)$，$\boldsymbol{c}_j(t)$，$\boldsymbol{c}_h(t)$，$\boldsymbol{c}_k(t)$ 表示智能体 l，j，h 和 k 的坐标值，t 表示采样时间间隔。定义 $\{a_{l,h}(t),a_{l,j}(t),a_{l,k}(t)\}$ 为智能体 l 的重心坐标。

当每个跟随者智能体在与重心坐标表示相关联的图中至少有 3 条不相交的路径通向领导者智能体时，多智能体理网络被认为是可定位的。这意味着每个跟随者智能体在图中至少有 3 个邻居。换句话说，对于整个多智能体网络来说，至少需要 3 个领导者智能体形成一个凸包，所有跟随者智能体理都位于凸包中。

考虑一个可重复执行任务的包含 N 个智能体的多智能体系统，其中 m 个是领导者，其他 $(N-m)$ 个是跟随者。领导者智能体通过配备的定位设备获得全局坐标，而跟随者智能体可以通过测量的相对距离并与领导者智能体直接或间接通信来估计其自身坐标。

设计了一种分布式方法来解决理想环境下多智能体系统的定位问题。

$$\hat{\boldsymbol{c}}_l^{i+1}(t)=\sum_{q\in N_l} a_{l,q}^{i+1}(t)\hat{\boldsymbol{c}}_q^i(t)+\sum_{w\in N_l} a_{l,w}^{i+1}(t)\boldsymbol{c}_w^*(t) \tag{6-1}$$

式中，i 为迭代次数；l 为跟随者智能体；N_l 为智能体 l 的邻居集合；$\boldsymbol{c}_w^*(t)$ 为领导者智能体的全局坐标；$\hat{\boldsymbol{c}}_q^i(t)$ 为跟随者智能体的估计坐标；$a_{l,q}^{i+1}(t)$，$a_{l,w}^{i+1}(t)$ 为计算得到的重心坐标值。

考虑所有跟随者智能体，可以得到一个紧凑形式：

$$\hat{\boldsymbol{C}}_s^{i+1}(t)=\boldsymbol{P}^{i+1}(t)\hat{\boldsymbol{C}}_s^i(t)+\boldsymbol{B}^{i+1}(t)\boldsymbol{C}_a^*(t) \tag{6-2}$$

$$\hat{\boldsymbol{C}}_s^i(t)=\left[\left[\hat{\boldsymbol{c}}_{m+1}^i(t)\right]^{\mathrm{T}},\cdots,\left[\hat{\boldsymbol{c}}_N^i(t)\right]^{\mathrm{T}}\right]^{\mathrm{T}}$$

$$\boldsymbol{C}_a^*(t)=\left[\left[\boldsymbol{c}_1^*(t)\right]^{\mathrm{T}},\cdots,\left[\boldsymbol{c}_m^*(t)\right]^{\mathrm{T}}\right]^{\mathrm{T}}$$

$$\boldsymbol{P}^{i+1}(t)=\begin{bmatrix} 0 & a_{m+1,m+2}^{i+1}(t) & \cdots & a_{m+1,N}^{i+1}(t) \\ a_{m+2,m+1}^{i+1}(t) & 0 & \cdots & a_{m+2,N}^{i+1}(t) \\ \vdots & \vdots & \ddots & \vdots \\ a_{N,m+1}^{i+1}(t) & a_{N,m+2}^{i+1}(t) & \cdots & 0 \end{bmatrix}\in R^{(N-m)\times(N-m)}$$

$$\boldsymbol{B}^{i+1}(t)=\begin{bmatrix} a_{m+1,1}^{i+1}(t) & a_{m+1,2}^{i+1}(t) & \cdots & a_{m+1,m}^{i+1}(t) \\ a_{m+2,1}^{i+1}(t) & a_{m+2,2}^{i+1}(t) & \cdots & a_{m+2,m}^{i+1}(t) \\ \vdots & \vdots & \ddots & \vdots \\ a_{N,1}^{i+1}(t) & a_{N,2}^{i+1}(t) & \cdots & a_{N,m}^{i+1}(t) \end{bmatrix}\in R^{(N-m)\times m}$$

式中，矩阵 $\boldsymbol{P}^{i+1}(t)$ 中的元素是计算的跟随者之间的重心坐标值；矩阵 $\boldsymbol{B}^{i+1}(t)$ 中的元素是计算的跟随者与领导者之间的重心坐标值。

假设传感器工作在理想条件下，即传感器工况正常，测量信息准确，无外部干扰，将算法式（6-1）应用于多智能体系统后可以保证准确的定位估计。需要指出的是，在实际应用中可能无法满足理想条件的假设。如上所述，测量的相对距离是计算重心坐标唯一可用的信息。受复杂应用环境的影响，在实践中，传感器比其他组件更容易发生故障，定位估计的性能也在很大程度上取决于传感器的测量信息。众所周知，传感器故障会导致测量误差，这将增加设计估计算法以保证准确定位的难度。

这项工作将研究具有传感器乘性故障的多智能体系统的精确定位估计。基于上述分析，可以预见的是，如果传感器出现故障，所考虑的多智能体系统中的一些测量的相对距离数据可能会偏离实际的距离。自然会出现一些具有挑战性和趣味性的问题：首先，如何仅基于不完全的测量信息来建立描述重心坐标与相对距离之间关系的数学模型。其次，如何设计自适应估计算法，用于消除传感器故障对最终定位精度的影响。最后，只有相对距离是可用的，智能体的动态模型是未知的，这意味着无法获得智能体理的状态信息。需要指出的一点是，当应用卡尔曼滤波算法时，需要同时用到智能体的状态信息和传感器的测量数据。因此，融合估计方法（如卡尔曼滤波算法），不能用于处理传感器乘性故障下的定位估计问题。

这项工作的目标是实现具有传感器乘性故障的多智能体系统的精确定位，即 $\lim_{i\to\infty}\left\|\boldsymbol{E}_s^{i+1}(t)\right\|_\infty=0$，$\boldsymbol{E}_s^{i+1}(t)=\hat{\boldsymbol{C}}_s^{i+1}(t)-\boldsymbol{C}_s^*(t)$，式中，$\boldsymbol{E}_s^{i+1}(t)$ 为坐标估计误差；$\boldsymbol{C}_s^*(t)$ 为所有跟随者的真实坐标值。

6.3 数据驱动自适应分布式定位估计

在这项工作中，考虑了传感器的乘性故障，其定义如下。

定义 6-1 传感器乘性故障[60,75]：用于测量系统变量 $\xi^F(t)\in R$ 的传感器在采样时刻 t_F 发生故障。

$$\xi^F(t)=\alpha(t)\xi(t),0<\alpha(t)\leqslant 1,\forall t>t_F \tag{6-3}$$

根据定义 6-1，多智能体系统中的传感器乘性故障可描述如下：

$$d_{l,x}^{i,F}(t)=\alpha_{l,x}^i(t)d_{l,x}^i(t) \tag{6-4}$$

$$0<\alpha_{l,x}^i(t)\leqslant 1$$

式中，$\alpha_{l,x}^i(t)$ 为故障因子；$d_{l,x}^i(t)$ 为实际的距离；$d_{l,x}^{i,F}(t)$ 为传感器故障下的测量距离。$\alpha_{l,x}^i(t)=1$ 表示传感器正常工作，而 $\alpha_{l,x}^i(t)=0$ 表示传感器失效，此时传感器无法测量相对距离数据。

假设 6-1 在这项工作中，只有一部分传感器出现故障，仍有少数传感器工作正常。传感器乘性故障并非在所有迭代中都会出现，至少存在一次迭代，传感器可以正常工作。相邻迭代之间传感器故障的概率彼此独立。

如上节所述，测量的相对距离数据用于计算重心坐标。为了消除传感器故障对相对距离数据的不利影响，首先构建了一个数学模型来描述重心坐标与相对距离之间的关系。详细内容给出如下：

$$a_{l,x}^{i+1}(t)=f\left[d_{l,x}^{i+1}(t)\right] \tag{6-5}$$

式中，$f(\cdot)$ 为一个未知的函数。

由于使用 Cayley-Menger 行列式计算重心坐标，未知函数 $f(\cdot)$ 是线性的。注意：当考虑高维空间时，用于描述相对距离和重心坐标之间关系的函数的表达式将更加复杂，因此引入简化函数 $f(\cdot)$ 来代替复杂的线性表达式。

说明 6-1 重心坐标是三角形之间面积的比值，因此相对距离越大，重心坐标就越大。同时，相对距离大于零。因此，$f(\cdot)$ 是一个单调递增函数，它满足 Lipschitz 条件，即 $\left|f(d_1)-f(d_2)\right| \leqslant \delta_d \left|d_1-d_2\right|$，$\delta_d>0$ 是一个有界的常数。

根据柯西中值定理（Cauchy's Mean Value Theorem）[119,140]，可以得到一个线性数据模型来描述连续两次迭代之间重心坐标的关系。

$$\begin{aligned} a_{l,x}^{i+1}(t)-a_{l,x}^{i}(t) &= f\left[d_{l,x}^{i+1}(t)\right]-f\left[d_{l,x}^{i}(t)\right] \\ &= \frac{\partial f}{\partial d_{l,x}^{i+1}(t)}\left[d_{l,x}^{i+1}(t)-d_{l,x}^{i}(t)\right] \\ &= \theta_{l,x}^{i+1}(t)\Delta d_{l,x}^{i+1}(t) \end{aligned} \tag{6-6}$$

式中，$\theta_{l,x}^{i+1}(t)$ 为一个未知参数；Δ 为一个差分因子。

为了补偿传感器失效时测量到的相对距离数据，根据构建的线性数据模型式（6-6），提出了一种数据驱动的自适应定位估算方案，具体如下。

首先是自适应参数估计算法的设计。由于 $\theta_{l,x}^{i+1}(t)$ 是未知的，所以要设计一个 $\theta_{l,x}^{i+1}(t)$ 的估计准则函数，具体如下：

$$J\left[\hat{\theta}_{l,x}^{i+1}(t)\right]=\left|\Delta a_{l,x}^{i}(t)-\hat{\theta}_{l,x}^{i+1}(t)\Delta d_{l,x}^{i}(t)\right|^{2}+\mu\left|\hat{\theta}_{l,x}^{i+1}(t)-\hat{\theta}_{l,x}^{i}(t)\right|^{2} \tag{6-7}$$

式中，$\mu>0$ 为一个权重因子。

对等式（6-7）相对于 $\hat{\theta}_{l,x}^{i+1}(t)$ 求导，并令其等于零可以得到：

$$\begin{aligned} &-\Delta d_{l,x}^{i}(t)\left[\Delta a_{l,x}^{i}(t)-\hat{\theta}_{l,x}^{i+1}(t)\Delta d_{l,x}^{i}(t)+\hat{\theta}_{l,x}^{i}(t)\Delta d_{l,x}^{i}(t)\right. \\ &\left.-\hat{\theta}_{l,x}^{i}(t)\Delta d_{l,x}^{i}(t)\right]+\mu\left[\hat{\theta}_{l,x}^{i+1}(t)-\hat{\theta}_{l,x}^{i}(t)\right]=0 \end{aligned} \tag{6-8}$$

求解式（6-8），可以得到：

$$\left[\left|\Delta d_{l,x}^{i}(t)\right|^{2}+\mu\right]\left[\hat{\theta}_{l,x}^{i+1}(t)-\hat{\theta}_{l,x}^{i}(t)\right]=\Delta d_{l,x}^{i}(t)\left[\Delta a_{l,x}^{i}(t)-\hat{\theta}_{l,x}^{i}(t)\Delta d_{l,x}^{i}(t)\right] \tag{6-9}$$

参数估计算法给出如下：

$$\hat{\theta}_{l,x}^{i+1}(t)=\hat{\theta}_{l,x}^{i}(t)+\frac{\eta\Delta d_{l,x}^{i}(t)}{\mu+\left|\Delta d_{l,x}^{i}(t)\right|^{2}}\left[\Delta a_{l,x}^{i}(t)-\hat{\theta}_{l,x}^{i}(t)\Delta d_{l,x}^{i}(t)\right] \tag{6-10}$$

式中，$\eta\in(0,1)$ 为步长因子，增加步长因子是为了使估算方法更加通用灵活。

在上述分析的基础上，设计数据驱动的自适应相对距离补偿算法。

令 $\hat{d}_{l,x}^{1}(t)=d_{l,x}^{1,F}(t)$。对于 i>1，数据驱动的自适应相对距离补偿算法设计为

$$\hat{d}_{l,x}^{i+1}(t)=\hat{d}_{l,x}^{i}(t)+\frac{\rho\hat{\theta}_{l,x}^{i+1}(t)}{\lambda+\left|\hat{\theta}_{l,x}^{i+1}(t)\right|^{2}}\left[a_{l,x}^{i+1}(t)-\hat{a}_{l,x}^{i}(t)\right] \tag{6-11}$$

式中，$\lambda>0$ 为权重因子；ρ 为步长因子，$0<\rho\leqslant 1$，加入步长因子是为了使补偿算法更加灵活。根据测量的相对距离 $d_{l,x}^{i+1,F}(t)$ 计算出重心坐标 $a_{l,x}^{i+1}(t)$。

然后，可以根据估计的相对距离 $\hat{d}_{l,x}^{i+1}(t)$ 计算出估计的重心坐标 $\hat{a}_{l,x}^{i+1}(t)$。

基于式（6-7）~式（6-11）的分析，整个数据驱动的自适应分布式定位估算方案如下：

$$\hat{\theta}_{l,x}^{i+1}(t)=\hat{\theta}_{l,x}^{i}(t)+\frac{\eta\Delta d_{l,x}^{i}(t)}{\mu+\left|\Delta d_{l,x}^{i}(t)\right|^{2}}\left[\Delta a_{l,x}^{i}(t)-\hat{\theta}_{l,x}^{i}(t)\Delta d_{l,x}^{i}(t)\right] \tag{6-12}$$

$$\hat{d}_{l,x}^{i+1}(t)=\hat{d}_{l,x}^{i}(t)+\frac{\rho\hat{\theta}_{l,x}^{i+1}(t)}{\lambda+\left|\hat{\theta}_{l,x}^{i+1}(t)\right|^{2}}\left[a_{l,x}^{i+1}(t)-\hat{a}_{l,x}^{i}(t)\right] \tag{6-13}$$

$$\hat{\boldsymbol{c}}_{l}^{i+1}(t)=\sum_{q\in N_l}\hat{a}_{l,q}^{i+1}(t)\hat{\boldsymbol{c}}_{q}^{i}(t)+\sum_{w\in N_l}\hat{a}_{l,w}^{i+1}(t)\boldsymbol{c}_{w}^{*}(t) \tag{6-14}$$

给出了所设计定位估算方案的运行框图，用以描述相对距离测量数据的处理过程，具体如图 6-1 所示。

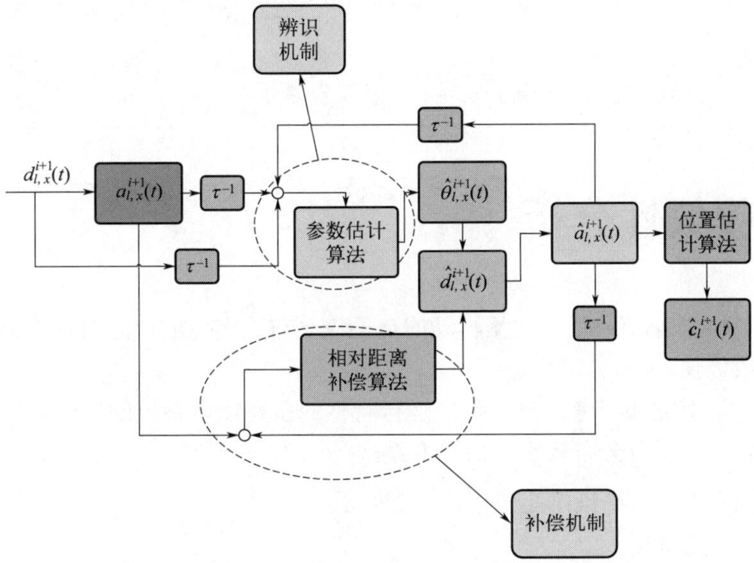

图 6-1　自适应定位估算算法框图

图 6-1 中，τ^{-1} 表示迭代后退算子，即 $\tau^{-1}\hat{a}_{l,x}^{i+1}(t)=\hat{a}_{l,x}^{i}(t)$。

所设计的数据驱动自适应分布式定位估计算法的运行过程如算法 6-1 所示。

算法 6-1　传感器乘性故障下估计跟随者智能体的真实坐标

迭代循环 i=1：Iteration。

赋初值　任意给定跟随者智能体的初始估计坐标 $\hat{\boldsymbol{c}}_l^i(t)$ 和初始估计参数 $\hat{\theta}_{l,x}^i(t)$ 。

步骤 1.　每一个跟随者智能体向邻居发送自身估计坐标 $\hat{\boldsymbol{c}}^i(t)$ 。

步骤 2.　测量智能体间的相对距离，计算重心坐标。

步骤 3.　基于测量的相对距离数据和计算的重心坐标值确定估计参数 $\hat{\theta}_{l,x}^{i+1}(t)$：

$$\hat{\theta}_{l,x}^{i+1}(t)=\hat{\theta}_{l,x}^{i}(t)+\frac{\eta\Delta d_{l,x}^{i}(t)}{\mu+\left|\Delta d_{l,x}^{i}(t)\right|^{2}}\left[\Delta a_{l,x}^{i}(t)-\hat{\theta}_{l,x}^{i}(t)\Delta d_{l,x}^{i}(t)\right]$$

步骤 4.　基于确定的参数 $\hat{\theta}_{l,x}^{i+1}(t)$ 补偿相对距离数据：

$$\hat{d}_{l,x}^{i+1}(t)=\hat{d}_{l,x}^{i}(t)+\frac{\rho\hat{\theta}_{l,x}^{i+1}(t)}{\lambda+\left|\hat{\theta}_{l,x}^{i+1}(t)\right|^{2}}\left[a_{l,x}^{i+1}(t)-\hat{a}_{l,x}^{i}(t)\right]$$

步骤 5.　基于估计的相对距离数据 $\hat{d}_{l,x}^{i+1}(t)$ 计算估计的重心坐标值 $\hat{a}_{l,x}^{i+1}(t)$ 。

步骤 6.　更新：

$$\hat{\boldsymbol{c}}_l^{i+1}(t)=\sum_{q\in N_l}\hat{a}_{l,q}^{i+1}(t)\hat{\boldsymbol{c}}_q^{i}(t)+\sum_{w\in N_l}\hat{a}_{l,w}^{i+1}(t)\boldsymbol{c}_w^{*}(t)$$

步骤 7.　　更新 $i=i+1$，返回步骤 1。

6.4　收敛性分析

本小节将证明数据驱动的自适应分布式定位估计方案在传感器乘性故障情形下的收敛性。

定理 6-1 考虑具有重复运行特性的多智能体系统的定位估计问题。所提出的数据驱动自适应分布式定位估算方案式（6-12）~方案式（6-14）可确保在传感器乘性故障情形下实现精确的定位估计，即 $\lim\limits_{i\to\infty}\left\|\boldsymbol{E}_s^{i+1}(t)\right\|_{\infty}=0$ 。

证明：

证明分为三个部分：①估计参数的有界性；②重心坐标估计误差的收敛性；③定位估计误差的收敛性。

① 估计参数 $\hat{\theta}_{l,x}^{i+1}(t)$ 的有界性。

定义参数估计误差：$\tilde{\theta}_{l,x}^{i+1}(t)=\hat{\theta}_{l,x}^{i+1}(t)-\theta_{l,x}^{i+1}(t)$，式中，$\theta_{l,x}^{i+1}(t)$为真实的参数。

等式（6-12）两侧同时减去$\theta_{l,x}^{i+1}(t)$，可以得到：

$$\begin{aligned}
&\hat{\theta}_{l,x}^{i+1}(t)-\theta_{l,x}^{i+1}(t)= \\
&\hat{\theta}_{l,x}^{i}(t)-\theta_{l,x}^{i}(t)+\frac{\eta\Delta d_{l,x}^{i}(t)}{\mu+\left|\Delta d_{l,x}^{i}(t)\right|^{2}}\left[\Delta a_{l,x}^{i}(t)-\hat{\theta}_{l,x}^{i}(t)\Delta d_{l,x}^{i}(t)\right]+\theta_{l,x}^{i}(t)-\theta_{l,x}^{i+1}(t) \\
&\tilde{\theta}_{l,x}^{i+1}(t)=\tilde{\theta}_{l,x}^{i}(t)+\frac{\eta\Delta d_{l,x}^{i}(t)}{\mu+\left|\Delta d_{l,x}^{i}(t)\right|^{2}}\left[\theta_{l,x}^{i}(t)\Delta d_{l,x}^{i}(t)-\hat{\theta}_{l,x}^{i}(t)\Delta d_{l,x}^{i}(t)\right]+\theta_{l,x}^{i}(t)-\theta_{l,x}^{i+1}(t) \\
&\tilde{\theta}_{l,x}^{i+1}(t)=\left(1-\frac{\eta\left|\Delta d_{l,x}^{i}(t)\right|^{2}}{\mu+\left|\Delta d_{l,x}^{i}(t)\right|^{2}}\right)\tilde{\theta}_{l,x}^{i}(t)+\theta_{l,x}^{i}(t)-\theta_{l,x}^{i+1}(t)
\end{aligned} \tag{6-15}$$

等式（6-15）两端取绝对值可得：

$$\left|\tilde{\theta}_{l,x}^{i+1}(t)\right|\leqslant\left|1-\frac{\eta\left|\Delta d_{l,x}^{i}(t)\right|^{2}}{\mu+\left|\Delta d_{l,x}^{i}(t)\right|^{2}}\right|\left|\tilde{\theta}_{l,x}^{i}(t)\right|+\left|\theta_{l,x}^{i}(t)-\theta_{l,x}^{i+1}(t)\right| \tag{6-16}$$

因为$\eta\in(0,1)$，$\mu>0$，因此通过选取适当的η和μ可以得到$0<\frac{\eta\left|\Delta d_{l,x}^{i}(t)\right|^{2}}{\mu+\left|\Delta d_{l,x}^{i}(t)\right|^{2}}<1$。那么一定存在一个参数$\sigma_1$使得如下不等式成立。

$$0<\left|1-\frac{\eta\left|\Delta d_{l,x}^{i}(t)\right|^{2}}{\mu+\left|\Delta d_{l,x}^{i}(t)\right|^{2}}\right|=\sigma_1<1 \tag{6-17}$$

根据说明 6-1 的分析可知$\left|\theta_{l,x}^{i}(t)\right|<\delta_d$是有界的，由此可知$\left|\theta_{l,x}^{i}(t)-\theta_{l,x}^{i+1}(t)\right|\leqslant 2\delta_d$也是有界的。基于式（6-15）～式（6-17）的分析，不等式（6-16）变为

$$\left|\tilde{\theta}_{l,x}^{i+1}(t)\right|\leqslant\sigma_1\left|\tilde{\theta}_{l,x}^{i}(t)\right|+2\delta_d \tag{6-18}$$

求解不等式（6-18）可得：

$$\left|\tilde{\theta}_{l,x}^{i+1}(t)\right|\leqslant\sigma_1^{i+1}\left|\tilde{\theta}_{l,x}^{0}(t)\right|+\frac{2\delta_d}{1-\sigma_1} \tag{6-19}$$

由于$\tilde{\theta}_{l,x}^{0}(t)$是有界的且$0<\sigma_1<1$。不等式（6-19）意味着$\tilde{\theta}_{l,x}^{i+1}(t)$是有界的。又因为$\theta_{l,x}^{i+1}(t)$也是有界的，那么就可以得到$\hat{\theta}_{l,x}^{i+1}(t)$的有界性。

② 估计误差$\tilde{a}_{l,x}^{i+1}(t)=a_{l,x}^{*}(t)-\hat{a}_{l,x}^{i+1}(t)$的收敛性，$a_{l,x}^{*}(t)$表示真实的重心坐标。

基于构建的线性数据模型式（6-6）和补偿算法式（6-13），估计误差可以被表述为

$$
\begin{aligned}
\tilde{a}_{l,x}^{i+1}(t) &= a_{l,x}^{*}(t) - \hat{a}_{l,x}^{i+1}(t) \\
&= a_{l,x}^{*}(t) - \hat{a}_{l,x}^{i}(t) - \hat{\theta}_{l,x}^{i+1}(t)\Delta\hat{d}_{l,x}^{i+1}(t) \\
&= \tilde{a}_{l,x}^{i}(t) - \frac{\rho\left|\hat{\theta}_{l,x}^{i+1}(t)\right|^{2}}{\lambda+\left|\hat{\theta}_{l,x}^{i+1}(t)\right|^{2}}\left[a_{l,x}^{i+1}(t) - a_{l,x}^{*}(t) + a_{l,x}^{*}(t) - \hat{a}_{l,x}^{i}(t)\right] \\
&= \left[1-\frac{\rho\left|\hat{\theta}_{l,x}^{i+1}(t)\right|^{2}}{\lambda+\left|\hat{\theta}_{l,x}^{i+1}(t)\right|^{2}}\right]\tilde{a}_{l,x}^{i}(t) + \frac{\rho\left|\hat{\theta}_{l,x}^{i+1}(t)\right|^{2}}{\lambda+\left|\hat{\theta}_{l,x}^{i+1}(t)\right|^{2}}\left[a_{l,x}^{*}(t) - a_{l,x}^{i+1}(t)\right]
\end{aligned} \tag{6-20}
$$

等式（6-20）两端同时取绝对值，可以得到：

$$
\left|\tilde{a}_{l,x}^{i+1}(t)\right| \leqslant \left\|\left[1-\frac{\rho\left|\hat{\theta}_{l,x}^{i+1}(t)\right|^{2}}{\lambda+\left|\hat{\theta}_{l,x}^{i+1}(t)\right|^{2}}\right]\right\|\left|\tilde{a}_{l,x}^{i}(t)\right| + \left|\frac{\rho\left|\hat{\theta}_{l,x}^{i+1}(t)\right|^{2}}{\lambda+\left|\hat{\theta}_{l,x}^{i+1}(t)\right|^{2}}\right|\left\|\left[a_{l,x}^{*}(t) - a_{l,x}^{i+1}(t)\right]\right\| \tag{6-21}
$$

因为 $0<\rho\leqslant 1$，$\lambda>0$，通过选择适当的 ρ 和 λ 可以确保 $0<\frac{\rho\left|\hat{\theta}_{l,x}^{i+1}(t)\right|^{2}}{\lambda+\left|\hat{\theta}_{l,x}^{i+1}(t)\right|^{2}}<1$。因此可以得到 $\left\|\left[1-\frac{\rho\left|\hat{\theta}_{l,x}^{i+1}(t)\right|^{2}}{\lambda+\left|\hat{\theta}_{l,x}^{i+1}(t)\right|^{2}}\right]\right\| = \sigma_2<1$，不等式（6-21）可以转换为

$$
\left|\tilde{a}_{l,x}^{i+1}(t)\right| \leqslant \sigma_2\left|\tilde{a}_{l,x}^{i}(t)\right| + \left|\frac{\rho\left|\hat{\theta}_{l,x}^{i+1}(t)\right|^{2}}{\lambda+\left|\hat{\theta}_{l,x}^{i+1}(t)\right|^{2}}\right|\left\|\left[a_{l,x}^{*}(t) - a_{l,x}^{i+1}(t)\right]\right\| \tag{6-22}
$$

注意，$a_{l,x}^{i+1}(t)$ 为基于测量得到的相对距离计算得到的。因此，$a_{l,x}^{*}(t)$ 和 $a_{l,x}^{i+1}(t)$ 都是有界的。根据上述分析可知 $\left|\frac{\rho\left|\hat{\theta}_{l,x}^{i+1}(t)\right|^{2}}{\lambda+\left|\hat{\theta}_{l,x}^{i+1}(t)\right|^{2}}\right|\left\|\left[a_{l,x}^{*}(t) - a_{l,x}^{i+1}(t)\right]\right\| = \sigma_3$ 是有界的。由于 λ 和 σ_3 是相互独立的，选择适当的权重因子 λ 可以保证 σ_3 收敛至一个小的可接受的范围内。

通过求解式（6-22），可得：

$$
\left|\tilde{a}_{l,x}^{i+1}(t)\right| \leqslant \sigma_2\left|\tilde{a}_{l,x}^{i}(t)\right| + \sigma_3 \leqslant \cdots \leqslant \sigma_2^{i+1}\left|\tilde{a}_{l,x}^{0}(t)\right| + \frac{\sigma_3}{1-\sigma_2} \tag{6-23}
$$

这意味着 $\tilde{a}_{l,x}^{i+1}(t)$ 是有界的，换句话说，估计的重心坐标值 $\hat{a}_{l,x}^{i+1}(t)$ 在迭代趋于无穷时能够以一个小的可接受的误差值收敛至 $a_{l,x}^{*}(t)$。

③ 定位估计误差 $\boldsymbol{E}_{s}^{i+1}(t)$ 的收敛性。

考虑所有的 $N-m$ 个跟随者，可以得到：

$$\hat{\boldsymbol{C}}_s^{i+1}(t)=\hat{\boldsymbol{P}}^{i+1}(t)\hat{\boldsymbol{C}}_s^i(t)+\hat{\boldsymbol{B}}^{i+1}(t)\boldsymbol{C}_a^*(t) \tag{6-24}$$

$$\hat{\boldsymbol{P}}^{i+1}(t)=\begin{bmatrix} 0 & \hat{a}_{m+1,m+2}^{i+1}(t) & \cdots & \hat{a}_{m+1,N}^{i+1}(t) \\ \hat{a}_{m+2,m+1}^{i+1}(t) & 0 & \cdots & \hat{a}_{m+2,N}^{i+1}(t) \\ \vdots & \vdots & \ddots & \vdots \\ \hat{a}_{N,m+1}^{i+1}(t) & \hat{a}_{N,m+2}^{i+1}(t) & \cdots & 0 \end{bmatrix} \in R^{(N-m)\times(N-m)}$$

$$\hat{\boldsymbol{B}}^{i+1}(t)=\begin{bmatrix} \hat{a}_{m+1,1}^{i+1}(t) & \hat{a}_{m+1,2}^{i+1}(t) & \cdots & \hat{a}_{m+1,m}^{i+1}(t) \\ \hat{a}_{m+2,1}^{i+1}(t) & \hat{a}_{m+2,2}^{i+1}(t) & \cdots & \hat{a}_{m+2,m}^{i+1}(t) \\ \vdots & \vdots & \ddots & \vdots \\ \hat{a}_{N,1}^{i+1}(t) & \hat{a}_{N,2}^{i+1}(t) & \cdots & \hat{a}_{N,m}^{i+1}(t) \end{bmatrix} \in R^{(N-m)\times m}$$

式中，$\hat{\boldsymbol{P}}^{i+1}(t)$ 表征跟随者之间的信息交互，是实际重心坐标矩阵 $\boldsymbol{P}^{i+1}(t)$ 的估计值；$\hat{\boldsymbol{B}}^{i+1}(t)$ 表征跟随者与领导者之间的信息交互，是实际重心坐标矩阵 $\boldsymbol{B}^{i+1}(t)$ 的估计值。

令 $\tilde{\boldsymbol{P}}^{i+1}(t)=\hat{\boldsymbol{P}}^{i+1}(t)-\boldsymbol{P}^{i+1}(t)$，$\tilde{\boldsymbol{B}}^{i+1}(t)=\hat{\boldsymbol{B}}^{i+1}(t)-\boldsymbol{B}^{i+1}(t)$。然后，等式（6-24）可以被表述为

$$\hat{\boldsymbol{C}}_s^{i+1}(t)=\tilde{\boldsymbol{P}}^{i+1}(t)\hat{\boldsymbol{C}}_s^i(t)+\tilde{\boldsymbol{B}}^{i+1}(t)\boldsymbol{C}_a^*(t)+\boldsymbol{P}^{i+1}(t)\hat{\boldsymbol{C}}_s^i(t)+\boldsymbol{B}^{i+1}(t)\boldsymbol{C}_a^*(t) \tag{6-25}$$

从公式（6-25）两端同时减去 $\boldsymbol{C}_s^*(t)$，可以得到：

$$\begin{aligned}\boldsymbol{E}_s^{i+1}(t)=&\boldsymbol{P}^{i+1}(t)\boldsymbol{E}_s^i(t)+\tilde{\boldsymbol{P}}^{i+1}(t)\boldsymbol{E}_s^i(t)+\tilde{\boldsymbol{P}}^{i+1}(t)\boldsymbol{C}_s^*(t)\\&+\tilde{\boldsymbol{B}}^{i+1}(t)\boldsymbol{C}_a^*(t)+\left\{\boldsymbol{B}^{i+1}(t)\boldsymbol{C}_a^*(t)+\left[\boldsymbol{P}^{i+1}(t)-\boldsymbol{I}\right]\boldsymbol{C}_s^*(t)\right\}\end{aligned} \tag{6-26}$$

等式（6-26）的第 5 项 $\boldsymbol{B}^{i+1}(t)\boldsymbol{C}_a^*(t)+\left[\boldsymbol{P}^{i+1}(t)-\boldsymbol{I}\right]\boldsymbol{C}_s^*(t)$ 可以表示为

$$\begin{aligned}&\boldsymbol{B}^{i+1}(t)\boldsymbol{C}_a^*(t)+\left[\boldsymbol{P}^{i+1}(t)-\boldsymbol{I}\right]\boldsymbol{C}_s^*(t)=\\&\begin{bmatrix} a_{m+1,1}^{i+1}(t) & a_{m+1,2}^{i+1}(t) & \cdots & a_{m+1,m}^{i+1}(t) \\ a_{m+2,1}^{i+1}(t) & a_{m+2,2}^{i+1}(t) & \cdots & a_{m+2,m}^{i+1}(t) \\ \vdots & \vdots & \ddots & \vdots \\ a_{N,1}^{i+1}(t) & a_{N,2}^{i+1}(t) & \cdots & a_{N,m}^{i+1}(t) \end{bmatrix}\begin{bmatrix} \boldsymbol{c}_1^*(t) \\ \boldsymbol{c}_2^*(t) \\ \vdots \\ \boldsymbol{c}_m^*(t) \end{bmatrix}\\&+\begin{bmatrix} -1 & a_{m+1,m+2}^{i+1}(t) & \cdots & a_{m+1,N}^{i+1}(t) \\ a_{m+2,m+1}^{i+1}(t) & -1 & \cdots & a_{m+2,N}^{i+1}(t) \\ \vdots & \vdots & \ddots & \vdots \\ a_{N,m+1}^{i+1}(t) & a_{N,m+2}^{i+1}(t) & \cdots & -1 \end{bmatrix}\begin{bmatrix} \boldsymbol{c}_{m+1}^*(t) \\ \boldsymbol{c}_{m+2}^*(t) \\ \vdots \\ \boldsymbol{c}_N^*(t) \end{bmatrix}\end{aligned} \tag{6-27}$$

从 6.2 节的分析中可知，$\boldsymbol{c}_l(t)=a_{lh}(t)\boldsymbol{c}_h(t)+a_{lj}(t)\boldsymbol{c}_j(t)+a_{lk}(t)\boldsymbol{c}_k(t)$，$\boldsymbol{c}_l^*(t)$ 表示真实的坐标。由于已知邻近智能体的实际坐标，可以唯一确定待定位智能体的实际坐标，因此可以得到：

$$
\begin{gathered}
a_{m+1,1}^{i+1}(t)\boldsymbol{c}_1^*(t)+\cdots+a_{m+1,m}^{i+1}(t)\boldsymbol{c}_m^*(t)+a_{m+1,m+2}^{i+1}(t) \\
\times\boldsymbol{c}_{m+2}^*(t)+\cdots+a_{m+1,N}^{i+1}(t)\boldsymbol{c}_N^*(t)=\boldsymbol{c}_{m+1}^*(t) \\
\vdots \\
a_{N,1}^{i+1}(t)\boldsymbol{c}_1^*(t)+\cdots+a_{N,m}^{i+1}(t)\boldsymbol{c}_m^*(t)+a_{N,m+1}^{i+1}(t)\boldsymbol{c}_{m+1}^*(t) \\
+\cdots+a_{N,N-1}^{i+1}(t)\boldsymbol{c}_{N-1}^*(t)=\boldsymbol{c}_N^*(t)
\end{gathered} \tag{6-28}
$$

因此可以得到 $\boldsymbol{B}^{i+1}(t)\boldsymbol{C}_a^*(t)+\left[\boldsymbol{P}^{i+1}(t)-\boldsymbol{I}\right]\boldsymbol{C}_s^*(t)=\mathbf{0}$ 。

根据式（6-27）和式（6-28）的分析，等式（6-26）可重新表述为

$$
\begin{aligned}
\boldsymbol{E}_s^{i+1}(t)=\boldsymbol{P}^{i+1}(t)\boldsymbol{E}_s^i(t)+\tilde{\boldsymbol{P}}^{i+1}(t)\boldsymbol{E}_s^i(t) \\
+\tilde{\boldsymbol{P}}^{i+1}(t)\boldsymbol{C}_s^*(t)+\tilde{\boldsymbol{B}}^{i+1}(t)\boldsymbol{C}_a^*(t)
\end{aligned} \tag{6-29}
$$

等式（6-29）的无穷范数形式给出如下：

$$
\begin{aligned}
\left\|\boldsymbol{E}_s^{i+1}(t)\right\|_\infty \leqslant \left[\left\|\boldsymbol{P}^{i+1}(t)\right\|_\infty+\left\|\tilde{\boldsymbol{P}}^{i+1}(t)\right\|_\infty\right]\left\|\boldsymbol{E}_s^i(t)\right\|_\infty \\
+\left\|\tilde{\boldsymbol{P}}^{i+1}(t)\right\|_\infty\left\|\boldsymbol{C}_s^*(t)\right\|_\infty+\left\|\tilde{\boldsymbol{B}}^{i+1}(t)\right\|_\infty\left\|\boldsymbol{C}_a^*(t)\right\|_\infty
\end{aligned} \tag{6-30}
$$

矩阵 $\boldsymbol{P}^{i+1}(t)$ 中的元素表示跟随者之间的相对位置关系，因此每行元素之和小于1。基于无穷范数的定义，可以保证 $\left\|\boldsymbol{P}^{i+1}(t)\right\|_\infty=\sigma_4<1$ 。

根据②中的分析可知，对于一个足够大的迭代次数 i_d ，$\left\|\tilde{\boldsymbol{P}}^{i_d+1}(t)\right\|_\infty\leqslant\zeta$ ，$\left\|\tilde{\boldsymbol{B}}^{i_d+1}(t)\right\|_\infty\leqslant\zeta$ 是成立的，其中，$\zeta<1-\sigma_4$ 。

说明 6-2 根据②中的收敛性分析可知，估计的重心坐标 $\hat{a}_{l,q}^{i+1}(t)$ 和 $\hat{a}_{l,w}^{i+1}(t)$ 能够收敛至真实的重心坐标 $a_{l,q}^{i+1}(t)$ 和 $a_{l,w}^{i+1}(t)$ 。换句话说，当迭代次数足够大的时候，$\left\|\tilde{\boldsymbol{P}}^{i+1}(t)\right\|_\infty$ 能够收敛至一个小的有界值 ζ ，可知 $\left\|\boldsymbol{P}^{i+1}(t)\right\|_\infty+\left\|\tilde{\boldsymbol{P}}^{i+1}(t)\right\|_\infty<1$ 是成立的。

因为真实坐标是有界的，不等式（6-30）变为

$$
\left\|\boldsymbol{E}_s^{i+1}(t)\right\|_\infty \leqslant \sigma_5\left\|\boldsymbol{E}_s^i(t)\right\|_\infty+\zeta\sigma_6 \tag{6-31}
$$

其中，$\sigma_5=\sigma_4+\zeta<1$ ，$\sigma_6=\left\|\boldsymbol{C}_s^*(t)\right\|_\infty+\left\|\boldsymbol{C}_a^*(t)\right\|_\infty<\infty$ 。

从不等式（6-31）可以得到：

$$
\left\|\boldsymbol{E}_s^{i+1}(t)\right\|_\infty \leqslant \sigma_5^{i-i_b+1}\left\|\boldsymbol{E}_s^{i_b}(t)\right\|_\infty+\zeta\frac{\sigma_6}{1-\sigma_5} \tag{6-32}
$$

由于 $0<\sigma_5<1$ ，可以得到如下结果：

$$
\lim_{i\to\infty}\sigma_5^{i-i_b+1}\left\|\boldsymbol{E}_s^{i_b}(t)\right\|_\infty=0 \tag{6-33}
$$

同样的道理，可以得到 $\dfrac{\sigma_6}{1-\sigma_5}=\sigma_7<\infty$ 也是有界的。并且 σ_7 和 ζ 是相互独立的，

因此可得：

$$\limsup_{i\to\infty}\left\|\boldsymbol{E}_s^{i+1}(t)\right\|_\infty \leqslant \zeta\sigma_7 \tag{6-34}$$

可以发现不等式（6-34）对于任意的ζ都是成立的。基于说明 6-2 中的分析可知，当迭代趋于无穷时，ζ能够收敛至零。最终可以得到$\lim\limits_{i\to\infty}\left\|\boldsymbol{E}_s^{i+1}(t)\right\|_\infty = 0$。

证毕。

6.5 仿真实例

在本小节中，将提供仿真示例，证明所提出的数据驱动自适应分布式定位估计方案式（6-12）~方案式（6-14）的有效性。

考虑一个包含 7 个智能体的多智能体系统，它们在二维平面内做圆周运动，其中 3 个智能体是领导者，其余 4 个智能体是追随者。图 6-2 给出了 7 个智能体的真实轨迹曲线，箭头表示智能体的运动方向。跟随者智能体的邻居集合给出如下：$N_{f_1}=\{l_3,f_3,f_4\}$，$N_{f_2}=\{l_2,l_3,f_1\}$，$N_{f_3}=\{l_1,l_2,f_2\}$，$N_{f_4}=\{l_1,l_3,f_1\}$，式中，l为领导者；f为跟随者。

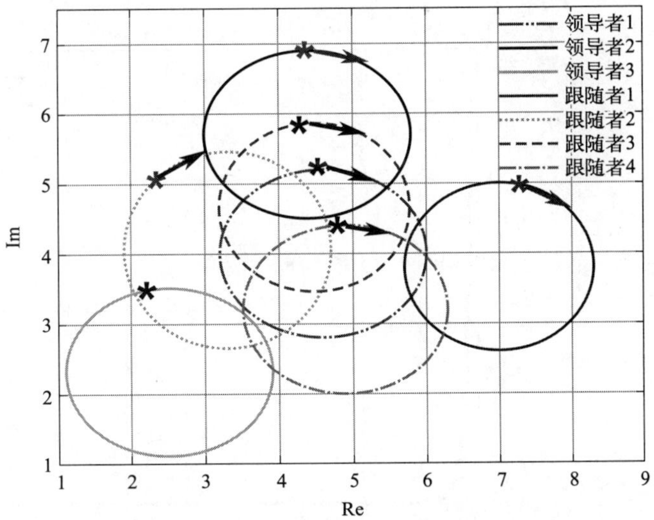

图 6-2　跟随者和领导者的真实轨迹

假设跟随者 2 和领导者 2 的传感器出现乘性故障，即测量到的相对距离$d_{f_2,l_2}(t)$，$d_{f_2,l_3}(t)$，$d_{f_2,f_1}(t)$和$d_{l_2,f_3}(t)$可能会偏离真实值。设置故障因子$\alpha_{l,x}^i(t)$沿迭代轴在[0.6,1]的范围内随机变化。

估计参数的初始值和跟随者的估计坐标随机设定。选择常数因子如下：$\eta_1=0.04$，$\eta_2=0.04$，$\eta_3=0.04$，$\eta_4=0.09$；$\mu_1=0.1$，$\mu_2=0.1$，$\mu_3=0.1$，$\mu_4=0.1$；$\rho_1=0.01$，

$\rho_2 = 0.01$， $\rho_3 = 0.01$， $\rho_4 = 0.01$； $\lambda_1 = 0.5$， $\lambda_2 = 0.5$， $\lambda_3 = 0.5$， $\lambda_4 = 0.02$ 。应用所提出的数据驱动自适应分布式定位估计方案式（6-12）～方案式（6-14），仿真结果如图 6-3、图 6-4 所示。

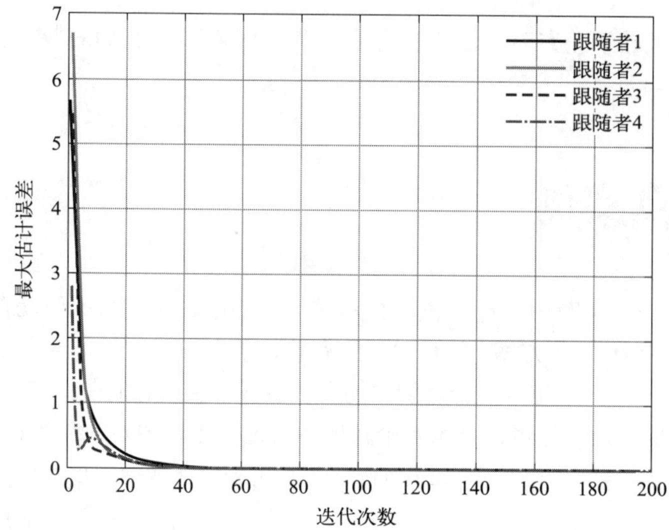

图 6-3　传感器故障下的最大估计误差

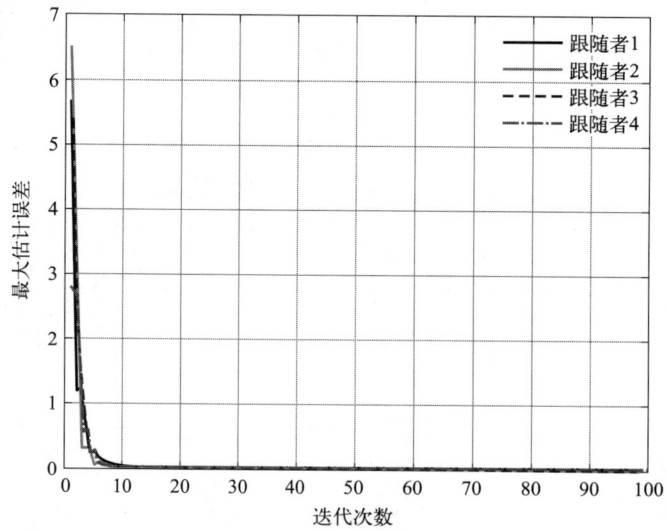

图 6-4　理想环境下的最大估计误差

图 6-3 给出了 4 个跟随者智能体的最大估计误差 $e_{l,\max}(i) = \max_{t} \left\{ \left\| \hat{c}_l^i(t) - c_l^*(t) \right\| \right\}$ ，可以发现，估计误差在第 40 次迭代时趋于零。同时，图 6-4 还提供了理想环境下的估计误差曲线供对比分析。与理想环境相比，传感器失效情况下的收敛速度较慢，但所提出的数据驱动自适应分布式定位估计方案式（6-12）～方案式（6-14）保证了估计误差

的渐近收敛。

从仿真结果可以得出结论：①自适应估计算法式（6-12）~算法式（6-14）实现了具有传感器乘性故障的动态多智能体系统的位置定位。②所提出的数据驱动自适应分布式定位方案可以消除传感器乘性故障对定位估计精度的影响。

6.6 本章小结

本章探讨了具有传感器乘性故障的多智能体系统的定位估计问题。利用构建的线性数据模型来描述重心坐标与相对距离之间的关系。基于线性数据模型，设计了一种数据驱动的自适应参数估计算法。提出了一种带有补偿机制的数据驱动自适应分布式定位估计方案，该方案保证了在传感器乘性故障情形下的位置定位。仿真结果也证明了所提出的定位方法的有效性。

第 7 章

局部方位测量下多智能体系统分布式定位估计

7.1 概述
7.2 问题描述
7.3 理想测量条件下分布式定位估计
7.4 测量噪声条件下指定时间分布式定位估计
7.5 仿真与实物实例
7.6 本章小结

本章将基于局部方位角信息，针对多智能体系统的稳定性和可定位性问题展开研究。首先考虑仅基于局部方位角信息的多智能体系统在无共同朝向情形下的定位估计问题，比基于全局方位信息的多智能体系统更通用，也更具挑战性。仅利用局部方位测量信息，提出一种新颖的方位估计算法，该算法不需要测量相对方位。局部方位信息比全局方位信息更容易获得，因此，所设计的方位估计算法有望得到更广泛的应用。结合新的方位估计算法，设计一种连续时间分布式定位估计方案，用于解决多智能体系统的绝对定位问题。进一步考虑测量噪声条件下多智能体系统的指定时间定位估计问题。基于历史信息构造的局部方位无偏估计器，设计一种鲁棒指定时间方位估计算法，确保在指定时间跟随者智能体的局部参考框架与全局参考框架对齐。将鲁棒方位估计算法应用于定位估计问题，提出一种指定时间分布式定位估计算法。基于级联系统证明了多智能体系统的全局收敛性。提供一些仿真和实验结果证明所提出估计算法的有效性和实用性。

7.1 概述

基于方位信息的多智能体系统定位的一个技术难点是每个智能体都有自己的局部参考框架，并且与全局参考框架不对齐，且真实方向未知。因此，在全局参考框架未知情形下，解决方位对齐问题显得尤为重要。

方位对齐问题的求解是多智能体系统精确定位的前提，近年来受到了科研人员的广泛关注。Ahn 等研究人员 [76] 基于相对方位测量信息设计了一种共识算法，该算法要求所有的初始方位角小于 π 。文献 [77] 消除了初始方位角小于 π 的约束，但所设计的算法在每个采样时刻都要求执行一次 Gram-Schmidt 正交化，且只能保证局部收敛。需要强调的一点是，现有的大部分研究工作都是基于无向图开展的。在实际应用中，相对测量通常是单向的，所以具有有向拓扑结构的测量模型更加通用。

当前基于方位信息定位的文章大部分都是渐近或指数稳定的，这意味着估计收敛时间的上界是不被保证的。在实际应用中，作为整个任务中承上启下的环节，定位的收敛速度将直接影响整个多智能体系统的效率。随着齐次理论和李雅普诺夫稳定性准则的提出，有限时间一致性理论得到了迅速的发展。需要指出的是，有限时间一致性算法收敛时间的上界与每个智能体的初始状态有关。为了消除初始状态对收敛时间的影响，固定时间一致性算法 [157,158] 得到了系统的研究。此外，为了直接预测和设置系统状态的特定收敛时间，近年来，指定时间一致性算法受到了科研人员的广泛关注，并提出了一系列指定时间编队控制算法 [159,160]。值得说明的是，当前的工作都集中在控制策略的设计上，很少有关于定位估计的结果。与此同时，在实际应用中，测量噪声无处不在。传感器精度低、应用环境突变等因素都可能导致测量噪声。解决具有测量噪声的多智能体系统的可定位性和稳定性问题也是一个具有挑战性的工作。

具体来说，本章针对局部参考框架下多智能体系统的定位问题，仅基于局部方位测量信息，设计了一种连续时间分布式方位对齐和定位估计方案，实现了多智能体系统的精确定位估计。在第一个工作的基础上，进一步提出了一种基于局部方位信息的指定时间分布式定位估计方案，解决了有向图下带有测量噪声的多智能体系统的指定时间定位估计问题。

本章的主要贡献总结如下：①提出了仅利用局部方位测量的方位估计算法。与文献 [133] 相比，无需进行相对方位测量。②设计了具有“有向无环”结构的分布式定位算法，该算法具有级联结构，理论上可实现无限扩展。③提出了鲁棒的指定时间方位估计算法，实现了测量噪声条件下快速可控的方位对齐和位置估计。

本章的剩余部分安排如下：第 7.2 节给出了问题描述；在第 7.3 节中，提供了理想测量条件下连续时间分布式定位算法设计及其收敛性分析；第 7.4 节给出了测量噪声条件下指定时间分布式定位结果；第 7.5 节是仿真和实物验证；第 7.6 节总结了本章的工作。

7.2 问题描述

考虑二维平面中包含 N 个智能体的多智能体系统，其中两个智能体是领导者，标记为 1 和 2，其余 $(N-2)$ 个智能体是跟随者，标记为 $\{3,\cdots,n\}$。领导者智能体在全局参考框架 ${}^g\Sigma$ 下的绝对位置可以直接获得，而跟随者智能体需要利用设计的定位算法估计自身的全局位置坐标。

在这项工作中，每一个跟随者智能体都有自己的局部参考框架，该局部框架与全局参考框架 ${}^g\Sigma$ 的方向不一致。局部方位测量示例如图 7-1 所示，每个跟随者智能体都可以测量其邻居的方位信息，也可称之为局部方位信息，并且每个跟随者智能体与其邻居通信，即接收邻居发送的位置估计信息。

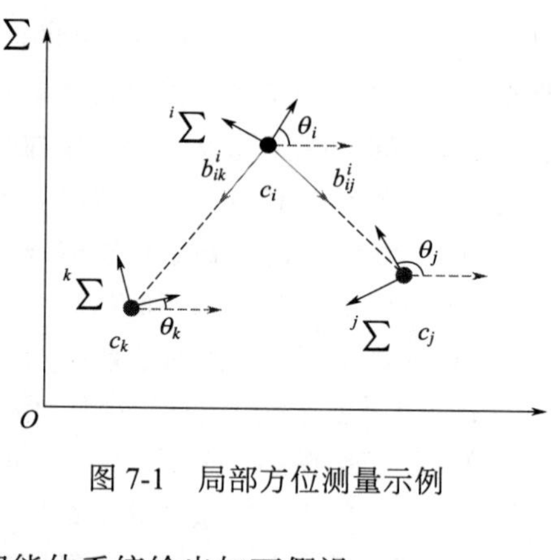

图 7-1　局部方位测量示例

我们对所考虑的多智能体系统给出如下假设。

假设 7-1 多智能体系统的有向拓扑图 $G=(v,\varepsilon)$ 满足 Henneberg 构型。

说明 7-1 假设 7-1 意味着跟随者智能体 $i\in\{3,\cdots,n\}$ 能够接收邻居智能体发送的位置估计信息，并同时向其邻居智能体发送自身位置估计信息。由于多智能体系统通信网络的拓扑结构满足 Henneberg 构型，并且智能体之间的通信是单向的，因此将位置估计信息发送到智能体 i 的邻居智能体和接收从智能体 i 发送的信息的邻居智能体不是同一个智能体。

说明 7-2 Henneberg 构型满足多智能体系统的方位角可定位性[138]和自定位性[139]的条件。此外，Henneberg 构型在理论上可以无限扩展，适用于大规模的网络化多智能体系统。

7.3 理想测量条件下分布式定位估计

本小节的目标是基于局部方位信息设计一种分布式定位估计方案，实现多智能体系统的方位对齐和精确定位估计，即 $\lim\limits_{t\to\infty}\hat{\boldsymbol{R}}(\theta_i)(t)=\boldsymbol{R}(\theta_i)$，$\lim\limits_{t\to\infty}\hat{c}_i(t)=c_i$。

在这项工作中，全局参考框架 ${}^g\Sigma$ 下的绝对位置信息 c_i 和相对位置信息 c_i-c_j 是无法直接测量得到的，并且智能体的方位角信息 $\theta_i\in[0,2\pi]$ 也是未知的。因此，定义 $\hat{c}_i$ 和 $\hat{\boldsymbol{R}}(\theta_i)$ 为绝对位置 c_i 和真实方位旋转矩阵 $\boldsymbol{R}(\theta_i)$ 的估计值。

7.3.1 连续时间估计器设计

为了实现对跟随者智能体的方位和绝对位置的估计，分别提出了一种仅基于局部方位信息的分布式方位估计算法和定位估计算法。

$$\dot{\hat{\boldsymbol{b}}}_{jk}=-\boldsymbol{Q}_{\tilde{b}_{jk}}\hat{\boldsymbol{R}}(\theta_i)\boldsymbol{b}_{jk}^i \tag{7-1}$$

$$\dot{\hat{c}}_i=-\boldsymbol{Q}_{\hat{b}_{ij}}(\hat{c}_i-\hat{c}_j)-\boldsymbol{Q}_{\hat{b}_{ik}}(\hat{c}_i-\hat{c}_k) \tag{7-2}$$

$$\tilde{\boldsymbol{b}}_{jk}=\frac{\hat{c}_k-\hat{c}_j}{\left\|\hat{c}_k-\hat{c}_j\right\|}$$

$$\hat{\boldsymbol{b}}_{ij}=\hat{\boldsymbol{R}}(\theta_i)\hat{\boldsymbol{b}}_{ij}^i$$

$$\hat{\boldsymbol{b}}_{ik}=\hat{\boldsymbol{R}}(\theta_i)\hat{\boldsymbol{b}}_{ik}^i$$

式中，智能体 j、k 为智能体 i 的两个邻居，$i>j$，$i>k$；$\hat{c}_k$，$\hat{c}_j$ 为智能体 k 和 j 的估计位置信息；$\hat{\boldsymbol{b}}_{ij}$ 为估计的全局参考框架下智能体 i 和 j 之间的单位方向向量；$\hat{\boldsymbol{b}}_{ik}$ 为估计的全局参考框架下智能体 i 和 k 之间的单位方向向量；$\boldsymbol{b}_{ij}^i$，$\boldsymbol{b}_{ik}^i$ 为在局部参考框架 ${}^i\Sigma$ 下测量得到的智能体 j 和智能体 k 的单位方向向量，可以基于局部方位测量直接计算得到。

引理 7-1 基于局部方位测量信息 $\boldsymbol{b}_{jk}^i$ 提出的方位对齐算法式（7-1）可以通过对全局参考框架下单位方向矢量 $\hat{\boldsymbol{b}}_{jk}$ 的估计来实现对方位角 θ_i 的间接估计。

证明：

在这项工作中，可以直接测量得到局部方位信息。由 $\hat{\boldsymbol{b}}_{jk}=\hat{\boldsymbol{R}}(\theta_i)\boldsymbol{b}_{jk}^i$ 可得，$\dot{\hat{\boldsymbol{b}}}_{jk}=\dot{\hat{\boldsymbol{R}}}(\theta_i)\boldsymbol{b}_{jk}^i$。

定义 $\dot{\hat{\boldsymbol{b}}}_{jk}=\left(\dot{\hat{\varphi}}_x,\dot{\hat{\varphi}}_y\right)^{\mathrm{T}}$，$\hat{\boldsymbol{b}}_{jk}=\left(\hat{\varphi}_x,\hat{\varphi}_y\right)^{\mathrm{T}}$，$\boldsymbol{b}_{jk}^i=\left(\varphi_x^i,\varphi_y^i\right)^{\mathrm{T}}$，根据定义可以得到：

$$\hat{\boldsymbol{R}}(\theta_i)=\begin{bmatrix}\varphi_x^i\hat{\varphi}_x+\varphi_y^i\hat{\varphi}_y & \hat{\varphi}_x\varphi_y^i-\varphi_x^i\hat{\varphi}_y\\ -\hat{\varphi}_x\varphi_y^i+\varphi_x^i\hat{\varphi}_y & \varphi_y^i\hat{\varphi}_y+\varphi_x^i\hat{\varphi}_x\end{bmatrix},\quad \dot{\hat{\boldsymbol{R}}}(\theta_i)=\begin{bmatrix}\varphi_x^i\dot{\hat{\varphi}}_x+\varphi_y^i\dot{\hat{\varphi}}_y & \dot{\hat{\varphi}}_x\varphi_y^i-\varphi_x^i\dot{\hat{\varphi}}_y\\ -\dot{\hat{\varphi}}_x\varphi_y^i+\varphi_x^i\dot{\hat{\varphi}}_y & \varphi_y^i\dot{\hat{\varphi}}_y+\varphi_x^i\dot{\hat{\varphi}}_x\end{bmatrix}$$

基于上述分析可以得出结论：方位角 θ_i 可以通过估计的单位方向向量 $\hat{b}_{jk}$ 间接估计得到。

证毕。

说明 7-3 方位估计算法式（7-1）是一种间接的估计方位角 θ_i 的方法。估计的方向向量 $\hat{\boldsymbol{g}}_{jk}$ 被用来估计旋转矩阵 $\hat{\boldsymbol{R}}(\theta_i)$，然后可以根据获得的旋转矩阵求解方位角 θ_i。最终，当 $\hat{\boldsymbol{g}}_{jk}$ 收敛于真值 g_{jk} 时，$\hat{\boldsymbol{R}}(\theta_i)$ 也将收敛到真实的旋转矩阵 $\boldsymbol{R}(\theta_i)$。

7.3.2 收敛性分析

本小节将给出分布式估计算法式（7-1）和算法式（7-2）的收敛性定理及证明。

定理 7-1 如果多智能体系统满足假设 7-1，所提出的基于局部方位信息的分布式定位估计算法式（7-1）和算法式（7-2）能够保证估计的旋转矩阵 $\hat{\boldsymbol{R}}(\theta_i)$ 收敛到真实的旋转矩阵 $\boldsymbol{R}(\theta_i)$，估计的位置信息 $\hat{c}_i$ 收敛到真实的位置信息 c_i。

证明：

在级联系统的基础上，引入数学归纳法来证明定理 7-1。因为多智能体系统满足 Henneberg 构型，所以跟随者智能体 $i\in\{3,\cdots,n\}$ 存在两个邻居 j 和 k，$1\leqslant j\neq k\leqslant i-1$。

证明的主要思路总结如下。

首先，将证明 $\hat{\boldsymbol{R}}(\theta_3)$ 收敛到 $\boldsymbol{R}(\theta_3)$，$\hat{c}_3$ 收敛到 c_3。最后，证明 $\hat{\boldsymbol{R}}(\theta_i)$ 收敛到 $\boldsymbol{R}(\theta_i)$，$\hat{c}_i$ 收敛到 c_i。

第 1 部分：估计旋转矩阵 $\hat{\boldsymbol{R}}(\theta_3)$ 和估计位置 $\hat{c}_3$ 的收敛性证明。

首先，证明估计旋转矩阵 $\hat{\boldsymbol{R}}(\theta_3)$ 的收敛性。

对于跟随者智能体 3 来说，方位估计算法式（7-1）的平衡点满足等式（7-3）。

$$0=-\boldsymbol{Q}_{b_{12}}\hat{\boldsymbol{R}}(\theta_3)\boldsymbol{b}_{12}^3 \tag{7-3}$$

需要强调一点，跟随者智能体 3 的两个邻居分别是领导者 1 和 2。领导者可以直接获取全局参考框架下的坐标，因此，$\boldsymbol{b}_{12}^3$ 不需要进行估计，可直接通过传感器测量得到。

等式（7-3）两侧同时左乘 $\left(\hat{\boldsymbol{b}}_{12}-\boldsymbol{b}_{12}\right)^{\mathrm{T}}$ 可以得到：

$$
\begin{aligned}
0 &= -\left(\hat{\boldsymbol{b}}_{12}-\boldsymbol{b}_{12}\right)^{\mathrm{T}} \boldsymbol{Q}_{b_{12}} \hat{\boldsymbol{R}}(\theta_3)\boldsymbol{b}_{12}^3 \\
&= -\left[\hat{\boldsymbol{R}}(\theta_3)\boldsymbol{b}_{12}^3-\boldsymbol{b}_{12}\right]^{\mathrm{T}} \boldsymbol{Q}_{b_{12}} \hat{\boldsymbol{R}}(\theta_3)\boldsymbol{b}_{12}^3
\end{aligned} \tag{7-4}
$$

因为$\boldsymbol{Q}_{b_{12}}\boldsymbol{b}_{12}=0$，等式（7-4）可以被重新表述为

$$
0=-\left[\hat{\boldsymbol{R}}(\theta_3)\boldsymbol{b}_{12}^3-\boldsymbol{b}_{12}\right]^{\mathrm{T}} \boldsymbol{Q}_{b_{12}}\left[\hat{\boldsymbol{R}}(\theta_3)\boldsymbol{b}_{12}^3-\boldsymbol{b}_{12}^3\right] \tag{7-5}
$$

当且仅当$\hat{\boldsymbol{R}}(\theta_3)\boldsymbol{b}_{12}^3-\boldsymbol{b}_{12}=0$时等式（7-5）成立。将$\boldsymbol{b}_{12}^3=\boldsymbol{R}(\theta_3)^{-1}\boldsymbol{b}_{12}$代入$\hat{\boldsymbol{R}}(\theta_3)\boldsymbol{b}_{12}^3-\boldsymbol{b}_{12}=0$中，可以得到：

$$
\left[\hat{\boldsymbol{R}}(\theta_3)-\boldsymbol{R}(\theta_3)\right]\boldsymbol{b}_{12}=0 \tag{7-6}
$$

等式（7-6）成立的充分必要条件给出如下：

令$\boldsymbol{b}_{12}=(x,y)^{\mathrm{T}}$，$\hat{\boldsymbol{R}}(\theta_3)=\begin{bmatrix}\cos\hat{\theta}_3 & -\sin\hat{\theta}_3\\ \sin\hat{\theta}_3 & \cos\hat{\theta}_3\end{bmatrix}$，$\boldsymbol{R}(\theta_3)=\begin{bmatrix}\cos\theta_3 & -\sin\theta_3\\ \sin\theta_3 & \cos\theta_3\end{bmatrix}$

因此，等式（7-6）可以表述为

$$
\begin{bmatrix}
-2\sin\dfrac{\hat{\theta}_3+\theta_3}{2}\sin\dfrac{\hat{\theta}_3-\theta_3}{2} & -2\cos\dfrac{\hat{\theta}_3+\theta_3}{2}\sin\dfrac{\hat{\theta}_3-\theta_3}{2}\\
2\cos\dfrac{\hat{\theta}_3+\theta_3}{2}\sin\dfrac{\hat{\theta}_3-\theta_3}{2} & -2\sin\dfrac{\hat{\theta}_3+\theta_3}{2}\sin\dfrac{\hat{\theta}_3-\theta_3}{2}
\end{bmatrix}(x,y)^{\mathrm{T}}=0 \tag{7-7}
$$

因为b_{12}是一个单位向量，所以x和y不同时为零（例如$x=0,y=1$或者$x=1,y=0$）。

通过求解式（7-7）可以得到$\sin\dfrac{\hat{\theta}_3+\theta_3}{2}\sin\dfrac{\hat{\theta}_3-\theta_3}{2}=0$，$\cos\dfrac{\hat{\theta}_3+\theta_3}{2}\sin\dfrac{\hat{\theta}_3-\theta_3}{2}=0$。与此同时，由于$\theta_3,\hat{\theta}_3\in[0,2\pi]$，可以得到等式（7-6）成立的充要条件为$\hat{\theta}_3=\theta_3$，即$\hat{\boldsymbol{R}}(\theta_3)=\boldsymbol{R}(\theta_3)$。简而言之，$\hat{\boldsymbol{R}}(\theta_3)=\boldsymbol{R}(\theta_3)$是等式（7-1）唯一的平衡点。

设计李雅普诺夫函数：

$$
V_1=\frac{1}{2}\left\|\hat{\boldsymbol{b}}_{12}-\boldsymbol{b}_{12}\right\|^2 \tag{7-8}
$$

对V_1求导，并基于等式（7-3）~等式（7-5）的分析，可以得到：

$$
\begin{aligned}
\dot{V}_1 &= -\left[\hat{\boldsymbol{R}}(\theta_3)\boldsymbol{b}_{12}^3-\boldsymbol{b}_{12}\right]^{\mathrm{T}} \boldsymbol{Q}_{b_{12}}\left[\hat{\boldsymbol{R}}(\theta_3)\boldsymbol{b}_{12}^3-\boldsymbol{b}_{12}\right] \\
&\leqslant -\lambda_{Q_{b_{12}}}\left\|\hat{\boldsymbol{b}}_{12}-\boldsymbol{b}_{12}\right\|^2 \\
&= -2\lambda_{Q_{b_{12}}}V_1
\end{aligned} \tag{7-9}
$$

式中，$\lambda_{Q_{b_{12}}}$为矩阵$\boldsymbol{Q}_{b_{12}}$的最小特征值，$\lambda_{Q_{b_{12}}}\geqslant 0$。

由式（7-9）可知，方位估计算法式（7-1）在唯一平衡点处指数收敛，即 $\hat{\boldsymbol{R}}(\theta_3)$ 指数收敛到 $\boldsymbol{R}(\theta_3)$ 。

接下来，将证明 $\hat{c}_3$ 的收敛性。

对于跟随者智能体 3 来说，位置估计算法式（7-2）在平衡点处满足：

$$0=-\left[\boldsymbol{Q}_{\hat{b}_{31}}\left(\hat{c}_3-c_1\right)+\boldsymbol{Q}_{\hat{b}_{32}}\left(\hat{c}_3-c_2\right)\right] \tag{7-10}$$

等式（7-10）两端同时左乘 $\left(\hat{c}_3-c_3\right)^{\mathrm{T}}$ ，可以得到：

$$\begin{aligned}0&=-\left(\hat{c}_3-c_3\right)^{\mathrm{T}}\left[\boldsymbol{Q}_{\hat{b}_{31}}\left(\hat{c}_3-c_1\right)+\boldsymbol{Q}_{\hat{b}_{32}}\left(\hat{c}_3-c_2\right)\right]\\&=-\left(\hat{c}_3-c_3\right)^{\mathrm{T}}\left[\boldsymbol{Q}_{\hat{b}_{31}}\left(\hat{c}_3-c_3+c_3-c_1\right)+\boldsymbol{Q}_{\hat{b}_{32}}\left(\hat{c}_3-c_3+c_3-c_2\right)\right]\end{aligned} \tag{7-11}$$

根据 $\hat{\boldsymbol{R}}(\theta_3)$ 的收敛性证明可知，应用算法式（7-1）后，$\hat{\boldsymbol{b}}_{31}\to\boldsymbol{b}_{31}$ ，$\hat{\boldsymbol{b}}_{32}\to\boldsymbol{b}_{32}$ 。因此，式（7-11）可以重新表述如下：

$$0=-\left(\hat{c}_3-c_3\right)^{\mathrm{T}}\left[\boldsymbol{Q}_{b_{31}}\left(\hat{c}_3-c_3+c_3-c_1\right)+\boldsymbol{Q}_{b_{32}}\left(\hat{c}_3-c_3+c_3-c_2\right)\right] \tag{7-12}$$

由 $\boldsymbol{Q}_{b_{ij}}\boldsymbol{b}_{ij}=0$ 可知 $\boldsymbol{Q}_{b_{31}}(c_1-c_3)=0$ ，$\boldsymbol{Q}_{b_{32}}(c_2-c_3)=0$ 。因此可得：

$$\begin{aligned}0&=-\left(\hat{c}_3-c_3\right)^{\mathrm{T}}\left[\boldsymbol{Q}_{b_{31}}\left(\hat{c}_3-c_3\right)+\boldsymbol{Q}_{b_{32}}\left(\hat{c}_3-c_3\right)\right]\\&=-\left(\hat{c}_3-c_3\right)^{\mathrm{T}}\left(\boldsymbol{Q}_{b_{31}}+\boldsymbol{Q}_{b_{32}}\right)\left(\hat{c}_3-c_3\right)\end{aligned} \tag{7-13}$$

当且仅当 $\hat{c}_3=c_3$ 时，等式（7-13）成立。

设计李雅普诺夫函数：

$$V_2=\frac{1}{2}\left\|\hat{c}_3-c_3\right\|^2 \tag{7-14}$$

对 V_2 求导可以得到：

$$\begin{aligned}\dot{V}_2&=-\left(\hat{c}_3-c_3\right)^{\mathrm{T}}\left(\boldsymbol{Q}_{b_{31}}+\boldsymbol{Q}_{b_{32}}\right)\left(\hat{c}_3-c_3\right)\\&\leqslant-2\lambda_{Q_{b31}+Q_{b32}}V_2\end{aligned} \tag{7-15}$$

式中，$\lambda_{Q_{b31}+Q_{b32}}$ 为矩阵 $\boldsymbol{Q}_{b_{31}}+\boldsymbol{Q}_{b_{32}}$ 的最小特征值，$\lambda_{Q_{b31}+Q_{b32}}\geqslant0$ 。

基于式（7-15）的结果可以得出结论，位置估计算法式（7-2）在平衡点 $\hat{c}_3=c_3$ 处指数收敛，即 $\hat{c}_3$ 指数收敛于 c_3 。

基于上述分析可以得出如下结论：应用估计算法式（7-1）和算法式（7-2），估计旋转矩阵 $\hat{\boldsymbol{R}}(\theta_3)$ 和估计位置 $\hat{c}_3$ 能够收敛至真实值。

证毕。

第 2 部分：估计旋转矩阵 $\hat{\boldsymbol{R}}(\theta_i)$ 和估计位置 $\hat{c}_i$ 的收敛性证明。

首先，证明估计旋转矩阵 $\hat{\boldsymbol{R}}(\theta_i)$ 的收敛性。

对于跟随者智能体 i 来说，等式（7-1）在平衡点处满足：

$$0=-\left[\boldsymbol{Q}_{\tilde{b}_{jk}}\hat{\boldsymbol{R}}(\theta_i)\boldsymbol{b}_{jk}^i\right] \tag{7-16}$$

等式（7-16）两端同时左乘 $\left(\hat{\boldsymbol{b}}_{jk}-\boldsymbol{b}_{jk}\right)^{\mathrm{T}}$，则：

$$\begin{aligned}0&=-\left[\hat{\boldsymbol{R}}(\theta_i)\boldsymbol{b}_{jk}^i-\boldsymbol{b}_{jk}\right]^{\mathrm{T}}\boldsymbol{Q}_{\tilde{b}_{jk}}\hat{\boldsymbol{R}}(\theta_i)\boldsymbol{b}_{jk}^i\\&=-\left[\hat{\boldsymbol{R}}(\theta_i)\boldsymbol{b}_{jk}^i-\boldsymbol{b}_{jk}\right]^{\mathrm{T}}\boldsymbol{Q}_{\tilde{b}_{jk}}\left[\hat{\boldsymbol{R}}(\theta_i)\boldsymbol{b}_{jk}^i-\boldsymbol{b}_{jk}+\boldsymbol{b}_{jk}\right]\end{aligned} \tag{7-17}$$

基于第 1 部分的证明，可以得到当估计智能体 i 的方位时，$\hat{\boldsymbol{b}}_{jk}$ 能够收敛到 $\boldsymbol{b}_{jk}$。同时，由 $\boldsymbol{Q}_{b_{jk}}\boldsymbol{b}_{jk}=0$ 可以得到：

$$0=-\left[\hat{\boldsymbol{R}}(\theta_i)\boldsymbol{b}_{jk}^i-\boldsymbol{b}_{jk}\right]^{\mathrm{T}}\boldsymbol{Q}_{b_{jk}}\left[\hat{\boldsymbol{R}}(\theta_i)\boldsymbol{b}_{jk}^i-\boldsymbol{b}_{jk}\right] \tag{7-18}$$

当且仅当 $\hat{\boldsymbol{R}}(\theta_i)\boldsymbol{b}_{jk}^i-\boldsymbol{b}_{jk}=0$ 时，等式（7-18）成立。因此，$\hat{\boldsymbol{b}}_{jk}=\boldsymbol{b}_{jk}$ 是等式（7-1）唯一的平衡点，即 $\hat{\boldsymbol{R}}(\theta_i)=\boldsymbol{R}(\theta_i)$。

选择李雅普诺夫函数如下：

$$V_3=\frac{1}{2}\left\|\hat{\boldsymbol{b}}_{jk}-\boldsymbol{b}_{jk}\right\|^2 \tag{7-19}$$

对 V_3 求导，可得：

$$\dot{V}_3=-\left[\hat{\boldsymbol{R}}(\theta_i)\boldsymbol{b}_{jk}^i-\boldsymbol{b}_{jk}\right]^{\mathrm{T}}\boldsymbol{Q}_{b_{jk}}\left[\hat{\boldsymbol{R}}(\theta_i)\boldsymbol{b}_{jk}^i-\boldsymbol{b}_{jk}\right]\leqslant-2\lambda_{Q_{b_{jk}}}V_3 \tag{7-20}$$

式中，$\lambda_{Q_{b_{jk}}}$ 为矩阵 $\boldsymbol{Q}_{b_{jk}}$ 的最小特征值，$\lambda_{Q_{b_{jk}}}\geqslant 0$。

通过式（7-20）可知，方位估计算法式（7-1）在平衡点 $\hat{\boldsymbol{b}}_{jk}=\boldsymbol{b}_{jk}$ 处指数收敛，即 $\hat{\boldsymbol{R}}(\theta_i)\to\boldsymbol{R}(\theta_i)$。

接下来，将证明估计位置 $\hat{c}_i$ 的收敛性。

对智能体 i 来说，算法式（7-2）在平衡点满足：

$$0=-\left[\boldsymbol{Q}_{\hat{b}_{ij}}\left(\hat{c}_i-\hat{c}_j\right)+\boldsymbol{Q}_{\hat{b}_{ik}}\left(\hat{c}_i-\hat{c}_k\right)\right] \tag{7-21}$$

等式（7-21）两侧同时左乘 $\left(\hat{c}_i-c_i\right)^{\mathrm{T}}$，可得：

$$\begin{aligned}0&=-\left(\hat{c}_i-c_i\right)^{\mathrm{T}}\left[\boldsymbol{Q}_{\hat{b}_{ij}}\left(\hat{c}_i-\hat{c}_j\right)+\boldsymbol{Q}_{\hat{b}_{ik}}\left(\hat{c}_i-\hat{c}_k\right)\right]\\&=-\left(\hat{c}_i-c_i\right)^{\mathrm{T}}\left[\boldsymbol{Q}_{\hat{b}_{ij}}\left(\hat{c}_i-c_i+c_i-\hat{c}_j\right)+\boldsymbol{Q}_{\hat{b}_{ik}}\left(\hat{c}_i-c_i+c_i-\hat{c}_k\right)\right]\end{aligned} \tag{7-22}$$

基于 $\hat{\boldsymbol{R}}(\theta_i)$ 的收敛性分析可知，当估计智能体 i 的位置信息时，估计的方位信息已经收敛至真实值，即 $\hat{\boldsymbol{b}}_{ij}\to\boldsymbol{b}_{ij},\hat{\boldsymbol{b}}_{ik}\to\boldsymbol{b}_{ik}$，并且 $\hat{c}_j\to c_j,\hat{c}_k\to c_k$。同时又因为正交投影矩阵 $\boldsymbol{Q}_{b_{ij}}\boldsymbol{b}_{ij}=0$ 的性质，因此等式（7-22）等价于：

$$0 = -\left(\hat{c}_i - c_i\right)^{\mathrm{T}}\left(\boldsymbol{Q}_{b_{ij}} + \boldsymbol{Q}_{b_{ik}}\right)\left(\hat{c}_i - c_i\right) \tag{7-23}$$

当且仅当 $\hat{c}_i - c_i = 0$ 时等式（7-23）成立，因此等式（7-23）存在一个唯一的平衡点 $\hat{c}_i = c_i$。

设计李雅普诺夫函数如下：

$$V_4 = \frac{1}{2}\left\|\hat{c}_i - c_i\right\|^2 \tag{7-24}$$

对等式（7-24）求导，可得：

$$\begin{aligned}\dot{V}_4 &= -\left(\hat{c}_i - c_i\right)^{\mathrm{T}}\left(\boldsymbol{Q}_{b_{ij}} + \boldsymbol{Q}_{b_{ik}}\right)\left(\hat{c}_i - c_i\right) \\ &\leqslant -2\lambda_{Q_{bij}+Q_{bik}} V_4\end{aligned} \tag{7-25}$$

式中，$\lambda_{Q_{bij}+Q_{bik}}$ 为矩阵 $\boldsymbol{Q}_{b_{ij}} + \boldsymbol{Q}_{b_{ik}}$ 的最小特征值，$\lambda_{Q_{bij}+Q_{bik}} \geqslant 0$。

由式（7-25）可以得出结论，位置估计算法式（7-2）在平衡点 $\hat{c}_i = c_i$ 处指数收敛。

证毕。

7.4 测量噪声条件下指定时间分布式定位估计

在上一节中讨论了理想环境下基于局部方位信息的多智能体系统的分布式定位估计问题。如概述部分所述，受传感器精度等因素的影响，测量得到的局部方位信息中通常含有噪声。如果测量噪声处理不当，定位精度将下降，甚至可能导致多智能体系统任务失败。与此同时，定位估计作为智能体系统在执行任务过程中承上启下的环节，位置估计的收敛速度将直接影响整个多智能体系统执行任务的效率。因此，本小节将重点解决具有测量噪声的多智能体系统的指定时间分布式定位估计问题。

本小节的目标是设计一种鲁棒指定时间分布式定位估计方案，实现有界测量噪声条件下指定时间方位对齐和精确定位估计，即 $\lim\limits_{t\to T}\hat{\boldsymbol{R}}(\theta_i)(t) = \boldsymbol{R}(\theta_i)$，$\lim\limits_{t\to T}\hat{c}_i(t) = c_i$，式中，$T$ 为指定收敛时间；$\hat{\boldsymbol{R}}(\theta_i)$ 为估计的旋转矩阵；$\hat{c}_i$ 为估计智能体 i 的位置信息。

7.4.1 指定时间估计器设计

对于智能体 i，包含测量噪声的局部方位信息可表述为

$$\tilde{\boldsymbol{b}}_{jk}^{i}(t) = \boldsymbol{b}_{jk}^{i}(t) + \sigma_{jk}^{i}(t) \tag{7-26}$$

式中，$\boldsymbol{b}_{jk}^{i}(t)$ 为真实的局部方位信息；$\sigma_{jk}^{i}(t)$ 为有界的测量噪声；t 为采样时间。

假设 7-2 对于智能体 $i,j,k\in V$，测量噪声 $\sigma_{jk}^{i}(t)$ 有界，沿时间轴独立同分布，且 $\tilde{a}\left[\sigma_{jk}^{i}(t)\right]=0$。

在估计算法设计之前，需要对测量得到的局部方位信息 $\tilde{b}_{jk}^{i}(t)$ 进行预处理：

$$\hat{\boldsymbol{b}}_{jk}^{i}(t)=\frac{1}{t}\sum_{\tau=0}^{t}\tilde{\boldsymbol{b}}_{jk}^{i}(\tau),\hat{\boldsymbol{b}}_{jk}^{i}(1)=\tilde{\boldsymbol{b}}_{jk}^{i}(1) \tag{7-27}$$

经过式（7-27）的处理以后，结合强大数定律可以得到 $\lim\limits_{t\to\infty}\hat{\boldsymbol{b}}_{jk}^{i}(t)=\boldsymbol{b}_{jk}^{i}(t)$。

设计一种鲁棒指定时间分布式方位估计算法和指定时间分布式位置估计算法，如等式（7-28）和式（7-29）所示。

$$\dot{\hat{\boldsymbol{b}}}_{jk}=-\gamma\left(\alpha+\beta\frac{\dot{\mu}}{\mu}\right)\left[\boldsymbol{Q}_{\tilde{b}_{jk}}\hat{\boldsymbol{R}}(\theta_i)\hat{\boldsymbol{b}}_{jk}^{i}\right] \tag{7-28}$$

$$\dot{\hat{c}}_i=-\left(\alpha+\beta\frac{\dot{\mu}}{\mu}\right)\left[\boldsymbol{Q}_{\hat{b}_{ij}}\left(\hat{c}_i-\hat{c}_j\right)+\boldsymbol{Q}_{\hat{b}_{ik}}\left(\hat{c}_i-\hat{c}_k\right)\right] \tag{7-29}$$

式中，$\gamma(t)=\dfrac{1}{(1+t)^{\lambda}}$ 为一个时变因子，$0<\lambda<\dfrac{1}{2}$；$\alpha>0$，$\beta>0$；$\mu(t)=\begin{cases}\dfrac{T^h}{(T-t)^h},t\in[0,T)\\ 1,t\in[T,\infty)\end{cases}$，$\dot{\mu}(t)=\begin{cases}\dfrac{h}{T}\mu^{\left(1+\frac{1}{h}\right)},t\in[0,T)\\ 0,t\in[T,\infty)\end{cases}$，$h>0$，$T$ 为指定的收敛时间；$\tilde{\boldsymbol{b}}_{jk}=\dfrac{\hat{c}_k-\hat{c}_j}{\left\|\hat{c}_k-\hat{c}_j\right\|}$，$\hat{c}_k$，$\hat{c}_j$ 为智能体 k 和 j 的估计位置；$\hat{\boldsymbol{b}}_{ij}=\hat{\boldsymbol{R}}(\theta_i)\hat{\boldsymbol{b}}_{ij}^{i}$，$\hat{\boldsymbol{b}}_{ik}=\hat{\boldsymbol{R}}(\theta_i)\hat{\boldsymbol{b}}_{ik}^{i}$。

7.4.2 收敛性分析

本小节将给出鲁棒指定时间分布式定位估计方案的收敛性定理和证明。

定理 7-2 如果多智能体系统满足假设 7-1 和假设 7-2，应用所提出的鲁棒指定时间分布式定位估计方案式（7-28）和方案式（7-29），可以保证在有界测量噪声条件下，估计旋转矩阵 $\hat{\boldsymbol{R}}(\theta_i)$ 和估计位置 $\hat{c}_i$ 在指定时间以概率 1 收敛到真实旋转矩阵 $\boldsymbol{R}(\theta_i)$ 和真实位置 c_i。

证明：

证明主要分为两部分：第 1 部分，将证明在指定时间 $\hat{\boldsymbol{R}}(\theta_3)$ 收敛到 $\boldsymbol{R}(\theta_3)$，$\hat{c}_3$ 收敛到 c_3。第 2 部分，将证明在指定时间 $\hat{\boldsymbol{R}}(\theta_i)$ 收敛到 $\boldsymbol{R}(\theta_i)$，$\hat{c}_i$ 收敛到 c_i。

根据假设 7-2 并应用无偏估计器式（7-27），用 $\delta\boldsymbol{b}_{jk}^{i}$ 来代替 $\hat{\boldsymbol{b}}_{jk}^{i}(t)$ 是合理的，其中 $|\delta|>0$。

第 1 部分：估计的旋转矩阵 $\hat{\boldsymbol{R}}(\theta_3)$ 和估计位置 $\hat{c}_3$ 的收敛性证明。

对于智能体 3，方位估计算法式（7-28）在平衡点处满足：

$$
\begin{aligned}
0 &= -\gamma\left(\alpha+\beta\frac{\dot{\mu}}{\mu}\right)\left[\boldsymbol{Q}_{b_{12}}\hat{\boldsymbol{R}}(\theta_3)\hat{\boldsymbol{b}}_{12}^{3}\right] \\
&= -\gamma\delta\left(\alpha+\beta\frac{\dot{\mu}}{\mu}\right)\left[\boldsymbol{Q}_{b_{12}}\hat{\boldsymbol{R}}(\theta_3)\boldsymbol{b}_{12}^{3}\right]
\end{aligned} \tag{7-30}
$$

等式（7-30）两侧同时左乘$\left(\hat{\boldsymbol{b}}_{12}-\boldsymbol{b}_{12}\right)^{\mathrm{T}}$，可得:

$$
\begin{aligned}
0 &= -\gamma\delta\left(\alpha+\beta\frac{\dot{\mu}}{\mu}\right)\left[\left(\hat{\boldsymbol{b}}_{12}-\boldsymbol{b}_{12}\right)^{\mathrm{T}}\boldsymbol{Q}_{b_{12}}\hat{\boldsymbol{R}}(\theta_3)\boldsymbol{b}_{12}^{3}\right] \\
&= -\gamma\delta\left(\alpha+\beta\frac{\dot{\mu}}{\mu}\right)\left[\left(\hat{\boldsymbol{R}}(\theta_3)\boldsymbol{b}_{12}^{3}-\boldsymbol{b}_{12}\right)^{\mathrm{T}}\boldsymbol{Q}_{b_{12}}\hat{\boldsymbol{R}}(\theta_3)\boldsymbol{b}_{12}^{3}\right]
\end{aligned} \tag{7-31}
$$

因为$\boldsymbol{Q}_{b_{12}}\boldsymbol{b}_{12}=0$，等式（7-31）可重新表述为

$$
0 = -\gamma\delta\left(\alpha+\beta\frac{\dot{\mu}}{\mu}\right)\left\{\left[\hat{\boldsymbol{R}}(\theta_3)\boldsymbol{b}_{12}^{3}-\boldsymbol{b}_{12}\right]^{\mathrm{T}}\boldsymbol{Q}_{b_{12}}\left[\hat{\boldsymbol{R}}(\theta_3)\boldsymbol{b}_{12}^{3}-\boldsymbol{b}_{12}\right]\right\} \tag{7-32}
$$

由于$\left(\alpha+\beta\dfrac{\dot{\mu}}{\mu}\right)>0$，$\delta\neq 0$，$\gamma>0$，因此当且仅当$\hat{\boldsymbol{R}}(\theta_3)\boldsymbol{b}_{12}^{3}-\boldsymbol{b}_{12}=0$时等式（7-28）成立。将$\boldsymbol{b}_{12}^{3}=\boldsymbol{R}(\theta_3)^{-1}\boldsymbol{b}_{12}$代入$\hat{\boldsymbol{R}}(\theta_3)\boldsymbol{b}_{12}^{3}-\boldsymbol{b}_{12}=0$，得到:

$$
\left[\hat{\boldsymbol{R}}(\theta_3)-\boldsymbol{R}(\theta_3)\right]\boldsymbol{b}_{12}=0 \tag{7-33}
$$

等式（7-33）意味着$\hat{\boldsymbol{R}}(\theta_3)=\boldsymbol{R}(\theta_3)$是等式（7-28）唯一的平衡点。

设计李雅普诺夫函数如下:

$$
V_5=\frac{1}{2}\left\|\hat{\boldsymbol{b}}_{12}-\boldsymbol{b}_{12}\right\|^2 \tag{7-34}
$$

对等式（7-34）求导可得:

$$
\begin{aligned}
\dot{V}_5 &= -\gamma\delta\left(\alpha+\beta\frac{\dot{\mu}}{\mu}\right)\left\{\left[\hat{\boldsymbol{R}}(\theta_3)\boldsymbol{b}_{12}^{3}-\boldsymbol{b}_{12}\right]^{\mathrm{T}}\boldsymbol{Q}_{b_{12}}\left[\hat{\boldsymbol{R}}(\theta_3)\boldsymbol{b}_{12}^{3}-\boldsymbol{b}_{12}\right]\right\} \\
&\leqslant -\gamma\delta\left(\alpha+\beta\frac{\dot{\mu}}{\mu}\right)\lambda_{Q_{b12}}\left\|\hat{\boldsymbol{b}}_{12}-\boldsymbol{b}_{12}\right\|^2 \\
&= -2\gamma\delta\left(\alpha+\beta\frac{\dot{\mu}}{\mu}\right)\lambda_{Q_{b12}}V_5 \\
&= -2\gamma\delta\alpha\lambda_{Q_{b12}}V_5-2\gamma\delta\beta\lambda_{Q_{b12}}\frac{\dot{\mu}}{\mu}V_5
\end{aligned} \tag{7-35}
$$

式中，$\lambda_{Q_{b12}}$为矩阵$\boldsymbol{Q}_{b_{12}}$的最小特征值，$\lambda_{Q_{b12}}\geqslant 0$。

从式（7-35）可知$\dot{V}_5\leqslant-\alpha_1V_5-\beta_1\dfrac{\dot{\mu}}{\mu}V_5$，其中$\alpha_1=2\gamma\delta\alpha\lambda_{Q_{b12}}$，$\beta_1=2\gamma\delta\beta\lambda_{Q_{b12}}$。根

据引理 1-1，可以得到$V_5(t)\begin{cases}\leqslant \mu^{-\beta_1}\mathrm{e}^{-\alpha_1 t}V_5(0), t\in[0,T)\\ \equiv 0, t\in[T,\infty)\end{cases}$。

基于上述分析可以得出结论，$\hat{\boldsymbol{b}}_{12}$在指定时间$T$收敛到$\boldsymbol{b}_{12}$，即$\hat{\boldsymbol{R}}(\theta_3)$收敛至$\boldsymbol{R}(\theta_3)$。

接下来将证明$\hat{c}_3$的收敛性。

等式（7-29）在平衡点处满足:

$$0=-\left(\alpha+\beta\frac{\dot{\mu}}{\mu}\right)\left[\boldsymbol{Q}_{\hat{b}_{31}}\left(\hat{c}_3-c_1\right)+\boldsymbol{Q}_{\hat{b}_{32}}\left(\hat{c}_3-c_2\right)\right] \tag{7-36}$$

等式（7-36）两侧同时左乘$\left(\hat{c}_3-c_3\right)^{\mathrm{T}}$，可得:

$$\begin{aligned}0&=-\left(\alpha+\beta\frac{\dot{\mu}}{\mu}\right)\left(\hat{c}_3-c_3\right)^{\mathrm{T}}\left[\boldsymbol{Q}_{\hat{b}_{31}}\left(\hat{c}_3-c_1\right)+\boldsymbol{Q}_{\hat{b}_{32}}\left(\hat{c}_3-c_2\right)\right]\\&=-\left(\alpha+\beta\frac{\dot{\mu}}{\mu}\right)\left(\hat{c}_3-c_3\right)^{\mathrm{T}}\left[\boldsymbol{Q}_{\hat{b}_{31}}\left(\hat{c}_3-c_3+c_3-c_1\right)+\boldsymbol{Q}_{\hat{b}_{32}}\left(\hat{c}_3-c_3+c_3-c_2\right)\right]\end{aligned} \tag{7-37}$$

根据$\hat{\boldsymbol{R}}(\theta_3)$的收敛性分析可知，当$t\to T$时，$\hat{\boldsymbol{b}}_{31}\to\boldsymbol{b}_{31}$，$\hat{\boldsymbol{b}}_{32}\to\boldsymbol{b}_{32}$。因此，式（7-37）可重新表述为

$$0=-\left(\alpha+\beta\frac{\dot{\mu}}{\mu}\right)\left(\hat{c}_3-c_3\right)^{\mathrm{T}}\left(\boldsymbol{Q}_{b_{31}}+\boldsymbol{Q}_{b_{32}}\right)\left(\hat{c}_3-c_3\right) \tag{7-38}$$

当且仅当$\hat{c}_3=c_3$时，等式（7-38）成立。

设计李雅普诺夫函数如下:

$$V_6=\frac{1}{2}\left\|\hat{c}_3-c_3\right\|^2 \tag{7-39}$$

对等式（7-39）求导可得:

$$\begin{aligned}\dot{V}_6&=-\left(\alpha+\beta\frac{\dot{\mu}}{\mu}\right)\left(\hat{c}_3-c_3\right)^{\mathrm{T}}\left(\boldsymbol{Q}_{b_{31}}+\boldsymbol{Q}_{b_{32}}\right)\left(\hat{c}_3-c_3\right)\\&\leqslant-2\left(\alpha+\beta\frac{\dot{\mu}}{\mu}\right)\lambda_{Q_{b31}+Q_{b32}}V_6\end{aligned} \tag{7-40}$$

式中，$\lambda_{Q_{b31}+Q_{b32}}$为矩阵$\boldsymbol{Q}_{b_{31}}+\boldsymbol{Q}_{b_{32}}$的最小特征值，$\lambda_{Q_{b31}+Q_{b32}}\geqslant 0$。

根据式（7-40），可以得到$\dot{V}_6\leqslant-\alpha_2 V_6-\beta_2\dfrac{\dot{\mu}}{\mu}V_6$，式中，$\alpha_2=2\alpha\lambda_{Q_{b31}+Q_{b32}}$，$\beta_2=2\beta\lambda_{Q_{b31}+Q_{b32}}$。根据引理 1-1 可得，$V_6(t)\begin{cases}\leqslant \mu^{-\beta_2}\mathrm{e}^{-\alpha_2 t}V_6(0), t\in[0,T)\\ \equiv 0, t\in[T,\infty)\end{cases}$。因此，可以得出结论，$\hat{c}_3$能够在指定时间$2T$收敛到$c_3$。

基于以上分析可以得出如下结论：估计旋转矩阵 $\hat{\boldsymbol{R}}(\theta_3)$ 和估计位置 $\hat{c}_3$ 可以在指定时间收敛到真实值。理论上，指定收敛时间的上限为 $2T$ 。

注 7.4 在第 1 部分的证明中，收敛时间上限的分析是基于级联系统给出的。对于智能体 3 来说，方位估计和位置估计是同步进行的。尽管估计值 $\hat{c}_3$ 的收敛时间取决于估计旋转矩阵 $\hat{\boldsymbol{R}}(\theta_3)$ 的收敛速度，在方位对齐之后，估计位置 $\hat{c}_3$ 可以在短时间内收敛到真实值。因此，在实际应用中，智能体 3 的收敛时间小于 $2T$ ，接近于 T 。

证毕。

第 2 部分：估计旋转矩阵 $\hat{\boldsymbol{R}}(\theta_i)$ 和估计位置 $\hat{c}_i$ 的收敛性证明。

对于智能体 i 来说，方位估计算法式（7-28）的平衡点满足等式（7-41）。

$$0=-\gamma\left(\alpha+\beta\frac{\dot{\mu}}{\mu}\right)\left[\boldsymbol{Q}_{\tilde{b}_{jk}}\hat{\boldsymbol{R}}(\theta_i)\delta\boldsymbol{b}_{jk}^i\right] \tag{7-41}$$

等式（7-41）两侧同时左乘 $\left(\hat{\boldsymbol{b}}_{jk}-\boldsymbol{b}_{jk}\right)^{\mathrm{T}}$ ，可得：

$$\begin{aligned}0&=-\gamma\delta\left(\alpha+\beta\frac{\dot{\mu}}{\mu}\right)\left\{\left[\hat{\boldsymbol{R}}(\theta_i)\boldsymbol{b}_{jk}^i-\boldsymbol{b}_{jk}\right]^{\mathrm{T}}\boldsymbol{Q}_{\tilde{b}_{jk}}\hat{\boldsymbol{R}}(\theta_i)\boldsymbol{b}_{jk}^i\right\}\\&=-\gamma\delta\left(\alpha+\beta\frac{\dot{\mu}}{\mu}\right)\left\{\left[\hat{\boldsymbol{R}}(\theta_i)\boldsymbol{b}_{jk}^i-\boldsymbol{b}_{jk}\right]^{\mathrm{T}}\boldsymbol{Q}_{\tilde{b}_{jk}}\left[\hat{\boldsymbol{R}}(\theta_i)\boldsymbol{b}_{jk}^i-\boldsymbol{b}_{jk}+\boldsymbol{b}_{jk}\right]\right\}\end{aligned} \tag{7-42}$$

基于第 1 部分的证明可知， $\lim\limits_{t\to 2(i-3)T}\tilde{\boldsymbol{b}}_{jk}=\boldsymbol{b}_{jk}$ ，同时又因为 $\boldsymbol{Q}_{b_{jk}}\boldsymbol{b}_{jk}=0$ ，因此，等式（7-42）可以被重新表述如下：

$$0=-\gamma\delta\left(\alpha+\beta\frac{\dot{\mu}}{\mu}\right)\left\{\left[\hat{\boldsymbol{R}}(\theta_i)\boldsymbol{b}_{jk}^i-\boldsymbol{b}_{jk}\right]^{\mathrm{T}}\boldsymbol{Q}_{b_{jk}}\left[\hat{\boldsymbol{R}}(\theta_i)\boldsymbol{b}_{jk}^i-\boldsymbol{b}_{jk}\right]\right\} \tag{7-43}$$

当且仅当 $\hat{\boldsymbol{R}}(\theta_i)\boldsymbol{b}_{jk}^i-\boldsymbol{b}_{jk}=0$ 时，等式（7-43）成立。因此 $\hat{\boldsymbol{b}}_{jk}=\boldsymbol{b}_{jk}$ 是式（7-28）唯一的平衡点，即 $\hat{\boldsymbol{R}}(\theta_i)=\boldsymbol{R}(\theta_i)$ 。

选择李雅普诺夫函数如下：

$$V_7=\frac{1}{2}\left\|\hat{\boldsymbol{b}}_{jk}-\boldsymbol{b}_{jk}\right\|^2 \tag{7-44}$$

对等式（7-44）求导可以得到：

$$\begin{aligned}\dot{V}_7&=-\gamma\delta\left(\alpha+\beta\frac{\dot{\mu}}{\mu}\right)\left\{\left[\hat{\boldsymbol{R}}(\theta_i)\boldsymbol{b}_{jk}^i-\boldsymbol{b}_{jk}\right]^{\mathrm{T}}\boldsymbol{Q}_{b_{jk}}\left[\hat{\boldsymbol{R}}(\theta_i)\boldsymbol{b}_{jk}^i-\boldsymbol{b}_{jk}\right]\right\}\\&\leqslant-2\gamma\delta\left(\alpha+\beta\frac{\dot{\mu}}{\mu}\right)\lambda_{Q_{b_{jk}}}V_7\end{aligned} \tag{7-45}$$

$$\lambda_{Q_{b_{jk}}}\geqslant 0$$

式中，$\lambda_{Q_{b_{jk}}}$ 为矩阵 $\boldsymbol{Q}_{b_{jk}}$ 的最小特征值。

从式（7-45）可知 $\dot{V}_7 \leqslant -\alpha_3 V_7 - \beta_3 \frac{\dot{\mu}}{\mu} V_7$，式中，$\alpha_3 = 2\gamma\delta\alpha\lambda_{Q_{b_{jk}}}$，$\beta_3 = 2\gamma\delta\beta\lambda_{Q_{b_{jk}}}$。

根据引理 1-1 可得，$V_7(t)\begin{cases} \leqslant \mu^{-\beta_3}\mathrm{e}^{-\alpha_3 t}V_7(0), t\in[0,T) \\ \equiv 0, t\in[T,\infty) \end{cases}$。由此可以得出结论：$\hat{\boldsymbol{b}}_{jk}$ 能够在指定时间收敛到 $\boldsymbol{b}_{jk}$，即 $\hat{\boldsymbol{R}}(\theta_i) \to \boldsymbol{R}(\theta_i)$。理论上，指定时间的收敛时间上限为 $2(i-3)T+T$。

接下来，将证明 $\hat{c}_i$ 在指定时间收敛到 c_i。

对于智能体 i 来说，算法式（7-29）在平衡点处满足：

$$0 = -\left(\alpha + \beta\frac{\dot{\mu}}{\mu}\right)\left[\boldsymbol{Q}_{\hat{b}_{ij}}\left(\hat{c}_i - \hat{c}_j\right) + \boldsymbol{Q}_{\hat{b}_{ik}}\left(\hat{c}_i - \hat{c}_k\right)\right] \tag{7-46}$$

等式（7-46）两侧同时左乘 $\left(\hat{c}_i - c_i\right)^{\mathrm{T}}$，可得：

$$\begin{aligned} 0 &= -\left(\alpha + \beta\frac{\dot{\mu}}{\mu}\right)\left(\hat{c}_i - c_i\right)^{\mathrm{T}}\left[\boldsymbol{Q}_{\hat{b}_{ij}}\left(\hat{c}_i - \hat{c}_j\right) + \boldsymbol{Q}_{\hat{b}_{ik}}\left(\hat{c}_i - \hat{c}_k\right)\right] \\ &= -\left(\alpha + \beta\frac{\dot{\mu}}{\mu}\right)\left(\hat{c}_i - c_i\right)^{\mathrm{T}}\left[\boldsymbol{Q}_{\hat{b}_{ij}}\left(\hat{c}_i - c_i + c_i - \hat{c}_j\right) + \boldsymbol{Q}_{\hat{b}_{ik}}\left(\hat{c}_i - c_i + c_i - \hat{c}_k\right)\right] \end{aligned} \tag{7-47}$$

基于上述分析可知，当 $t \to 2(i-3)T$ 时，$\hat{c}_j \to c_j, \hat{c}_k \to c_k$，并且当 $t \to 2(i-3)T+T$ 时，$\hat{\boldsymbol{b}}_{ij} \to \boldsymbol{b}_{ij}, \hat{\boldsymbol{b}}_{ik} \to \boldsymbol{b}_{ik}$。因此，式（7-47）等价于：

$$0 = -\left(\alpha + \beta\frac{\dot{\mu}}{\mu}\right)\left(\hat{c}_i - c_i\right)^{\mathrm{T}}\left(\boldsymbol{Q}_{b_{ij}} + \boldsymbol{Q}_{b_{ik}}\right)\left(\hat{c}_i - c_i\right) \tag{7-48}$$

当且仅当 $\hat{c}_i - c_i = 0$ 时，等式（7-48）成立，所以算法式（7-29）存在唯一的平衡点 $\hat{c}_i = c_i$。

设计李雅普诺夫函数如下：

$$V_8 = \frac{1}{2}\left\|\hat{c}_i - c_i\right\|^2 \tag{7-49}$$

对等式（7-49）求导可得：

$$\begin{aligned} \dot{V}_8 &= -\left(\alpha + \beta\frac{\dot{\mu}}{\mu}\right)\left(\hat{c}_i - c_i\right)^{\mathrm{T}}\left(\boldsymbol{Q}_{b_{ij}} + \boldsymbol{Q}_{b_{ik}}\right)\left(\hat{c}_i - c_i\right) \\ &\leqslant -2\left(\alpha + \beta\frac{\dot{\mu}}{\mu}\right)\lambda_{Q_{b_{ij}}+Q_{b_{ik}}} V_8 \end{aligned} \tag{7-50}$$

式中，$\lambda_{Q_{b_{ij}}+Q_{b_{ik}}}$ 为矩阵 $\boldsymbol{Q}_{b_{ij}} + \boldsymbol{Q}_{b_{ik}}$ 的最小特征值，$\lambda_{Q_{b_{ij}}+Q_{b_{ik}}} \geqslant 0$。

等式（7-50）可以被重新表述为

$$\dot{V}_8 \leqslant -\alpha_4 V_8 - \beta_4 \frac{\dot{\mu}}{\mu} V_8 \tag{7-51}$$

根据引理 1-1 可得 $V_8(t)\begin{cases}\leqslant \mu^{-\beta_4} \mathrm{e}^{-\alpha_4 t} V_8(0), t \in [0,T) \\ \equiv 0, t \in [T,\infty)\end{cases}$。由此得出结论，$\hat{c}_i$ 能够在指定时间收敛到 c_i。

结合 $\hat{\boldsymbol{R}}(\theta_i)$ 的收敛时间 $2(i-3)T+T$，可知跟随者智能体 i 的估计方位信息和估计位置信息能够在指定时间收敛到真实值。理论上，指定收敛时间的上限为 $2(i-2)T$。

基于第 1 部分和第 2 部分的收敛性证明，可以得出如下结论：应用所提出的鲁棒指定时间分布式定位估计算法式（7-28）~算法式（7-29），估计旋转矩阵 $\hat{\boldsymbol{R}}(\theta_i)$ 和估计位置 $\hat{c}_i$ 能够在指定时间收敛到真实值。

证毕。

7.5 仿真与实物实例

在本小节中，分别给出了数值仿真和四旋翼无人机实验，以此验证所提出定位估计算法的有效性和可实现性。

7.5.1 数值仿真

在本小节中，将分别对连续时间算法式（7-1）和算法式（7-2）和指定时间算法式（7-28）和算法式（7-29）进行仿真验证，主要从以下两种情形展开验证。情形 1：理想条件下连续时间分布式定位估计算法式（7-1）和算法式（7-2）。情形 2：有界测量噪声条件下指定时间分布式定位估计算法式（7-28）和算法式（7-29）。

在仿真中，所有跟随者智能体的方位角随机给定，所有智能体在全局参考框架下的绝对位置满足 Henneberg 构型。智能体唯一可获取的信息为局部方位角。需要指出的一点是，在智能体对全局参考框架未知的情形下，很难直接通过测量得到相对方位信息。

情形 1 理想条件。

跟随者智能体估计位置的收敛轨迹如图 7-2 所示，智能体的局部参考框架由两条互相垂直的线构成。圆形领导者智能体的局部参考框架与全局参考框架一致，而圆形跟随者智能体的局部参考框架与全局参考框架不对齐，存在偏差角。

跟随者智能体的初始估计值随机给出，应用所提出的估计算法式（7-1）和算法式（7-2），仿真结果如图 7-2 ~图 7-4 所示。

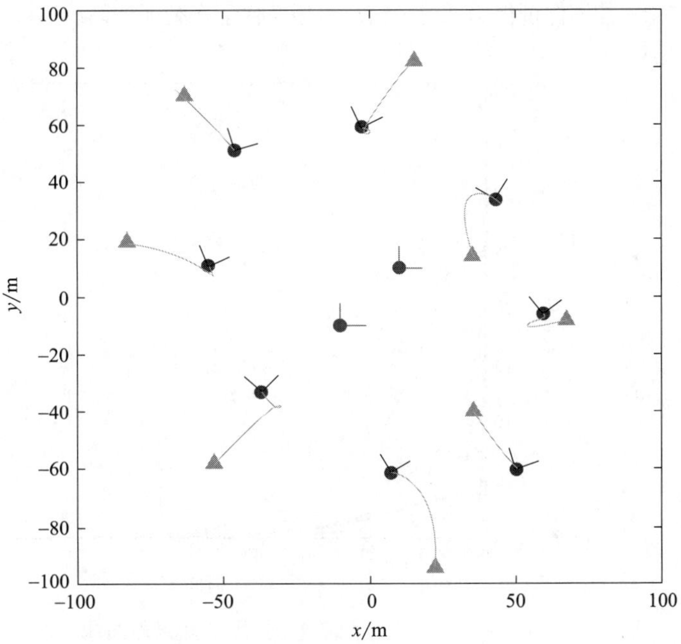

图 7-2　跟随者智能体估计位置的收敛轨迹

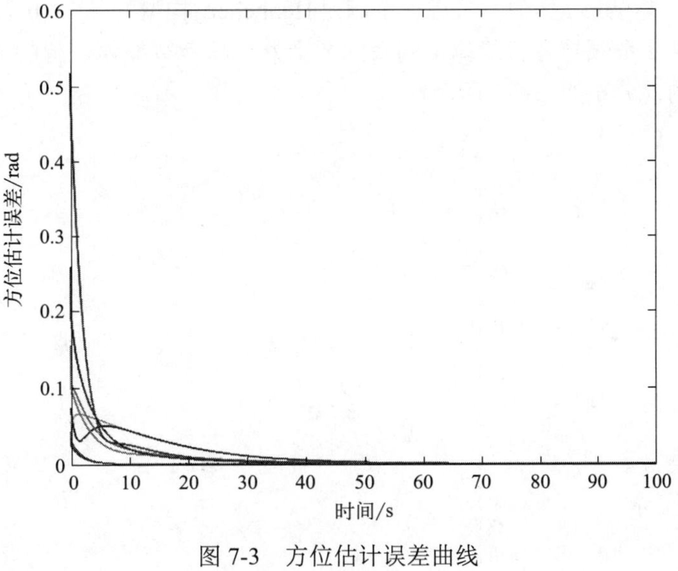

图 7-3　方位估计误差曲线

跟随者智能体估计位置的收敛轨迹如图 7-2 所示，其中三角形是初始估计位置，曲线表示估计位置的收敛过程。如图 7-3 所示，跟随者智能体的方位估计误差 $\left\|\hat{\boldsymbol{R}}(\theta_i)-\boldsymbol{R}(\theta_i)\right\|$ 能够渐近收敛到零。跟随者智能体的位置估计误差 $\|\hat{c}_i-c_i\|$ 如图 7-4 所示，可以发现跟随者智能体能够精确的估计出自身在全局参考框架下的绝对位置。基于图 7-2 ~ 图 7-4 中的仿真结果可以得出如下结论，所提出的估计算法式（7-1）和算法

式（7-2）能够保证仅局部方位信息可用条件下多智能体系统的精确方位估计和位置估计。

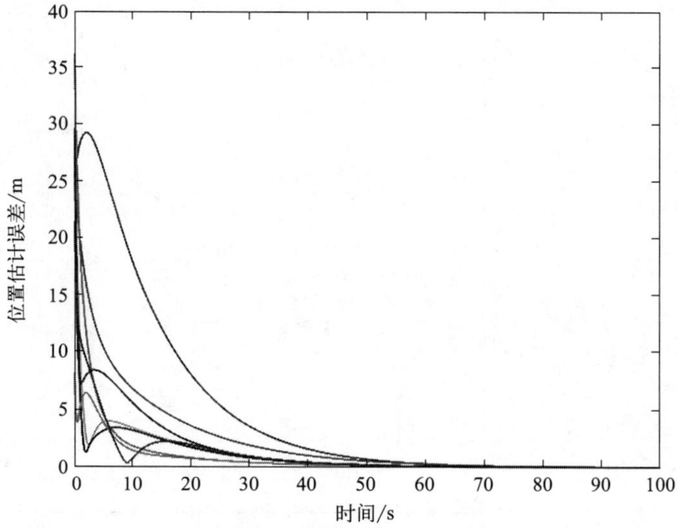

图 7-4 位置估计误差曲线

情形 2 有界测量噪声条件。

与情形1类似，考虑一个满足Henneberg构型的包含10个智能体的多智能体系统，其中2个领导者智能体，剩余的8个为跟随者智能体。智能体的方位和位置是随机给定的，分布如图 7-5 所示。

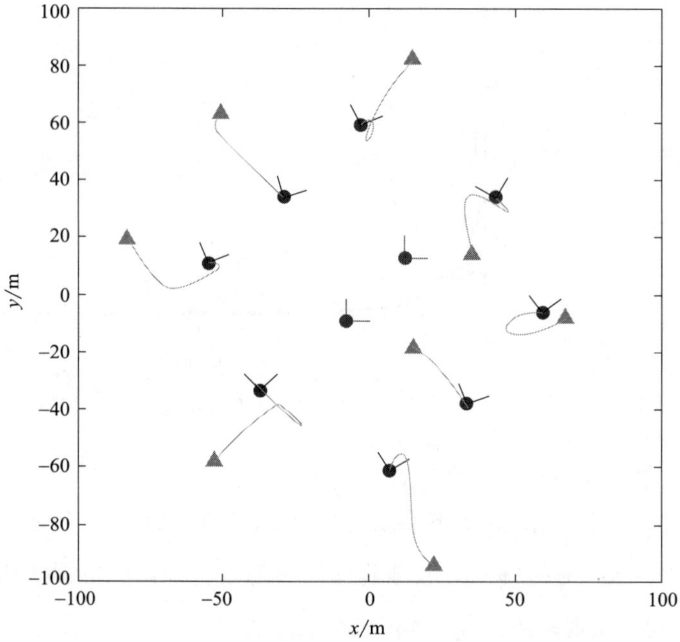

图 7-5 跟随者智能体估计位置的收敛轨迹

测量噪声满足高斯分布，其数学期望为零，方差为 $\frac{\boldsymbol{b}_{jk}^{i}}{10}$。选择参数为 $h=5$，$\lambda=0.1$，$\alpha=0.2$，$\beta=5$，设置指定收敛时间的上限为 $T=4\text{s}$。初始估计值任意给定，应用估计算法式（7-28）和算法式（7-29），仿真结果如图 7-5 ~ 图 7-7 所示。

跟随者智能体估计位置的收敛轨迹如图 7-5 所示，其中三角形是初始估计值，曲线是估计位置的收敛轨迹。图 7-6 给出了所有跟随者智能体的方位估计误差曲线，可以发现方位估计误差 $\left\|\hat{\boldsymbol{R}}(\theta_i)-\boldsymbol{R}(\theta_i)\right\|$ 在 $T=4\text{s}$ 时收敛到零。位置估计误差曲线如图 7-7 所示，仿真结果显示位置估计误差 $\left\|\hat{c}_i-c_i\right\|$ 也能够在第 4 秒收敛到零的邻域内。

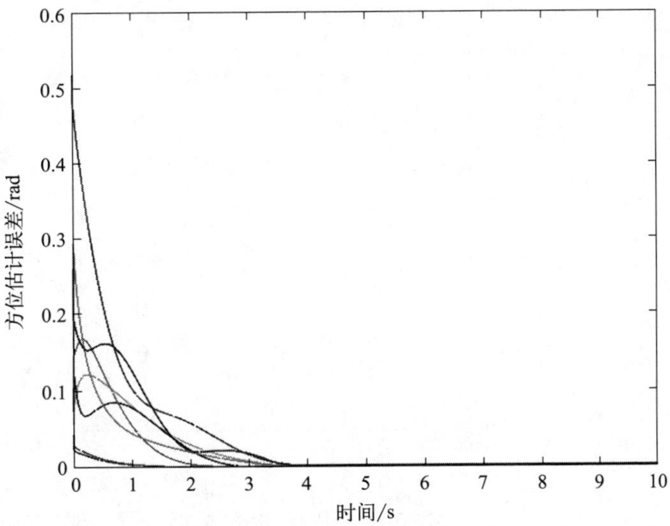

图 7-6　方位估计误差曲线

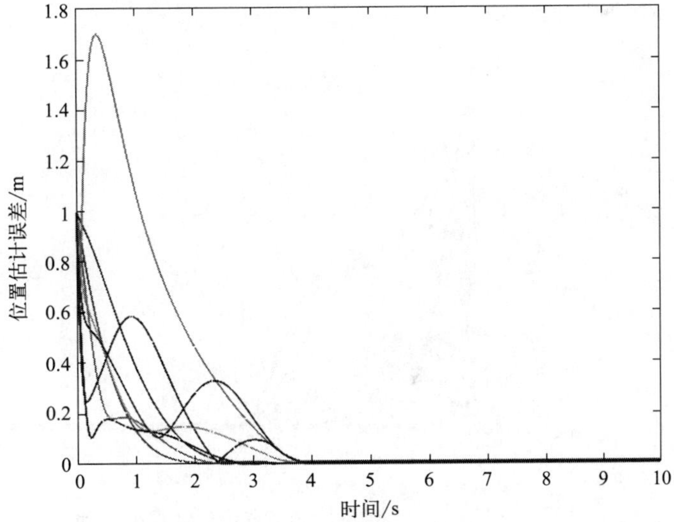

图 7-7　位置估计误差曲线

需要指出的是，方位估计和位置估计是同步进行的，这导致大多数跟随者智能体的位置估计误差曲线先发散，然后随着方位估计误差的收敛而收敛。

进一步，为了测试估计算法式（7-28）和算法式（7-29）的可扩展性，根据Henneberg构型将智能体的数量增加到26个，其中圆形智能体是新添加的跟随者智能体。

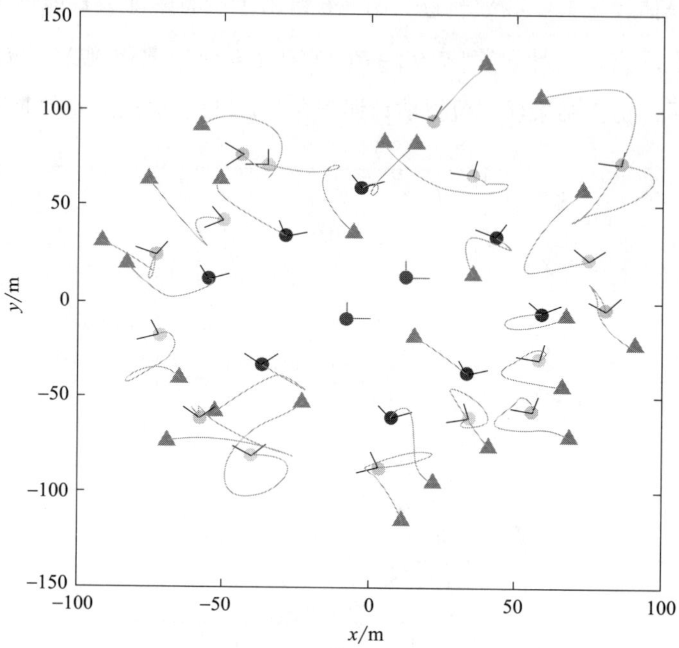

图 7-8　跟随者智能体估计位置的收敛轨迹

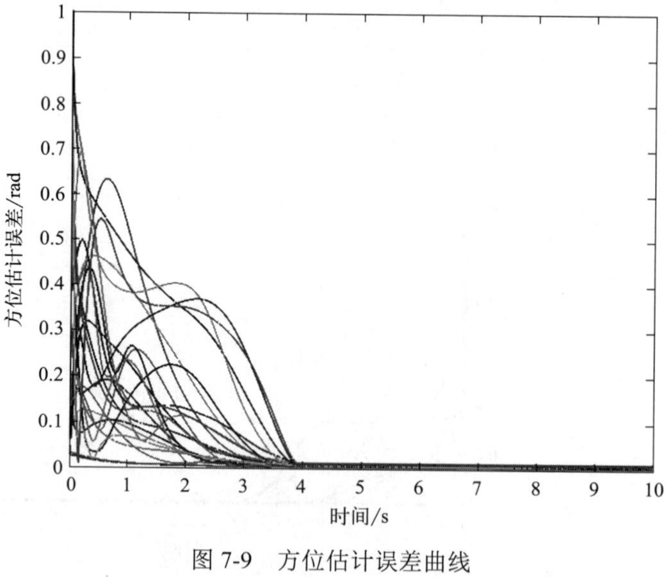

图 7-9　方位估计误差曲线

估计算法中的参数保持不变，仿真结果如图 7-8 ~ 图 7-10 所示。通过仿真结果可以看出，跟随者智能体仍然能够在指定时间收敛，并且方位估计误差和位置估计误差都收敛到零的领域内。由此可以得出如下结论：所提出的鲁棒指定时间分布定位估计算法可以应用于大规模的多智能体系统。

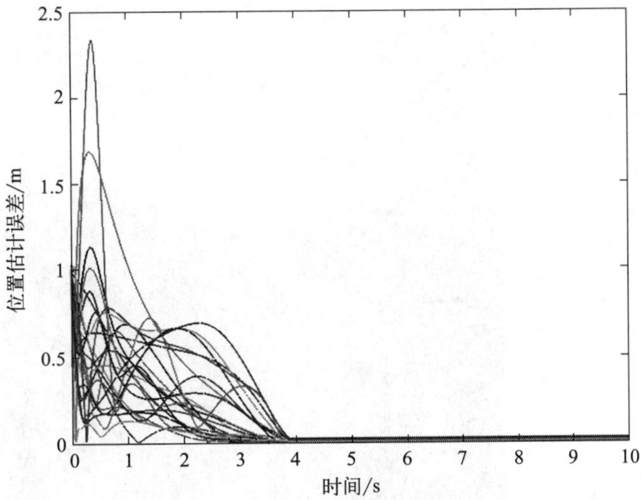

图 7-10　位置估计误差曲线

7.5.2　实验验证

在本小节中，将利用 10 架带有被动球形标记的小型四旋翼无人机来验证算法式（7-28）和算法式（7-29）的有效性和实用性，并对实验结果进行讨论和分析。OptiTrack 系统是一种高精度的光学运动捕捉系统，用于捕捉附着在四旋翼无人机上的发光标记点，如图 7-11 所示。

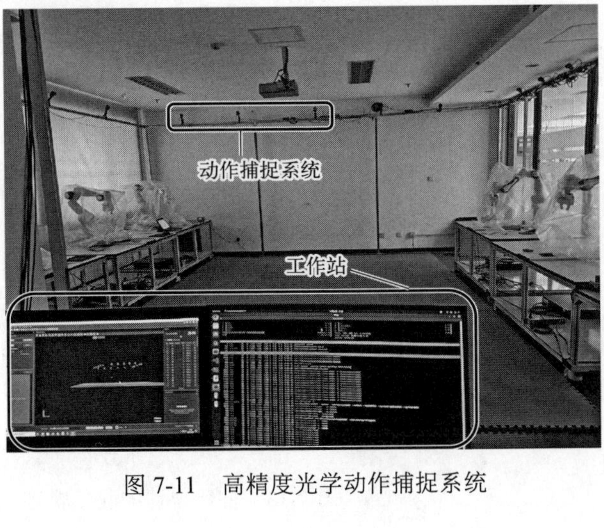

图 7-11　高精度光学动作捕捉系统

图 7-12 展示了 10 架无人机的分布。无人机的位置信息通过 OptiTrack 系统获得，领导者无人机能够直接获取自身的全局绝对位置，跟随者无人机则需要根据感知信息和与邻居的通信来估计自身的位置，其中感知的局部方位信息可通过 OptiTrack 系统测量计算得到。

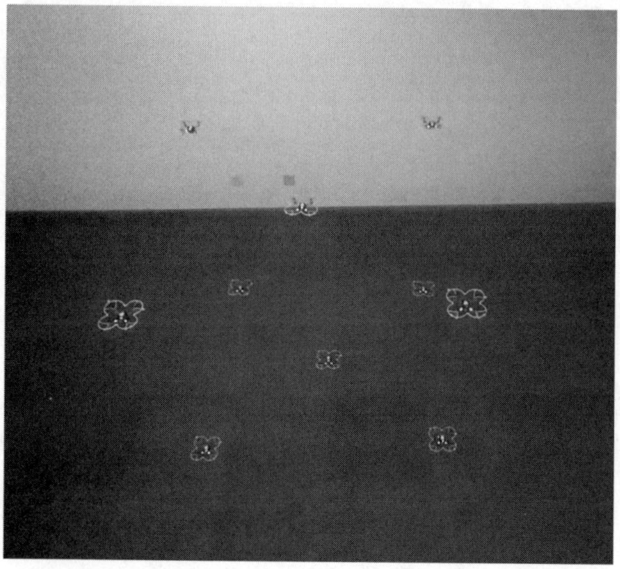

图 7-12　无人机的分布示意图

跟随者无人机的初始估计值随机给出。由于在测量局部方位信息时存在测量噪声，因此不再手动添加额外的测量噪声。选择参数为 $h=3$，$\lambda=0.15$，$\alpha=4$，$\beta=5$，并设置指定收敛时间上限为 $T=4\text{s}$。应用所提出的定位估计算法式（7-28）~ 算法式（7-29），实验结果如图 7-13 ~ 图 7-15 所示。

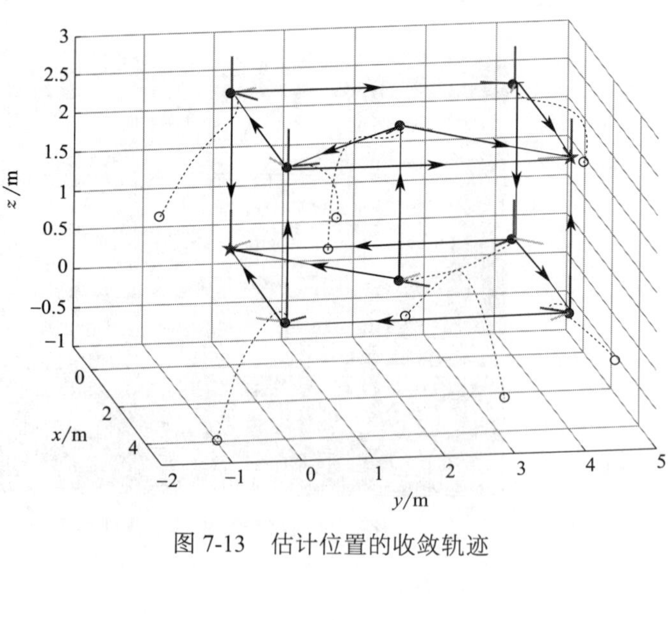

图 7-13　估计位置的收敛轨迹

跟随者无人机估计位置的收敛轨迹如图 7-13 所示，其中 2 架领导者无人机用五角星标记，其余 8 架跟随者无人机用圆标记。每架跟随者无人机都具有自己的局部参考框架，局部参考框架的方向由 x-y-z 表示。需要指出的是，每个无人机的 z 轴与全局参考框架的 z 轴对齐。箭头表示无人机可以测量其邻居的局部方位信息，并接收邻居发送的位置估计信息。

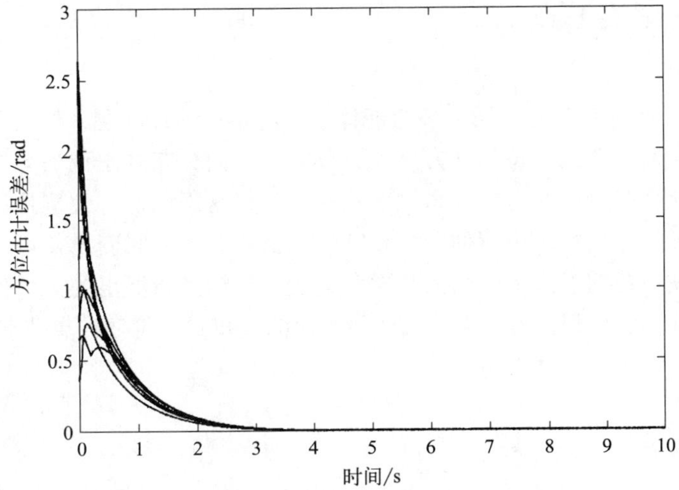

图 7-14　方位估计误差曲线

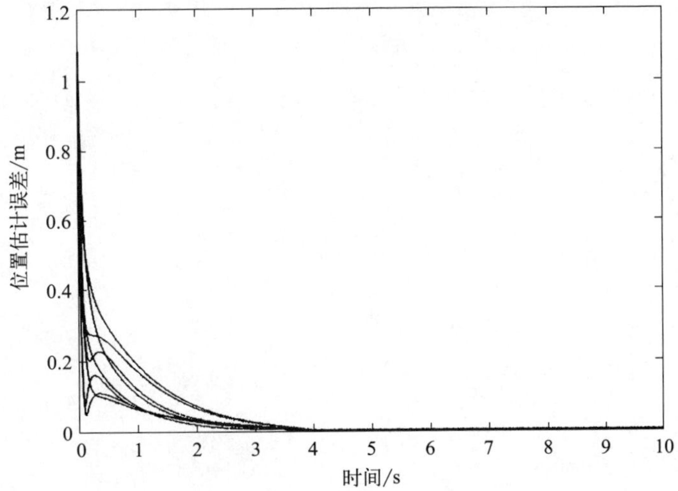

图 7-15　位置估计误差曲线

图 7-14 显示了所有跟随者无人机的方位估计误差曲线。可以发现，估计误差能够在时间 $T = 4\text{s}$ 时收敛到零的邻域内。位置估计误差曲线如图 7-15 所示，通过仿真结果可以发现位置估计误差也能够在第 4 秒收敛到零的领域内。

仿真模拟和实验结果验证了所提出的分布式定位估计方案的有效性和实用性。由此可以得出如下结论：①所提出的基于局部方位信息的连续时间分布式定位估计方案能够保证多智能体系统的精确方位估计和全局位置估计。②所提出的鲁棒指定时间分布定位估计方案可以在有界测量噪声下实现指定时间方位对齐和全局绝对位置估计。③所提出的满足 Henneberg 构型的定位估计方案适用于大规模的多智能体系统。

7.6 本章小结

本章针对有向图下多智能体系统的定位估计问题，提出了基于局部方位信息的连续时间分布式定位估计方案和鲁棒指定时间分布式定位估计方案。每个跟随者智能体都能够在全局参考框架未知的情形下，仅基于局部方位测量和与邻居的通信实现方位对齐和全局绝对位置估计。设计的无偏估计器和时变增益可以有效抑制测量噪声。在级联系统的基础上，引入数学归纳法，证明了所提出的一系列定位估计方案的全局收敛性。仿真和实验结果验证了所提出的分布式定位估计算法的有效性和实用性。

第 8 章

局部方位测量下多智能体系统分布式定位与编队一体化

8.1 概述
8.2 问题描述
8.3 静态目标分布式定位与编队控制
8.4 动态目标分布式定位与编队控制
8.5 仿真与实物实例
8.6 本章小结

本章将基于局部方位角信息，针对多智能体系统的静态目标编队控制和动态目标编队控制问题展开研究。首先考虑多智能体系统的静态目标编队控制问题。通过仅使用局部方位测量信息，提出一种指定时间分布式方位估计和初始位置估计算法。在方位估计的基础上，设计一种指定时间分布式编队控制方案，用于解决多智能体系统静态目标编队控制问题。进一步考虑具有匀速直线运动特性的多智能体系统编队控制问题。结合所设计的方位估计算法，设计一种指定时间分布式动态目标编队控制算法，确保跟随者智能体在指定时间实现编队控制。基于级联系统证明多智能体系统在所设计控制策略下的全局收敛性。提供数值仿真和实物实验验证了所提出的定位与编队控制算法的有效性和可实现性。

8.1 概述

编队控制作为多智能体协同控制的一个重要研究领域，近几十年来得到了广泛的研究。现有的多智能体编队控制方法根据目标编队的期望几何构型可分为两类：基于邻居之间的相对位置或基于相对距离定义的期望编队[161,162]。基于相对位置的方法能够实现编队的平移机动，而基于相对距离的方法可以实现编队的平移和旋转。近年来，随着视觉传感器和无线传感器阵列的发展，基于方位测量的编队控制方法研究受到了专家学者的广泛关注[69,163,164]。

基于方位的编队控制算法，其目标编队的几何构型由期望的相邻方位角来定义。由于相对方位角较为容易获得，仅基于方位角的控制算法为使用机载传感器的多智能体系统实现编队控制提供了潜在的解决方案。基于平行刚性理论，Bishop 等学者[117]引入了方位约束刚性矩阵，提出了一种具有局部渐近稳定性的控制算法，但该算法仍然需要测量相对位置。通过引入分散位置估计器，Giordano 等研究人员[118]消除了这一要求。Zhao 和 Zelazo 等研究人员[70]将方位刚性理论扩展至任意维，并提出了具有几乎全局渐近稳定性的无限小方位刚性编队控制算法。Zhao 等在文献 [120] 中进一步提出了方位拉普拉斯矩阵来表征方位刚性结构的代数性质。在上述工作的基础上，Ding 等研究人员[121]设计了一种新的纯方位的编队控制算法，保证了全局指数收敛。

尽管在纯方位编队控制方面取得了很多进展，但由于编队动态的高度非线性，该领域仍然存在许多重要问题尚未解决。现有的基于方位的编队控制算法都是在全局参考框架已知的条件下提出的，控制算法中用到的都是全局方位角信息。而在实际应用中，每个智能体都具有自己的局部参考框架，局部方位角信息的获取要比全局方位角信息容易得多，也更符合实际的应用需求。因此局部参考框架下多智能体系统的分布式定位估计与编队控制仍然是一个开放课题，值得深入研究。

与此同时，多智能体系统编队控制往往对任务时间存在一定要求，收敛时间被视为一个重要的性能指标。为了实现更快的收敛速度，有限时间控制在多智能体系统中得到了系统研究。Zhao 等[122]利用符号函数来抑制相对方位误差，实现了有限时间收敛。文献 [123] 和 [124] 实现了有限时间无限小方位刚性编队的几乎全局收敛。在最近的研究中，Zhao 和 Ding 等又将结果推广到了指定时间收敛 [125]。上述工作都是在全局参考框架已知的条件下展开的，有关局部参考框架下多智能体系统的具备快速收敛特性的编队控制问题尚未得到研究。

本章聚焦于基于局部方位的多智能体系统指定时间分布式定位估计与编队控制问题。设计了一种新颖的仅基于局部方位角的指定时间方位对齐和初始位置估计算法，用于解决智能体方位和初始位置未知的问题。在方位估计算法的基础上，针对静态目标和动态目标编队控制问题，分别提出了一种指定时间分布式编队控制算法，保证了多智能体系统的全局收敛性。本章主要贡献总结如下：

①设计了仅基于局部方位信息的方位估计与初始位置估计算法，消除了初始方位角小于 π 的约束，且不需要 Gram-Schmidt 正交化。②首次在局部参考框架下提出了基于局部方位信息的指定时间静态和动态目标分布式定位与编队控制方案，实现了多智能体系统快速可控的定位估计与编队控制。

本章的剩余部分安排如下：第 8.2 节给出了问题描述；在第 8.3 节中，提供了静态目标分布式定位与编队控制算法设计及其收敛性分析；第 8.4 节给出了动态目标分布式定位与编队控制算法设计；第 8.5 节是仿真和实物验证；第 8.6 节对本章的工作进行了总结。

8.2 问题描述

考虑一个单积分器智能体模型：

$$\dot{p}_i = u_i \tag{8-1}$$

$$p_i = [x_i, y_i] \in R^2$$

式中，p_i 为智能体 i 在全局参考框架下的坐标；u_i 为需要设计的控制输入，一般表示智能体的速度。

每一个跟随者智能体都有自己的局部参考框架，且唯一能够获取的量测信息为局部方位角。对于跟随者智能体 i 来说，其初始坐标 $p_i = [x_i, y_i]$ 是未知的，与此同时智能体 i 自身的参考框架与全局参考框架之间的夹角 θ_i 也是未知的。图 8-1 给出了局部参考框架下的方位角测量示例。

期望目标编队的定义给出如下。

① 静态目标编队 p^*：给定领导者智能体 j 的时不变全局坐标 p_j^*，跟随者智能体与邻居智能体之间满足期望的时不变相邻方位角 g_{ij}^*。

② 动态目标编队 $p^*(t)$：给定领导者智能体 j 的时变全局坐标 $p_j^*(t)$，跟随者智能体与邻居智能体之间满足期望的时不变相邻方位角 g_{ij}^*。

说明 8-1 目标编队是由恒定的期望方位角信息和领导者的坐标决定的。在本工作中，给出的期望方位角信息和领导者的坐标确保了目标编队的存在，同时基于方位角信息和领导者坐标能够唯一的确定编队的队形，期望的相邻方位角和领导者位置满足方位角刚性理论[121]。

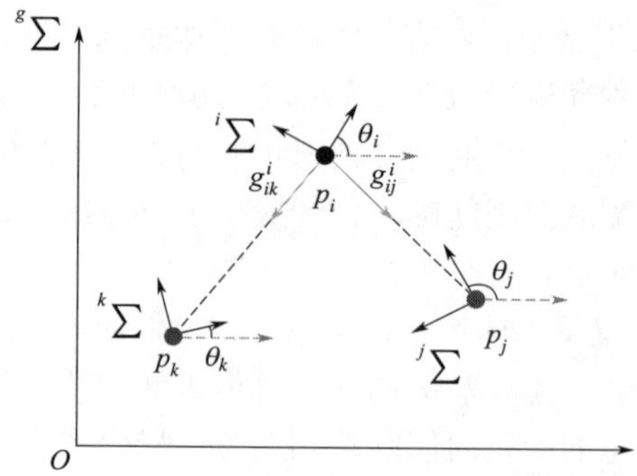

图 8-1　局部参考框架下的方位角测量示例

在这项工作中，对所考虑的多智能体系统给出如下假设。

假设 8-1 多智能体系统的通信拓扑图满足 Henneberg 构型。

本章的控制目标是基于局部方位信息设计指定时间分布式定位与编队控制算法，驱动智能体实现期望的目标编队：静态目标编队和动态目标编队。具体描述如下：对于智能体 i，基于量测的局部方位信息 g_{ij}^i 和 g_{ik}^i，设计分布式方位估计器 $\dot{\hat{g}}_{jk}$、初始位置估计器 $\dot{\hat{p}}_i$ 和控制器 u_i，在指定时间驱动智能体运动至满足期望相邻方位角 g_{ij}^* 的位置。

8.3　静态目标分布式定位与编队控制

在本小节中，考虑了多智能体系统静态目标分布式定位与编队控制。针对智能体全局参考框架下方位角信息未知和初始位置未知等问题，设计了一种指定时间分布式定位与编队控制方案。

8.3.1　估计器与控制器设计

针对跟随者智能体 i，设计了一种分布式定位估计与编队控制方案。具体算法给出如下：

$$\dot{\hat{g}}_{jk}=-\left(a+b\frac{\dot{\mu}}{\mu}\right)\boldsymbol{Q}_{\hat{g}_{jk}}\hat{\boldsymbol{R}}(\theta_i)g_{jk}^i \tag{8-2}$$

$$\dot{\hat{p}}_i=-\left(a+b\frac{\dot{\mu}}{\mu}\right)\left[\boldsymbol{Q}_{\hat{g}_{ij}}\left(\hat{\boldsymbol{p}}_i-\hat{\boldsymbol{p}}_j\right)+\boldsymbol{Q}_{\hat{g}_{ik}}\left(\hat{\boldsymbol{p}}_i-\hat{\boldsymbol{p}}_k\right)\right] \tag{8-3}$$

$$u_i = -\left(a + b\frac{\dot{\mu}}{\mu}\right)\left[\boldsymbol{Q}_{g_{ij}^*}\left(-\hat{g}_{ij}\right) + \boldsymbol{Q}_{g_{ik}^*}\left(-\hat{g}_{ik}\right)\right] \tag{8-4}$$

$$\hat{g}_{ij} = \hat{\boldsymbol{R}}(\theta_i)g_{ij}^i, \quad \hat{g}_{ik} = \hat{\boldsymbol{R}}(\theta_i)g_{ik}^i, \quad \tilde{g}_{jk} = \frac{\hat{p}_j - \hat{p}_k}{\left\|\hat{p}_j - \hat{p}_k\right\|}, \quad g_{jk}^i = \frac{g_{ik}^i - g_{ij}^i}{\left\|g_{ik}^i - g_{ij}^i\right\|}$$

式中，g_{ij}^*，g_{ik}^* 为期望的相邻方位角。

说明 8-2 算法式（8-3）是对初始位置的估计。因为智能体的方位估计依赖于精确的位置估计，所以只需要估计智能体的初始位置即可。

说明 8-3 静态目标编队，即领导者智能体的位置不变。仅基于量测的局部方位角信息和给定的期望相邻方位角设计控制器，驱动跟随者智能体移动到满足期望相邻方位角的位置，并在该位置保持静止。换句话说，通过领导者的位置信息和给定的期望相邻方位角就可以唯一确定跟随者智能体的位置，可称之为期望位置。

为了更好地描述所提出的指定时间分布式定位与编队控制方案式（8-2）~方案式（8-4）的运行过程，在图 8-2 中给出了详细的算法执行框图。

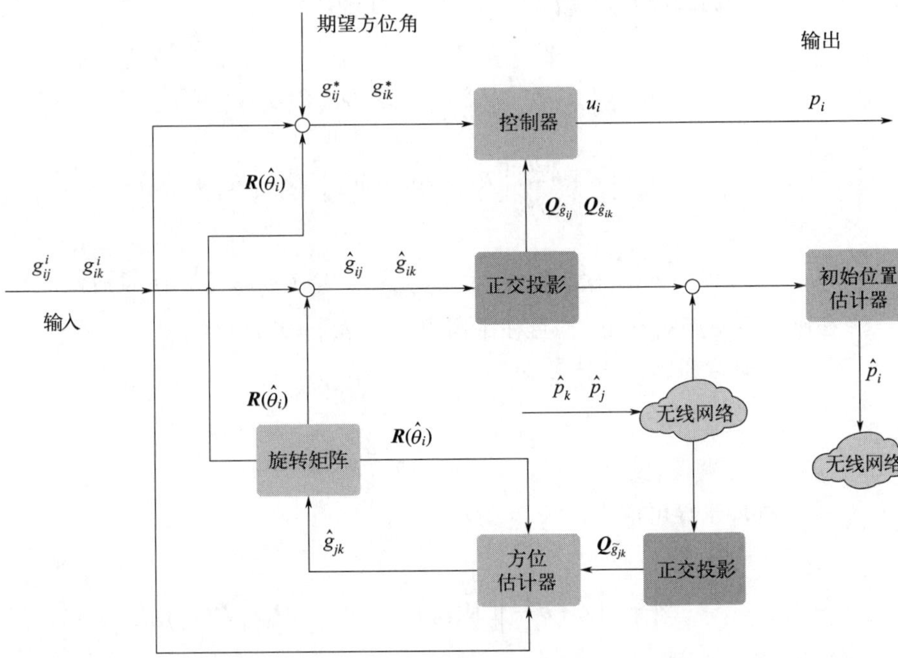

图 8-2　静态目标定位与编队控制方案框图

8.3.2 收敛性分析

本小节将给出指定时间分布式定位与编队控制方案式（8-2）~方案式（8-4）的收敛性定理和证明。

定理 8-1 如果多智能体系统满足假设 8-1，应用所提出的指定时间分布式定位与编队控制方案式（8-2）~方案式（8-4），可以保证估计旋转矩阵 $\hat{\boldsymbol{R}}(\theta_i)$ 和估计初始位置 $\hat{p}_i$ 在指定时间收敛到真实的旋转矩阵 $\boldsymbol{R}(\theta_i)$ 和真实的初始位置 p_i，跟随者智能体在指定时间运动至期望位置 p_i^*。

证明：

证明主要分为两部分。第 1 部分：证明在指定时间估计旋转矩阵 $\hat{\boldsymbol{R}}(\theta_3)$ 收敛至 $\boldsymbol{R}(\theta_3)$，初始位置估计值 $\hat{p}_3$ 收敛至初始位置真实值 p_3，实时位置收敛至期望位置 p_3^*。第 2 部分：证明在指定时间估计旋转矩阵 $\hat{\boldsymbol{R}}(\theta_i)$ 收敛至 $\boldsymbol{R}(\theta_i)$，$\hat{p}_i$ 收敛至 p_i，实时位置收敛至期望位置 p_i^*。

第 1 部分：估计的旋转矩阵 $\hat{\boldsymbol{R}}(\theta_3)$，初始的估计位置 $\hat{p}_3$ 以及实时位置的收敛性证明。

对于跟随者智能体 3，算法式（8-2）在平衡点处满足：

$$0=-\left(a+b\frac{\dot{\mu}}{\mu}\right)\boldsymbol{Q}_{g12}\boldsymbol{R}(\hat{\theta}_3)g_{12}^3 \tag{8-5}$$

等式两端同时左乘 $(\hat{g}_{12}-g_{12})^{\mathrm{T}}$，可以得到：

$$\begin{aligned}0&=-\left(a+b\frac{\dot{\mu}}{\mu}\right)(\hat{g}_{12}-g_{12})^{\mathrm{T}}\boldsymbol{Q}_{g12}\boldsymbol{R}\left(\hat{\theta}_3\right)g_{12}^3\\&=-\left(a+b\frac{\dot{\mu}}{\mu}\right)\left[\boldsymbol{R}\left(\hat{\theta}_3\right)g_{12}^3-g_{12}\right]^{\mathrm{T}}\boldsymbol{Q}_{g12}\left[\boldsymbol{R}\left(\hat{\theta}_3\right)g_{12}^3-g_{12}\right]\end{aligned} \tag{8-6}$$

当且仅当 $\boldsymbol{R}\left(\hat{\theta}_3\right)g_{12}^3-g_{12}=0$ 时，等式（8-6）成立。换句话说，算法式（8-2）存在唯一平衡点 $\hat{g}_{12}=g_{12}$，且在平衡点处 $\boldsymbol{R}\left(\hat{\theta}_3\right)=\boldsymbol{R}(\theta_3)$。

设计李雅普诺夫函数如下：

$$V_1=\frac{1}{2}\left\|\hat{g}_{12}-g_{12}\right\|^2 \tag{8-7}$$

对 V_1 求导可得：

$$\begin{aligned}\dot{V}_1&=-\left(a+b\frac{\dot{\mu}}{\mu}\right)\left[\boldsymbol{R}\left(\hat{\theta}_3\right)g_{12}^3-g_{12}\right]^{\mathrm{T}}\boldsymbol{Q}_{g12}\left[\boldsymbol{R}\left(\hat{\theta}_3\right)g_{12}^3-g_{12}\right]\\&\leqslant-2\left(a+b\frac{\dot{\mu}}{\mu}\right)\lambda_{Q_{g12}}V_1\\&=-2a\lambda_{Q_{g12}}V_1-2b\lambda_{Q_{g12}}\frac{\dot{\mu}}{\mu}V_1\end{aligned} \tag{8-8}$$

式中，$\lambda_{Q_{g12}}$ 为矩阵 $\boldsymbol{Q}_{g12}$ 的最小特征值，$\lambda_{Q_{g12}}\geqslant 0$。

由式（8-8）可知，$\dot{V}_1\leqslant-\alpha_1V_1-\beta_1\frac{\dot{\mu}}{\mu}V_1$，其中 $\alpha_1=2a\lambda_{Q_{g12}}$，$\beta_1=2b\lambda_{Q_{g12}}$。根据引

理 1-1 可得 $V_1(t)\begin{cases}\leqslant \mu^{-\beta_1}e^{-\alpha_1 t}V_1(0), t\in[0,T)\\ \equiv 0, t\in[T,\infty)\end{cases}$，这意味着 $\hat{g}_{12}$ 能够在指定时间 T 收敛至 g_{12}，即 $\boldsymbol{R}(\hat{\theta}_3)\to\boldsymbol{R}(\theta_3)$。

接下来将证明在指定时间 $\hat{p}_3\to p_3$，p_3 表示智能体 3 真实的初始位置。

对于智能体 3，算法式（8-2）在平衡点处满足:

$$0=-\left(a+b\frac{\dot{\mu}}{\mu}\right)\left[\boldsymbol{Q}_{\hat{g}_{31}}\left(\hat{p}_3-p_1\right)+\boldsymbol{Q}_{\hat{g}_{32}}\left(\hat{p}_3-p_2\right)\right] \tag{8-9}$$

等式两端同时左乘 $\left(\hat{p}_3-p_3\right)^{\mathrm{T}}$，可以得到:

$$\begin{aligned}0&=-\left(a+b\frac{\dot{\mu}}{\mu}\right)\left(\hat{p}_3-p_3\right)^{\mathrm{T}}\left[\boldsymbol{Q}_{\hat{g}_{31}}\left(\hat{p}_3-p_1\right)+\boldsymbol{Q}_{\hat{g}_{32}}\left(\hat{p}_3-p_2\right)\right]\\&=-\left(a+b\frac{\dot{\mu}}{\mu}\right)\left(\hat{p}_3-p_3\right)^{\mathrm{T}}\left[\boldsymbol{Q}_{\hat{g}_{31}}\left(\hat{p}_3-p_3+p_3-p_1\right)+\boldsymbol{Q}_{\hat{g}_{32}}\left(\hat{p}_3-p_3+p_3-p_2\right)\right]\end{aligned} \tag{8-10}$$

已经证明当 $t\to T$ 时，$\hat{g}_{31}\to g_{31}$，$\hat{g}_{32}\to g_{32}$。因此，等式（8-10）可以被重新表述如下:

$$0=-\left(a+b\frac{\dot{\mu}}{\mu}\right)\left(\hat{p}_3-p_3\right)^{\mathrm{T}}\left[\boldsymbol{Q}_{g_{31}}\left(\hat{p}_3-p_3\right)+\boldsymbol{Q}_{\hat{g}_{32}}\left(\hat{p}_3-p_3\right)\right] \tag{8-11}$$

当且仅当 $\hat{p}_3=p_3$ 时，等式（8-11）成立。

选择李雅普诺夫函数如下:

$$V_2=\frac{1}{2}\left\|\hat{p}_3-p_3\right\|^2 \tag{8-12}$$

对 V_2 求导，根据等式（8-9）至式（8-11）的分析可得:

$$\begin{aligned}\dot{V}_2&=-\left(a+b\frac{\dot{\mu}}{\mu}\right)\left(\hat{p}_3-p_3\right)^{\mathrm{T}}\left(\boldsymbol{Q}_{g_{31}}+\boldsymbol{Q}_{g_{32}}\right)\left(\hat{p}_3-p_3\right)\\&\leqslant-2\left(a+b\frac{\dot{\mu}}{\mu}\right)\lambda_{Q_{g31}+Q_{g32}}V_2\end{aligned} \tag{8-13}$$

式中，$\lambda_{Q_{g31}+Q_{g32}}$ 为矩阵 $\boldsymbol{Q}_{g_{31}}+\boldsymbol{Q}_{g_{32}}$ 的最小特征值，$\lambda_{Q_{g31}+Q_{g32}}\geqslant 0$。

从式（8-13）可知，$\dot{V}_2\leqslant-\alpha_2V_2-\beta_2\frac{\dot{\mu}}{\mu}V_2$，其中 $\alpha_2=2a\lambda_{Q_{g31}+Q_{g32}}$，$\beta_2=2b\lambda_{Q_{g31}+Q_{g32}}$。根据引理 1-1，可得 $V_2(t)\begin{cases}\leqslant \mu^{-\beta_2}e^{-\alpha_2 t}V_2(0), t\in[0,T)\\ \equiv 0, t\in[T,\infty)\end{cases}$。可以得出结论，在指定时间 $2T$，$\hat{p}_3\to p_3$。

接下来证明，智能体 3 在指定时间运动至期望位置 p_3^*。

对于智能体 3，控制器式（8-4）在平衡点处满足：

$$0=-\left(a+b\frac{\dot{\mu}}{\mu}\right)\left[\boldsymbol{Q}_{g_{31}^*}\left(-\hat{g}_{31}\right)+\boldsymbol{Q}_{g_{32}^*}\left(-\hat{g}_{32}\right)\right] \tag{8-14}$$

等式（8-14）两边同时左乘 $\left(p_3-p_3^*\right)^{\mathrm{T}}$ 可以得到：

$$\begin{aligned}0&=-\left(p_3-p_3^*\right)^{\mathrm{T}}\left(a+b\frac{\dot{\mu}}{\mu}\right)\left[\boldsymbol{Q}_{g_{31}^*}\left(-\hat{g}_{31}\right)+\boldsymbol{Q}_{g_{32}^*}\left(-\hat{g}_{32}\right)\right]\\&=-\left(p_3-p_3^*\right)^{\mathrm{T}}\left(a+b\frac{\dot{\mu}}{\mu}\right)\left\{\boldsymbol{Q}_{g_{31}^*}\left[-\hat{\boldsymbol{R}}(\theta_3)g_{31}^3\right]+\boldsymbol{Q}_{g_{32}^*}\left[-\hat{\boldsymbol{R}}(\theta_3)g_{32}^3\right]\right\}\end{aligned} \tag{8-15}$$

根据 $\hat{\boldsymbol{R}}(\theta_3)$ 的收敛性分析可知，当 $t\to T$ 时，$\hat{g}_{31}\to g_{31}$，$\hat{g}_{32}\to g_{32}$，即 $\hat{\boldsymbol{R}}(\theta_3)\to\boldsymbol{R}(\theta_3)$。等式（8-15）变为

$$\begin{aligned}0&=-\left(p_3-p_3^*\right)^{\mathrm{T}}\left(a+b\frac{\dot{\mu}}{\mu}\right)\left[\boldsymbol{Q}_{g_{31}^*}\left(-g_{31}\right)+\boldsymbol{Q}_{g_{32}^*}\left(-g_{32}\right)\right]\\&=-\left(p_3-p_3^*\right)^{\mathrm{T}}\left(a+b\frac{\dot{\mu}}{\mu}\right)\left(\boldsymbol{Q}_{g_{31}^*}\frac{p_3-p_1}{\left\|p_3-p_1\right\|}+\boldsymbol{Q}_{g_{32}^*}\frac{p_3-p_2}{\left\|p_3-p_2\right\|}\right)\\&=-\left(p_3-p_3^*\right)^{\mathrm{T}}\left(a+b\frac{\dot{\mu}}{\mu}\right)\left(\boldsymbol{Q}_{g_{31}^*}\frac{p_3-p_1-p_3^*+p_3^*}{\left\|p_3-p_1\right\|}+\boldsymbol{Q}_{g_{32}^*}\frac{p_3-p_2-p_3^*+p_3^*}{\left\|p_3-p_2\right\|}\right)\end{aligned} \tag{8-16}$$

式中，$-g_{31}=g_{13}$，$-g_{32}=g_{23}$。

因为智能体 1 和 2 是领导者，所以领导者的期望位置坐标与实际位置坐标相同，即 $p_1=p_1^*$，$p_2=p_2^*$。因此，等式（8-16）可重新表述为

$$\begin{aligned}0=&-\left(p_3-p_3^*\right)^{\mathrm{T}}\left(a+b\frac{\dot{\mu}}{\mu}\right)\\&\times\left(\boldsymbol{Q}_{g_{31}^*}\frac{\left(p_3-p_3^*\right)+\left(p_3^*-p_1^*\right)}{\left\|p_3-p_1^*\right\|}+\boldsymbol{Q}_{g_{32}^*}\frac{\left(p_3-p_3^*\right)+\left(p_3^*-p_2^*\right)}{\left\|p_3-p_2^*\right\|}\right)\end{aligned} \tag{8-17}$$

根据正交投影矩阵的性质可知 $\boldsymbol{Q}_{g_{31}^*}\left(p_3^*-p_1^*\right)=0$，$\boldsymbol{Q}_{g_{32}^*}\left(p_3^*-p_2^*\right)=0$。因此，可以得到如下结果：

$$0=-\left(p_3-p_3^*\right)^{\mathrm{T}}\left(a+b\frac{\dot{\mu}}{\mu}\right)\left(\boldsymbol{Q}_{g_{31}^*}\frac{p_3-p_3^*}{\left\|p_3-p_1^*\right\|}+\boldsymbol{Q}_{g_{32}^*}\frac{p_3-p_3^*}{\left\|p_3-p_2^*\right\|}\right) \tag{8-18}$$

当且仅当 $p_3=p_3^*$ 时，等式（8-18）成立。对于智能体 3 来说，算法式（8-4）存在唯一的平衡点 $p_3=p_3^*$。

设计李雅普诺夫函数如下：

$$V_3=\frac{1}{2}\left\|p_3-p_3^*\right\|^2 \tag{8-19}$$

对函数求导，基于式（8-14）至式（8-18）的分析可得：

$$\begin{aligned}\dot{V}_3&=-\left(p_3-p_3^*\right)^{\mathrm{T}}\left(a+b\frac{\dot{\mu}}{\mu}\right)\left(\boldsymbol{Q}_{g_{31}^*}\frac{p_3-p_3^*}{\left\|p_3-p_1^*\right\|}+\boldsymbol{Q}_{g_{32}^*}\frac{p_3-p_3^*}{\left\|p_3-p_2^*\right\|}\right)\\&\leqslant-\frac{2}{\left\|p_3-p_1^*\right\|}\left(a+b\frac{\dot{\mu}}{\mu}\right)\lambda_{Q_{g_{31}^*}}V_3-\frac{2}{\left\|p_3-p_2^*\right\|}\left(a+b\frac{\dot{\mu}}{\mu}\right)\lambda_{Q_{g_{32}^*}}V_3\end{aligned} \tag{8-20}$$

式中，$\lambda_{Q_{g_{31}^*}}$，$\lambda_{Q_{g_{32}^*}}$ 为矩阵 $\boldsymbol{Q}_{g_{31}^*}$ 和 $\boldsymbol{Q}_{g_{32}^*}$ 的最小特征值，$\lambda_{Q_{g_{31}^*}}\geqslant 0$，$\lambda_{Q_{g_{32}^*}}\geqslant 0$。

从式（8-20）可知，$\dot{V}_3=-\alpha_3V_3-\beta_3\frac{\dot{\mu}}{\mu}V_3$，其中：

$$\alpha_3=\left(\frac{2}{\left\|p_3-p_1^*\right\|}\lambda_{Q_{g_{31}^*}}+\frac{2}{\left\|p_3-p_2^*\right\|}\lambda_{Q_{g_{32}^*}}\right)a,\quad \beta_3=\left(\frac{2}{\left\|p_3-p_1^*\right\|}\lambda_{Q_{g_{31}^*}}+\frac{2}{\left\|p_3-p_2^*\right\|}\lambda_{Q_{g_{32}^*}}\right)b$$

根据引理 1-1 可得 $V_3(t)\begin{cases}\leqslant\mu^{-\beta_3}e^{-\alpha_3t}V_3(0),t\in[0,T)\\ \equiv 0,t\in[T,\infty)\end{cases}$。由此得出结论，智能体 3 能够在指定时间 $2T$ 运动至 p_3^*。

根据上述收敛性分析，可以得出如下结论：估计旋转矩阵 $\hat{\boldsymbol{R}}(\theta_3)$ 和估计初始位置 $\hat{p}_3$ 能够在指定时间收敛到真实值，与此同时智能体 3 在控制器式（8-4）的驱动下能够运动至期望的位置 p_3^*。理论上，指定收敛时间的上限为 $2T$。

注 8.4 对于智能体 3，初始位置估计值和真实位置的收敛都依赖于方位角旋转矩阵估计值 $\hat{\boldsymbol{R}}(\theta_3)$ 的收敛，当 $\hat{\boldsymbol{R}}(\theta_3)\to\boldsymbol{R}(\theta_3)$，就能够保证，初始位置估计值收敛到初始位置的真实值。智能体 3 运动到期望位置。同时需要指出，这两个收敛过程是同步的，彼此之间不影响，因此都能够在指定时间 $2T$ 收敛。

证毕。

第 2 部分：估计旋转矩阵 $\hat{\boldsymbol{R}}(\theta_i)$ 和估计初始位置 $\hat{p}_i$ 以及控制器作用下智能体 i 的收敛性证明。

首先证明估计旋转矩阵 $\hat{\boldsymbol{R}}(\theta_i)$ 的收敛性。

对于跟随者智能体 i，等式（8-2）的平衡点满足等式（8-21）。

$$0=-\left(a+b\frac{\dot{\mu}}{\mu}\right)\left[\boldsymbol{Q}_{\tilde{g}_{jk}}\hat{\boldsymbol{R}}(\theta_i)g_{jk}^i\right] \tag{8-21}$$

等式两侧同时左乘 $\left(\hat{g}_{jk}-g_{jk}\right)^{\mathrm{T}}$，可以得到：

$$
\begin{aligned}
0 &= -\left(a+b\frac{\dot{\mu}}{\mu}\right)\left[\left(\hat{g}_{jk}-g_{jk}\right)^{\mathrm{T}} \boldsymbol{Q}_{\tilde{g}_{jk}} \hat{\boldsymbol{R}}(\theta_i) g_{jk}^i\right] \\
&= -\left(a+b\frac{\dot{\mu}}{\mu}\right)\left\{\left[\hat{\boldsymbol{R}}(\theta_i) g_{jk}^i - g_{jk}\right]^{\mathrm{T}} \boldsymbol{Q}_{\tilde{g}_{jk}} \left[\hat{\boldsymbol{R}}(\theta_i) g_{jk}^i - g_{jk} + g_{jk}\right]\right\}
\end{aligned} \tag{8-22}
$$

基于第 1 部分的收敛性分析证明可知 $\lim\limits_{t\to 2(i-3)T} \tilde{g}_{jk} = g_{jk}$，同时又因为 $\boldsymbol{Q}_{g_{jk}} g_{jk} = 0$，因此，等式（8-22）可重新表述为

$$
0 = -\left(a+b\frac{\dot{\mu}}{\mu}\right)\left\{\left[\hat{\boldsymbol{R}}(\theta_i) g_{jk}^i - g_{jk}\right]^{\mathrm{T}} \boldsymbol{Q}_{g_{jk}} \left[\hat{\boldsymbol{R}}(\theta_i) g_{jk}^i - g_{jk}\right]\right\} \tag{8-23}
$$

当且仅当 $\hat{\boldsymbol{R}}(\theta_i)\boldsymbol{b}_{jk}^i - \boldsymbol{b}_{jk} = 0$ 时，等式（8-23）成立。因此 $\hat{\boldsymbol{b}}_{jk} = \boldsymbol{b}_{jk}$ 是唯一的平衡点，即 $\hat{\boldsymbol{R}}(\theta_i) = \boldsymbol{R}(\theta_i)$。

设计李雅普诺夫函数如下:

$$
V_4 = \frac{1}{2}\left\|\hat{g}_{jk} - g_{jk}\right\|^2
$$

对函数 V_4 求导，基于等式（8-21）至式（8-23）的分析可得:

$$
\begin{aligned}
\dot{V}_4 &= -\left(a+b\frac{\dot{\mu}}{\mu}\right)\left\{\left[\hat{\boldsymbol{R}}(\theta_i) g_{jk}^i - g_{jk}\right]^{\mathrm{T}} \boldsymbol{Q}_{g_{jk}} \left[\hat{\boldsymbol{R}}(\theta_i) g_{jk}^i - g_{jk}\right]\right\} \\
&\leqslant -2\left(a+b\frac{\dot{\mu}}{\mu}\right)\lambda_{Q_{g_{jk}}} V_4
\end{aligned} \tag{8-24}
$$

式中，$\lambda_{Q_{g_{jk}}}$ 为矩阵 $\boldsymbol{Q}_{g_{jk}}$ 的最小特征值，$\lambda_{Q_{g_{jk}}} \geqslant 0$。

不等式（8-24）可以被重新表述为

$$
\dot{V}_4 \leqslant -\alpha_4 V_4 - \beta_4 \frac{\dot{\mu}}{\mu} V_4 \tag{8-25}
$$

式中，$\alpha_4 = 2a\lambda_{Q_{g_{jk}}}$，$\beta_a = 2b\lambda_{Q_{g_{jk}}}$。根据引理 1-1 可以得到:

$$
V_4(t)\begin{cases} \leqslant \mu^{-\beta_4} e^{-\alpha_4 t} V(0), t\in[0,T) \\ \equiv 0, 1int \in [T,\infty) \end{cases}
$$

由此得出结论：$\hat{g}_{jk}$ 能够在指定时间收敛到 g_{jk}，即 $\hat{\boldsymbol{R}}(\theta_i) \to \boldsymbol{R}(\theta_i)$。理论上，指定时间的收敛时间上限为 $2(i-3)T+T$。

接下来，将证明估计初始位置 $\hat{p}_i$ 的收敛性。

对于智能体 i，初始位置估计器式（8-3）在平衡点处满足:

$$
0 = -\left(a+b\frac{\dot{\mu}}{\mu}\right)\left[\boldsymbol{Q}_{\hat{g}_{ij}}\left(\hat{p}_i - \hat{p}_j\right) + \boldsymbol{Q}_{\hat{g}_{ik}}\left(\hat{p}_i - \hat{p}_k\right)\right] \tag{8-26}
$$

等式两侧同时左乘$\left(\hat{p}_i - p_i\right)^{\mathrm{T}}$：

$$
\begin{aligned}
0 &= -\left(a + b\frac{\dot{\mu}}{\mu}\right)\left(\hat{p}_i - p_i\right)^{\mathrm{T}}\left[\boldsymbol{Q}_{\hat{g}_{ij}}\left(\hat{p}_i - \hat{p}_j\right) + \boldsymbol{Q}_{\hat{g}_{ik}}\left(\hat{p}_i - \hat{p}_k\right)\right] \\
&= -\left(a + b\frac{\dot{\mu}}{\mu}\right)\left(\hat{p}_i - p_i\right)^{\mathrm{T}}\left[\boldsymbol{Q}_{\hat{g}_{ij}}\left(\hat{p}_i - p_i + p_i - \hat{p}_j\right) + \boldsymbol{Q}_{\hat{g}_{ik}}\left(\hat{p}_i - p_i + p_i - \hat{p}_k\right)\right]
\end{aligned} \tag{8-27}
$$

根据第1部分的收敛性证明可知，当$t \to 2(i-3)T$时，$\hat{p}_j \to p_j, \hat{p}_k \to p_k$，并且当$t \to 2(i-3)T + T$时，$\hat{g}_{ij} \to g_{ij}, \hat{g}_{ik} \to g_{ik}$。因此，式（8-27）可以被重新表述如下：

$$
0 = -\left(a + b\frac{\dot{\mu}}{\mu}\right)\left(\hat{p}_i - p_i\right)^{\mathrm{T}}\left(\boldsymbol{Q}_{g_{ij}} + \boldsymbol{Q}_{g_{ik}}\right)\left(\hat{p}_i - p_i\right) \tag{8-28}
$$

当且仅当$\hat{p}_i - p_i = 0$时，等式（8-28）成立，所以存在唯一的平衡点$\hat{p}_i = p_i$。

设计李雅普诺夫函数如下：

$$
V_5 = \frac{1}{2}\left\|\hat{p}_i - p_i\right\|^2 \tag{8-29}
$$

对V_5求导可得：

$$
\begin{aligned}
\dot{V}_5 &= -\left(a + b\frac{\dot{\mu}}{\mu}\right)\left(\hat{p}_i - p_i\right)^{\mathrm{T}}\left(\boldsymbol{Q}_{g_{ij}} + \boldsymbol{Q}_{g_{ik}}\right)\left(\hat{p}_i - p_i\right) \\
&\leqslant -2\left(a + b\frac{\dot{\mu}}{\mu}\right)\lambda_{Q_{g_{ij}} + Q_{g_{ik}}} V_5
\end{aligned} \tag{8-30}
$$

式中，$\lambda_{Q_{g_{ij}} + Q_{g_{ik}}}$为矩阵$\boldsymbol{Q}_{g_{ij}} + \boldsymbol{Q}_{g_{ik}}$的最小特征值，$\lambda_{Q_{g_{ij}} + Q_{g_{ik}}} \geqslant 0$。

由式（8-30）可知$\dot{V}_5 \leqslant -\alpha_5 V_5 - \beta_5 \frac{\dot{\mu}}{\mu} V_5$，其中$\alpha_5 = 2a\lambda_{Q_{g_{ij}} + Q_{g_{ik}}}$，$\beta_5 = 2b\lambda_{Q_{g_{ij}} + Q_{g_{ik}}}$。根据引理1-1可以得到$V_5(t)\begin{cases} \leqslant \mu^{-\beta_5} e^{-\alpha_5 t} V_5(0), t \in [0, T) \\ \equiv 0, t \in [T, \infty) \end{cases}$。由此可知，$\hat{p}_i$能够在指定时间收敛到$p_i$。理论上，指定时间的收敛时间上限为$2(i-2)T$。

最后证明，智能体i在指定时间运动至期望位置p_i^*。

对于智能体i，控制器式（8-4）在平衡点处满足：

$$
0 = -\left(a + b\frac{\dot{\mu}}{\mu}\right)\left[\boldsymbol{Q}_{g_{ij}^*}\left(-\hat{g}_{ij}\right) + \boldsymbol{Q}_{g_{ik}^*}\left(-\hat{g}_{ik}\right)\right] \tag{8-31}
$$

等式（8-31）左右两侧同时左乘$\left(p_i^* - p_i\right)^{\mathrm{T}}$，得到：

$$
0 = -\left(p_i - p_i^*\right)^{\mathrm{T}}\left(a + b\frac{\dot{\mu}}{\mu}\right)\left[\boldsymbol{Q}_{g_{ij}^*}\left(-\hat{g}_{ij}\right) + \boldsymbol{Q}_{g_{ik}^*}\left(-\hat{g}_{ik}\right)\right]
$$

$$=-\left(p_i-p_i^*\right)^{\mathrm{T}}\left(a+b\frac{\dot{\mu}}{\mu}\right)\left\{\boldsymbol{Q}_{g_{ij}^*}\left[-\hat{\boldsymbol{R}}(\theta_i)g_{ij}^i\right]+\boldsymbol{Q}_{g_{ik}^*}\left[-\hat{\boldsymbol{R}}(\theta_i)g_{ik}^i\right]\right\} \tag{8-32}$$

根据第1部分估计旋转矩阵的收敛性证明，经递推分析可知，当$t\to 2(i-3)T$时，$\hat{g}_{ij}\to g_{ij}$，$\hat{g}_{ik}\to g_{ik}$，即$\hat{\boldsymbol{R}}(\theta_i)\to\boldsymbol{R}(\theta_i)$。等式（8-32）可以重新表述如下：

$$\begin{aligned}0&=-\left(p_i-p_i^*\right)^{\mathrm{T}}\left(a+b\frac{\dot{\mu}}{\mu}\right)\left[\boldsymbol{Q}_{g_{ij}^*}(-g_{ij})+\boldsymbol{Q}_{g_{ik}^*}(-g_{ik})\right]\\&=-\left(p_i-p_i^*\right)^{\mathrm{T}}\left(a+b\frac{\dot{\mu}}{\mu}\right)\left(\boldsymbol{Q}_{g_{ij}^*}\frac{p_i-p_j}{\left\|p_i-p_j\right\|}+\boldsymbol{Q}_{g_{ik}^*}\frac{p_i-p_k}{\left\|p_i-p_k\right\|}\right)\\&=-\left(p_i-p_i^*\right)^{\mathrm{T}}\left(a+b\frac{\dot{\mu}}{\mu}\right)\left(\boldsymbol{Q}_{g_{ij}^*}\frac{p_i-p_j-p_i^*+p_i^*}{\left\|p_i-p_j\right\|}+\boldsymbol{Q}_{g_{ik}^*}\frac{p_i-p_k-p_i^*+p_i^*}{\left\|p_i-p_k\right\|}\right)\end{aligned} \tag{8-33}$$

式中，$-g_{ij}=g_{ji}$，$-g_{ik}=g_{ki}$。

根据第1部分真实位置的收敛性证明，经递推分析可知，当$t\to 2(i-3)T$时，$p_j\to p_j^*$，$p_k\to p_k^*$。因此，等式（8-33）可以表述如下：

$$\begin{aligned}0=&-\left(p_i-p_i^*\right)^{\mathrm{T}}\left(a+b\frac{\dot{\mu}}{\mu}\right)\times\\&\left[\boldsymbol{Q}_{g_{ij}^*}\frac{\left(p_i-p_i^*\right)+\left(p_i^*-p_j^*\right)}{\left\|p_i-p_j^*\right\|}+\boldsymbol{Q}_{g_{ik}^*}\frac{\left(p_i-p_i^*\right)+\left(p_i^*-p_k^*\right)}{\left\|p_i-p_k^*\right\|}\right]\end{aligned} \tag{8-34}$$

根据正交投影矩阵的性质可知$\boldsymbol{Q}_{g_{ij}^*}\left(p_i^*-p_j^*\right)=0$，$\boldsymbol{Q}_{g_{ik}^*}\left(p_i^*-p_k^*\right)=0$。因此可得：

$$0=-\left(p_i-p_i^*\right)^{\mathrm{T}}\left(a+b\frac{\dot{\mu}}{\mu}\right)\left(\boldsymbol{Q}_{g_{ij}^*}\frac{p_i-p_i^*}{\left\|p_i-p_j^*\right\|}+\boldsymbol{Q}_{g_{ik}^*}\frac{p_i-p_i^*}{\left\|p_i-p_k^*\right\|}\right) \tag{8-35}$$

当且仅当$p_i=p_i^*$时，等式（8-35）成立。因此对于智能体i来说，控制器式（8-4）存在唯一的平衡点$p_i=p_i^*$。

李雅普诺夫函数设计如下：

$$V_6=\frac{1}{2}\left\|p_i-p_i^*\right\|^2 \tag{8-36}$$

对函数V_6求导：

$$\begin{aligned}\dot{V}_6&=-\left(p_i-p_i^*\right)^{\mathrm{T}}\left(a+b\frac{\dot{\mu}}{\mu}\right)\left(\boldsymbol{Q}_{g_{ij}^*}\frac{p_i-p_i^*}{\left\|p_i-p_j^*\right\|}+\boldsymbol{Q}_{g_{ik}^*}\frac{p_i-p_i^*}{\left\|p_i-p_k^*\right\|}\right)\\&\leqslant-\frac{2}{\left\|p_i-p_j^*\right\|}\left(a+b\frac{\dot{\mu}}{\mu}\right)\lambda_{Q_{g_{ij}^*}}V_6-\frac{2}{\left\|p_i-p_k^*\right\|}\left(a+b\frac{\dot{\mu}}{\mu}\right)\lambda_{Q_{g_{ik}^*}}V_6\end{aligned} \tag{8-37}$$

式中，$\lambda_{Q_{g_{ij}^*}}$ 和 $\lambda_{Q_{g_{ik}^*}}$ 分别是矩阵 $\boldsymbol{Q}_{g_{ij}^*}$ 和 $\boldsymbol{Q}_{g_{ik}^*}$ 的最小特征值，$\lambda_{Q_{g_{ij}^*}} \geqslant 0$，$\lambda_{Q_{g_{ik}^*}} \geqslant 0$。

根据不等式（8-37）可知 $\dot{V}_6 \leqslant -\alpha_6 V_6 - \beta_6 \frac{\dot{\mu}}{\mu} V_6$，其中:

$$\alpha_6 = \left(\frac{2}{\left\| p_i - p_j^* \right\|} \lambda_{Q_{g_{ij}^*}} + \frac{2}{\left\| p_i - p_k^* \right\|} \lambda_{Q_{g_{ik}^*}} \right) a \text{，} \quad \beta_6 = \left(\frac{2}{\left\| p_i - p_j^* \right\|} \lambda_{Q_{g_{ij}^*}} + \frac{2}{\left\| p_i - p_k^* \right\|} \lambda_{Q_{g_{ik}^*}} \right) b$$

根据引理 1-1 可得 $V_6(t) \begin{cases} \leqslant \mu^{-\beta_6} e^{-\alpha_6 t} V_6(0), t \in [0,T) \\ \equiv 0, t \in [T,\infty) \end{cases}$。由此得出结论，智能体 i 能够在指定时间 $2(i-2)T$ 运动至 p_i^*。

证毕。

8.4 动态目标分布式定位与编队控制

在上一节中，考虑了静态目标编队的定位估计与控制问题，本小节将进一步研究多智能体系统动态目标编队的定位估计与控制问题。领导者智能体保持匀速直线运动。本小节的目标是设计一种分布式编队控制器，实现多智能体系统的动态目标编队控制。

8.4.1 控制器设计

方位估计算法和初始位置估计算法与第 8.3 节相同，设计指定时间分布式编队控制器如等式（8-38）所示。

$$\dot{p}_i = -\left(a + b\frac{\dot{\mu}}{\mu} \right) \left\{ \boldsymbol{Q}_{g_{ij}^*}\left(-\hat{g}_{ij}\right) + \left[\boldsymbol{Q}_{g_{ij}^*}(-\hat{g}_{ij}) \right]' + \boldsymbol{Q}_{g_{ik}^*}\left(-\hat{g}_{ik}\right) + \left(-\boldsymbol{Q}_{g_{ik}^*} \hat{g}_{ik} \right)' \right\} \tag{8-38}$$

式中，$(\cdot)'$ 为一阶导数。

8.4.2 收敛性分析

本小节将给出指定时间分布式定位与编队控制方案的收敛性定理和证明。

定理 8-2 如果多智能体系统满足假设 8-1，应用所提出的指定时间分布式定位与编队控制方案式（8-2），式（8-3）和式（8-38），可以保证估计旋转矩阵 $\hat{\boldsymbol{R}}(\theta_i)$ 和估计初始位置 $\hat{p}_i$ 在指定时间收敛到真实旋转矩阵 $\boldsymbol{R}(\theta_i)$ 和真实初始位置 p_i，同时跟随者智能体在指定时间运动至期望位置 $p_i^*(t)$。

证明：

估计旋转矩阵的收敛性证明和起始位置估计的收敛性证明在本小节予以省略。剩余证明主要分为两部分：第 1 部分，将证明在指定时间智能体 3 能够运动至期望位置 p_3^*。第 2 部分，将证明在指定时间智能体 i 运动至期望位置 $p_i^*(t)$。

第 1 部分：智能体 3 的收敛性证明。

对于智能体 3，控制器式（8-38）在平衡点处满足：

$$
\begin{aligned}
0 &= -\left(a+b\frac{\dot{\mu}}{\mu}\right)\times \\
&\left\{\boldsymbol{Q}_{g_{31}^*}(-\hat{g}_{31})+\left[\boldsymbol{Q}_{g_{31}^*}(-\hat{g}_{31})\right]'+\boldsymbol{Q}_{g_{32}^*}(-\hat{g}_{32})+\left[\boldsymbol{Q}_{g_{32}^*}(-\hat{g}_{32})\right]'\right\}
\end{aligned} \tag{8-39}
$$

等式两端同时左乘 $\left(p_3^*-p_3\right)^{\mathrm{T}}$，可得：

$$
\begin{aligned}
0 = &-\left(p_3-p_3^*\right)^{\mathrm{T}}\left(a+b\frac{\dot{\mu}}{\mu}\right)\times\left\{\boldsymbol{Q}_{g_{31}^*}\left[-\hat{\boldsymbol{R}}(\theta_3)g_{31}^3\right]+\left\{\boldsymbol{Q}_{g_{31}^*}\left[-\hat{\boldsymbol{R}}(\theta_3)g_{31}^3\right]\right\}'\right. \\
&\left.+\boldsymbol{Q}_{g_{32}^*}\left[-\hat{R}(\theta_3)g_{32}^3\right]+\left\{\boldsymbol{Q}_{g_{32}^*}\left[-\hat{\boldsymbol{R}}(\theta_3)g_{32}^3\right]\right\}\right\}
\end{aligned} \tag{8-40}
$$

根据 8.3 节中 $\hat{\boldsymbol{R}}(\theta_3)$ 的收敛性分析可知，当 $t\to T$ 时，$\hat{g}_{31}\to g_{31}$，$\hat{g}_{32}\to g_{32}$，即 $\hat{\boldsymbol{R}}(\theta_3)\to\boldsymbol{R}(\theta_3)$。等式（8-40）等价为

$$
\begin{aligned}
0 &= -\left(p_3-p_3^*\right)^{\mathrm{T}}\left(a+b\frac{\dot{\mu}}{\mu}\right)\left\{\boldsymbol{Q}_{g_{31}^*}(-g_{31})+\left[\boldsymbol{Q}_{g_{31}^*}(-g_{31})\right]'\right. \\
&\quad\left.+\boldsymbol{Q}_{g_{32}^*}(-g_{32})+\left[\boldsymbol{Q}_{g_{32}^*}(-g_{32})\right]'\right\} \\
&= -\left(p_3-p_3^*\right)^{\mathrm{T}}\left(a+b\frac{\dot{\mu}}{\mu}\right)\left[\boldsymbol{Q}_{g_{31}^*}\frac{p_3-p_1}{\|p_3-p_1\|}+\left(\boldsymbol{Q}_{g_{31}^*}\frac{p_3-p_1}{\|p_3-p_1\|}\right)'\right. \\
&\quad\left.+\boldsymbol{Q}_{g_{32}^*}\frac{p_3-p_2}{\|p_3-p_2\|}+\left(\boldsymbol{Q}_{g_{32}^*}\frac{p_3-p_2}{\|p_3-p_2\|}\right)'\right] \\
&= -\left(p_3-p_3^*\right)^{\mathrm{T}}\left(a+b\frac{\dot{\mu}}{\mu}\right)\left[\boldsymbol{Q}_{g_{31}^*}\frac{p_3-p_1-p_3^*+p_3^*}{\|p_3-p_1\|}+\left(\boldsymbol{Q}_{g_{31}^*}\frac{p_3-p_1-p_3^*+p_3^*}{\|p_3-p_1\|}\right)'\right. \\
&\quad\left.+\boldsymbol{Q}_{g_{32}^*}\frac{p_3-p_2-p_3^*+p_3^*}{\|p_3-p_2\|}+\left(\boldsymbol{Q}_{g_{32}^*}\frac{p_3-p_2-p_3^*+p_3^*}{\|p_3-p_2\|}\right)'\right]
\end{aligned} \tag{8-41}
$$

式中，$-g_{31}=g_{13}$，$-g_{32}=g_{23}$。

因为 $p_1=p_1^*$，$p_2=p_2^*$。同时，根据正交投影矩阵的性质可知 $\boldsymbol{Q}_{g_{31}^*}\left(p_3^*-p_1^*\right)=0$，$\boldsymbol{Q}_{g_{32}^*}\left(p_3^*-p_2^*\right)=0$。因此等式（8-41）可重新表述为

$$
\begin{aligned}
&0=-\left(p_3-p_3^*\right)^{\mathrm{T}}\left(a+b\frac{\dot{\mu}}{\mu}\right)\times \\
&\left[\boldsymbol{Q}_{g_{31}^*}\frac{p_3-p_3^*}{\left\|p_3-p_1^*\right\|}+\left(\boldsymbol{Q}_{g_{31}^*}\frac{p_3-p_3^*}{\left\|p_3-p_1^*\right\|}\right)'+\boldsymbol{Q}_{g_{32}^*}\frac{p_3-p_3^*}{\left\|p_3-p_2^*\right\|}+\left(\boldsymbol{Q}_{g_{32}^*}\frac{p_3-p_3^*}{\left\|p_3-p_2^*\right\|}\right)'\right]
\end{aligned}
\tag{8-42}
$$

当且仅当 $p_3-p_3^*=0$ 时，等式（8-42）成立，所以控制器式（8-38）存在唯一的平衡点 $p_3=p_3^*$。

设计李雅普诺夫函数如下：

$$
V_7=\frac{1}{2}\left\|p_3-p_3^*\right\|^2 \tag{8-43}
$$

对函数 V_7 求导可得：

$$
\begin{aligned}
\dot{V}_7=&-\left(p_3-p_3^*\right)^{\mathrm{T}}\left(a+b\frac{\dot{\mu}}{\mu}\right)\times \\
&\left[\boldsymbol{Q}_{g_{31}^*}\left(\frac{p_3-p_3^*}{\left\|p_3-p_1^*\right\|}+\frac{p_3-p_3^{*\prime}}{\left\|p_3-p_1^*\right\|}\right)+\boldsymbol{Q}_{g_{32}^*}\left(\frac{p_3-p_3^*}{\left\|p_3-p_2^*\right\|}+\frac{p_3-p_3^{*\prime}}{\left\|p_3-p_2^*\right\|}\right)\right] \\
\leqslant&-\frac{2}{\left\|p_3-p_1^*\right\|}\left(a+b\frac{\dot{\mu}}{\mu}\right)\lambda_{Q_{g_{31}^*}}V_7-\frac{1}{\left\|p_3-p_1^*\right\|}\left(a+b\frac{\dot{\mu}}{\mu}\right)\lambda_{Q_{g_{31}^*}}\dot{V}_7 \\
&-\frac{2}{\left\|p_3-p_2^*\right\|}\left(a+b\frac{\dot{\mu}}{\mu}\right)\lambda_{Q_{g_{32}^*}}V_7-\frac{1}{\left\|p_3-p_2^*\right\|}\left(a+b\frac{\dot{\mu}}{\mu}\right)\lambda_{Q_{g_{32}^*}}\dot{V}_7
\end{aligned}
\tag{8-44}
$$

求解式（8-44）可得：

$$
\begin{aligned}
&\left[1+\left(a+b\frac{\dot{\mu}}{\mu}\right)\left(\frac{\lambda_{Q_{g_{31}^*}}}{\left\|p_3-p_1^*\right\|}+\frac{\lambda_{Q_{g_{32}^*}}}{\left\|p_3-p_2^*\right\|}\right)\right]\dot{V}_7 \\
&\leqslant-\left(\frac{2}{\left\|p_3-p_1^*\right\|}\lambda_{Q_{g_{31}^*}}+\frac{2}{\left\|p_3-p_2^*\right\|}\lambda_{Q_{g_{32}^*}}\right)aV_7 \\
&-\left(\frac{2}{\left\|p_3-p_1^*\right\|}\lambda_{Q_{g31}}+\frac{2}{\left\|p_3-p_2^*\right\|}\lambda_{Q_{g_{32}^*}}\right)b\frac{\dot{\mu}}{\mu}V_7
\end{aligned}
\tag{8-45}
$$

进一步求解可得：

$$
\dot{V}_7\leqslant-\frac{\dfrac{2}{\left\|p_3-p_1^*\right\|}\lambda_{Q_{g_{31}^*}}+\dfrac{2}{\left\|p_3-p_2^*\right\|}\lambda_{Q_{g_{32}^*}}}{1+\left(a+b\dfrac{\dot{\mu}}{\mu}\right)\left(\dfrac{\lambda_{Q_{g_{31}^*}}}{\left\|p_3-p_1^*\right\|}+\dfrac{\lambda_{Q_{g_{32}^*}}}{\left\|p_3-p_2^*\right\|}\right)}aV_7
$$

$$-\frac{\dfrac{2}{\left\|p_3-p_1^*\right\|}\lambda_{Q_{g31}}+\dfrac{2}{\left\|p_3-p_2^*\right\|}\lambda_{Q_{g32}}}{1+\left(a+b\dfrac{\dot{\mu}}{\mu}\right)\left(\dfrac{\lambda_{Q_{g31}^*}}{\left\|p_3-p_1^*\right\|}+\dfrac{\lambda_{Q_{g32}^*}}{\left\|p_3-p_2^*\right\|}\right)}b\frac{\dot{\mu}}{\mu}V_7 \tag{8-46}$$

由不等式（8-46）可知 $\dot{V}_7 \leqslant -\alpha_7 V_7-\beta_7\dfrac{\dot{\mu}}{\mu}V_7$，其中:

$$\alpha_7=\frac{\dfrac{2}{\left\|p_3-p_1^*\right\|}\lambda_{Q_{g31}^*}+\dfrac{2}{\left\|p_3-p_2^*\right\|}\lambda_{Q_{g32}^*}}{1+\left(a+b\dfrac{\dot{\mu}}{\mu}\right)\left(\dfrac{\lambda_{Q_{g31}^*}}{\left\|p_3-p_1^*\right\|}+\dfrac{\lambda_{Q_{g32}^*}}{\left\|p_3-p_2^*\right\|}\right)}a$$

$$\beta_7=\frac{\dfrac{2}{\left\|p_3-p_1^*\right\|}\lambda_{Q_{g31}}+\dfrac{2}{\left\|p_3-p_2^*\right\|}\lambda_{Q_{g32}}}{1+\left(a+b\dfrac{\dot{\mu}}{\mu}\right)\left(\dfrac{\lambda_{Q_{g31}^*}}{\left\|p_3-p_1^*\right\|}+\dfrac{\lambda_{Q_{g32}^*}}{\left\|p_3-p_2^*\right\|}\right)}b\text{。}$$

根据引理 1-1 可得 $V_7(t)\begin{cases}\leqslant \mu^{-\beta_7}e^{-\alpha_7 t}V_7(0), t\in[0,T)\\ \equiv 0, t\in[T,\infty)\end{cases}$。由此可以得出结论，智能体 3 能够在指定时间 $2T$ 运动至 $p_3^*(t)$。

第 2 部分：智能体 i 的收敛性证明。

对于智能体 i，控制器式（8-38）在平衡点处满足:

$$0=-\left(a+b\frac{\dot{\mu}}{\mu}\right)\left\{\boldsymbol{Q}_{g_{ij}^*}(-\hat{g}_{ij})+\left[\boldsymbol{Q}_{g_{ij}^*}(-\hat{g}_{ij})\right]'+\boldsymbol{Q}_{g_{ik}^*}(-\hat{g}_{ik})+\left[\boldsymbol{Q}_{g_{ik}^*}(-\hat{g}_{ik})\right]'\right\} \tag{8-47}$$

等式两端同时左乘 $\left(p_i^*-p_i\right)^{\mathrm{T}}$ 可得:

$$\begin{aligned}0=&-\left(p_i-p_i^*\right)^{\mathrm{T}}\left(a+b\frac{\dot{\mu}}{\mu}\right)\left\{\boldsymbol{Q}_{g_{ij}^*}\left[-\hat{\boldsymbol{R}}(\theta_i)g_{ij}^i\right]+\left\{\boldsymbol{Q}_{g_{ij}^*}\left[-\hat{\boldsymbol{R}}(\theta_i)g_{ij}^i\right]\right\}'\right.\\&\left.+\boldsymbol{Q}_{g_{ik}^*}\left[-\hat{\boldsymbol{R}}(\theta_i)g_{ik}^i\right]+\left\{\boldsymbol{Q}_{g_{ik}^*}\left[-\hat{\boldsymbol{R}}(\theta_i)g_{ik}^i\right]\right\}'\right\}\end{aligned} \tag{8-48}$$

根据 8.3 节中 $\hat{\boldsymbol{R}}(\theta_i)$ 的收敛性分析可知，当 $t\to 2(i-3)T+T$ 时，$\hat{g}_{ij}\to g_{ij}$，$\hat{g}_{ik}\to g_{ik}$，即 $\hat{\boldsymbol{R}}(\theta_i)\to \boldsymbol{R}(\theta_i)$。并且当 $t\to 2(i-3)T$ 时，$p_j\to p_j^*, p_k\to p_k^*$。因此，等式（8-48）可表述为

$$\begin{aligned}0=&-\left(p_i-p_i^*\right)^{\mathrm{T}}\left(a+b\frac{\dot{\mu}}{\mu}\right)\\&\times\left\{\boldsymbol{Q}_{g_{ij}^*}(-g_{ij})+\left[\boldsymbol{Q}_{g_{ij}^*}(-g_{ij})\right]'+\boldsymbol{Q}_{g_{ik}^*}(-g_{ik})+\left[\boldsymbol{Q}_{g_{ik}^*}(-g_{ik})\right]'\right\}\end{aligned}$$

$$
\begin{aligned}
&= -\left(p_i - p_i^*\right)^{\mathrm{T}}\left(a + b\frac{\dot{\mu}}{\mu}\right)\times \\
&\left[\boldsymbol{Q}_{g_{ij}^*}\frac{p_i - p_j^*}{\left\|p_i - p_j^*\right\|} + \left(\boldsymbol{Q}_{g_{ij}^*}\frac{p_i - p_j^*}{\left\|p_i - p_j^*\right\|}\right)' + \boldsymbol{Q}_{g_{ik}^*}\frac{p_i - p_k^*}{\left\|p_i - p_k^*\right\|} + \left(\boldsymbol{Q}_{g_{ik}^*}\frac{p_i - p_k^*}{\left\|p_i - p_k^*\right\|}\right)'\right] \\
&= -\left(p_i - p_i^*\right)^{\mathrm{T}}\left(a + b\frac{\dot{\mu}}{\mu}\right)\left[\boldsymbol{Q}_{g_{ij}^*}\frac{p_i - p_j^* - p_i^* + p_i^*}{\left\|p_i - p_j^*\right\|} + \left(\boldsymbol{Q}_{g_{ij}^*}\frac{p_i - p_j^* - p_i^* + p_i^*}{\left\|p_i - p_j^*\right\|}\right)'\right. \\
&\left. + \boldsymbol{Q}_{g_{ik}^*}\frac{p_i - p_k^* - p_i^* + p_i^*}{\left\|p_i - p_k^*\right\|} + \left(\boldsymbol{Q}_{g_{ik}^*}\frac{p_i - p_k^* - p_i^* + p_i^*}{\left\|p_i - p_k^*\right\|}\right)'\right]
\end{aligned} \tag{8-49}
$$

式中，$-g_{ij} = g_{ji}$，$-g_{ik} = g_{ki}$。

根据正交投影矩阵的性质，$\boldsymbol{Q}_{g_{ij}^*}\left(p_i^* - p_j^*\right) = 0, \boldsymbol{Q}_{g_{ik}^*}\left(p_i^* - p_k^*\right) = 0$。因此等式（8-49）等价于

$$
\begin{aligned}
0 = &-\left(p_i - p_i^*\right)^{\mathrm{T}}\left(a + b\frac{\dot{\mu}}{\mu}\right)\left[\boldsymbol{Q}_{g_{ij}^*}\frac{p_i - p_i^*}{\left\|p_i - p_j^*\right\|} + \left(\boldsymbol{Q}_{g_{ij}^*}\frac{p_i - p_i^*}{\left\|p_i - p_j^*\right\|}\right)'\right. \\
&\left. + \boldsymbol{Q}_{g_{ik}^*}\frac{p_i - p_i^*}{\left\|p_i - p_k^*\right\|} + \left(\boldsymbol{Q}_{g_{ik}^*}\frac{p_i - p_i^*}{\left\|p_i - p_k^*\right\|}\right)'\right]
\end{aligned} \tag{8-50}
$$

当且仅当 $p_i - p_i^* = 0$ 时，等式（8-50）成立，所以对于智能体 i，控制器式（8-38）存在唯一的平衡点 $p_i = p_i^*$。

设计李雅普诺夫函数如下：

$$
V_8 = \frac{1}{2}\left\|p_i - p_i^*\right\|^2 \tag{8-51}
$$

对函数 V_8 求导，可得：

$$
\begin{aligned}
\dot{V}_8 = &-\left(p_i - p_i^*\right)^{\mathrm{T}}\left(a + b\frac{\dot{\mu}}{\mu}\right)\left[\boldsymbol{Q}_{g_{ij}^*}\frac{p_i - p_i^*}{\left\|p_i - p_j^*\right\|} + \left(\boldsymbol{Q}_{g_{ij}^*}\frac{p_i - p_i^*}{\left\|p_i - p_j^*\right\|}\right)'\right. \\
&\left. + \boldsymbol{Q}_{g_{ik}^*}\frac{p_i - p_i^*}{\left\|p_i - p_k^*\right\|} + \left(\boldsymbol{Q}_{g_{ik}^*}\frac{p_i - p_i^*}{\left\|p_i - p_k^*\right\|}\right)'\right] \\
\leqslant &-\frac{2}{\left\|p_i - p_j^*\right\|}\left(a + b\frac{\dot{\mu}}{\mu}\right)\lambda_{Q_{g_{ij}^*}}V_8 - \frac{1}{\left\|p_i - p_j^*\right\|}\left(a + b\frac{\dot{\mu}}{\mu}\right)\lambda_{Q_{g_{ij}^*}}\dot{V}_8 \\
&-\frac{2}{\left\|p_i - p_k^*\right\|}\left(a + b\frac{\dot{\mu}}{\mu}\right)\lambda_{Q_{g_{ik}^*}}V_8 - \frac{1}{\left\|p_i - p_k^*\right\|}\left(a + b\frac{\dot{\mu}}{\mu}\right)\lambda_{Q_{g_{ik}^*}}\dot{V}_8
\end{aligned} \tag{8-52}
$$

求解式（8-52）可得：

$$\dot{V}_8 \leqslant -\frac{\frac{2}{\left\|p_i-p_j^*\right\|}\lambda_{Q_{g_{ij}^*}}+\frac{2}{\left\|p_i-p_k^*\right\|}\lambda_{Q_{g_{ik}^*}}}{1+\left(a+b\frac{\dot{\mu}}{\mu}\right)\left(\frac{\lambda_{Q_{g_{ij}^*}}}{\left\|p_i-p_j^*\right\|}+\frac{\lambda_{Q_{g_{ik}^*}}}{\left\|p_i-p_k^*\right\|}\right)}aV_8 -\frac{\frac{2}{\left\|p_i-p_j^*\right\|}\lambda_{Q_{g_{ij}^*}}+\frac{2}{\left\|p_i-p_k^*\right\|}\lambda_{Q_{g_{ik}^*}}}{1+\left(a+b\frac{\dot{\mu}}{\mu}\right)\left(\frac{\lambda_{Q_{g_{ij}^*}}}{\left\|p_i-p_j^*\right\|}+\frac{\lambda_{Q_{g_{ik}^*}}}{\left\|p_i-p_k^*\right\|}\right)}b\frac{\dot{\mu}}{\mu}V_8 \tag{8-53}$$

由式（8-53）可知，$\dot{V}_8 \leqslant -\alpha_8 V_8-\beta_8\frac{\dot{\mu}}{\mu}V_8$，其中

$$\alpha_8=\frac{\frac{2}{\left\|p_i-p_j^*\right\|}\lambda_{Q_{g_{ij}^*}}+\frac{2}{\left\|p_i-p_k^*\right\|}\lambda_{Q_{g_{ik}^*}}}{1+\left(a+b\frac{\dot{\mu}}{\mu}\right)\left(\frac{\lambda_{Q_{g_{ij}^*}}}{\left\|p_i-p_j^*\right\|}+\frac{\lambda_{Q_{g_{ik}^*}}}{\left\|p_i-p_k^*\right\|}\right)}a, \quad \beta_8=\frac{\frac{2}{\left\|p_i-p_j^*\right\|}\lambda_{Q_{g_{ij}^*}}+\frac{2}{\left\|p_i-p_k^*\right\|}\lambda_{Q_{g_{ik}^*}}}{1+\left(a+b\frac{\dot{\mu}}{\mu}\right)\left(\frac{\lambda_{Q_{g_{ij}^*}}}{\left\|p_i-p_j^*\right\|}+\frac{\lambda_{Q_{g_{ik}^*}}}{\left\|p_i-p_k^*\right\|}\right)}b。$$

根据引理 1-1 可得 $V_8(t)\begin{cases}\leqslant \mu^{-\beta_8}e^{-\alpha_8 t}V_8(0), t\in[0,T) \\ \equiv 0, t\in[T,\infty)\end{cases}$，因此智能体 i 能够在指定时间 $2(i-2)T$ 运动至 $p_i^*(t)$。

证毕。

8.5 仿真与实物实例

在本小节中，给出了几个数值仿真例子，并依托实验室的四旋翼无人机平台进行了实物验证，以此来证明本章所提出的分布式定位与编队控制算法的有效性和可实现性。

8.5.1 数值仿真

在本小节中，将分别对静态目标定位与编队控制算法和动态目标定位与编队控制算法进行仿真验证。在仿真中，所有跟随者智能体的方位角随机给定，且与全局参考框架不对齐。领导者智能体的参考框架与全局参考框架一致，所有智能体的全局绝对位置满足 Henneberg 构型，智能体唯一可获取的信息为局部方位角。

情形 1 静态目标分布式定位与编队控制。

在本小节中，考虑将一个包含 10 个智能体的多智能体系统作为仿真对象，其中

2 个智能体为领导者，剩余 8 个智能体为跟随者。期望的静态坐标位置为 $[-10,10,0,0,-20,20,-20,20,-40,40;0,0,20,-20,20,20,-20,-20,0,0]$ 。估计方位与估计初始位置算法的参数选择如下：$h_1=10$ ，$a_1=0.45$ ，$b_1=3.5$ ，设置指定收敛时间的上限为 $T_1=5\text{s}$ 。控制器的参数选择如下：$h_2=20$ ，$a_2=1$ ，$b_2=2$ ，设置指定收敛时间的上限为 $T_2=15\text{s}$ 。初始估计值任意给定，应用算法式（8-2）~算法式（8-4），仿真结果如图 8-3 ~图 8-7 所示。

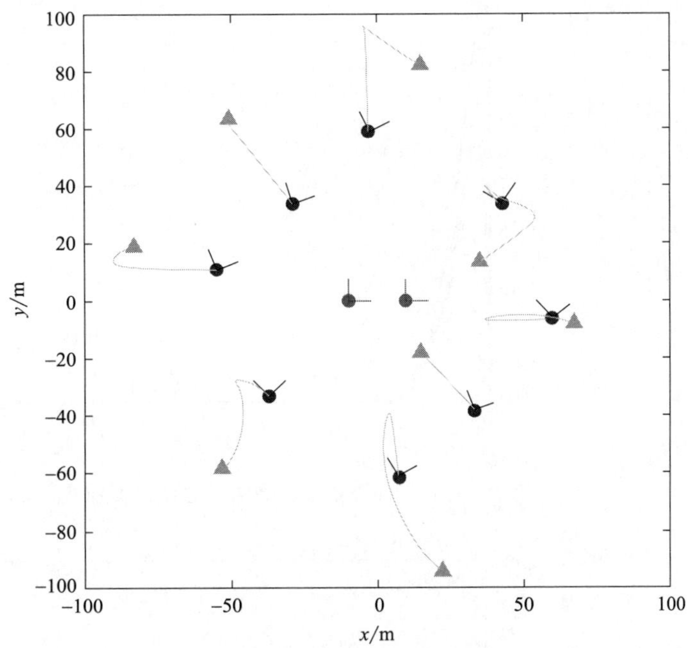

图 8-3　估计起始位置收敛轨迹

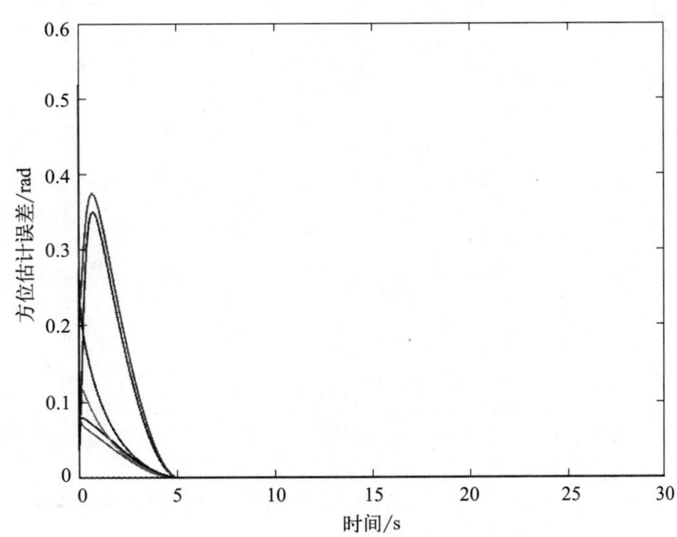

图 8-4　方位估计误差曲线

智能体起始位置的估计收敛轨迹如图 8-3 所示，其中三角形是初始估计值，曲线是估计位置的收敛轨迹，圆是智能体真实的初始位置。图 8-4 给出了跟随者智能体的方位估计误差曲线，可以发现，估计误差$\left\|\hat{\boldsymbol{R}}(\theta_i)-\boldsymbol{R}(\theta_i)\right\|$在 $T=5\text{s}$ 时收敛到零。初始位置的估计误差曲线如图 8-5 所示，可以看到估计误差$\left\|\hat{p}_i-p_i\right\|$也能够在第 5 秒收敛到零。

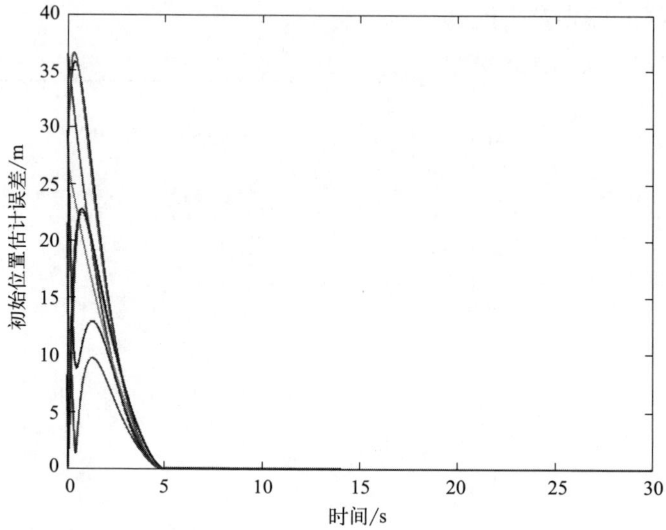

图 8-5　起始位置估计误差曲线

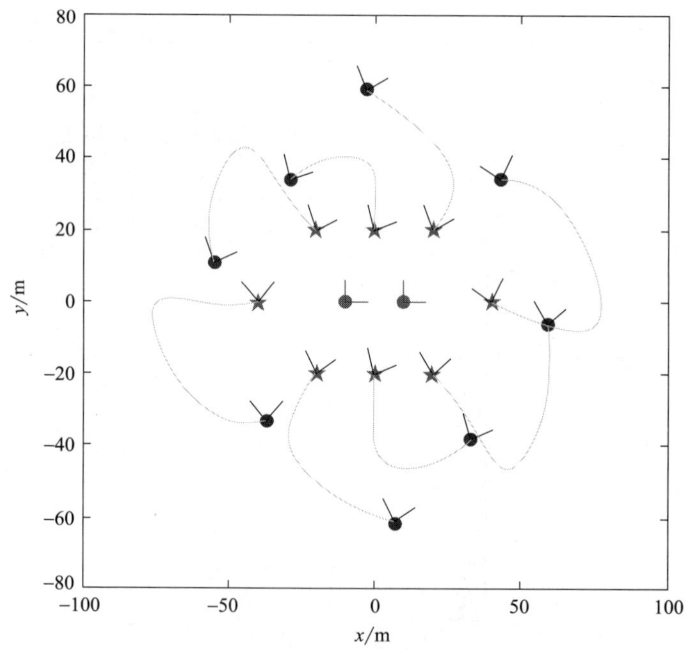

图 8-6　静态智能体编队形成过程

智能体编队形成过程如图 8-6 所示，其中圆是智能体的初始位置，曲线是控制器

作用下智能体的移动轨迹，五角星是智能体的期望位置。图 8-7 给出了跟随者智能体控制误差曲线，可以发现控制误差$\left\|p_i - p_i^*\right\|$可以在第 15 秒收敛到零。

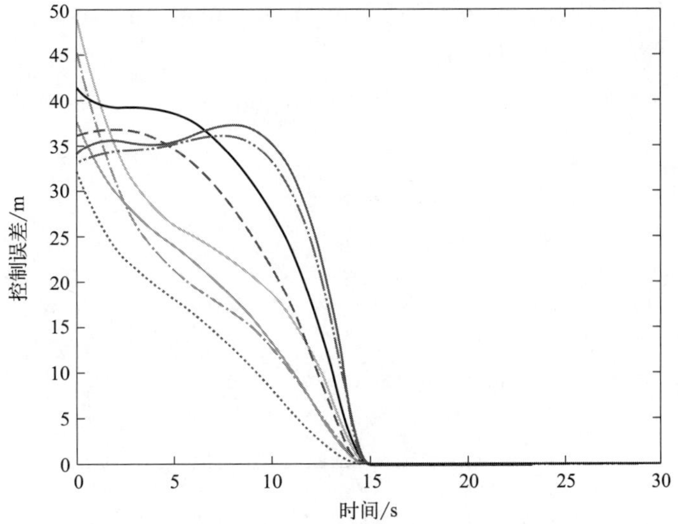

图 8-7　智能体控制误差曲线

情形 2 动态目标分布式定位与编队控制。

考虑了一个包含 4 个智能体的多智能体系统作为仿真对象，其中 2 个智能体为领导者，剩余 2 个智能体为跟随者。领导者智能体 1 的轨迹方程为$\begin{cases} x_1(t) = 15 + 0.6t \\ y_1(t) = 5 + 0.2t \end{cases}$，领导者智能体 2 的轨迹方程为$\begin{cases} x_2(t) = 15 + 0.6t \\ y_2(t) = -5 + 0.2t \end{cases}$。跟随者智能体 3 的期望方位角为$\boldsymbol{g}_{31}^* = \begin{bmatrix} 1 \\ 0 \end{bmatrix}$，$\boldsymbol{g}_{32}^* = \begin{bmatrix} 0.707 \\ -0.707 \end{bmatrix}$，跟随者智能体 4 的期望方位角为$\boldsymbol{g}_{41}^* = \begin{bmatrix} 0.707 \\ 0.707 \end{bmatrix}$，$\boldsymbol{g}_{42}^* = \begin{bmatrix} 1 \\ 0 \end{bmatrix}$。

估计方位与估计初始位置算法的参数选择如下：$h_1 = 20$，$a_1 = 0.45$，$b_1 = 4.5$，设置指定收敛时间的上限为$T_1 = 10\text{s}$。控制器的参数选择如下：$h_2 = 120$，$a_2 = 1$，$b_2 = 25$，设置指定收敛时间的上限为$T_2 = 20\text{s}$。初始估计值任意给定，应用算法式（8-2）、算法式（8-3）和算法式（8-38）。结果如图 8-8 ~ 图 8-10 所示。

智能体初始位置估计值的收敛轨迹如图 8-8 所示，可以发现估计值最终收敛到智能体初始位置的真实值。图 8-9 给出了跟随者智能体的方位估计误差曲线，可以看到估计误差$\left\|\hat{\boldsymbol{R}}(\theta_i) - \boldsymbol{R}(\theta_i)\right\|$在$T = 10\text{s}$时收敛到零。

移动智能体编队形成过程如图 8-10 所示，其中自上往下第二条和第四条线是两个领导者智能体的真实运动轨迹，第一条和第三条线分别是两个跟随者智能体在控制器作用下运动轨迹。可以发现两个跟随者智能体最终能够实现所设定的移动目标编队。

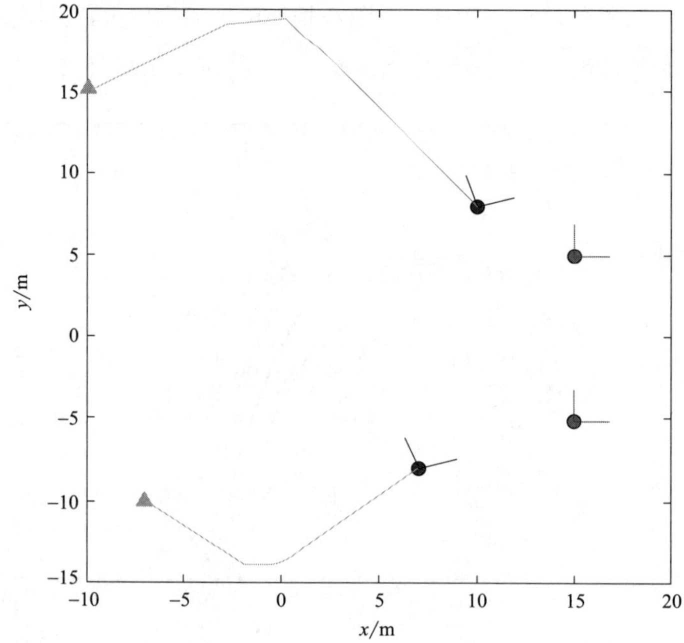

图 8-8 估计起始位置收敛轨迹

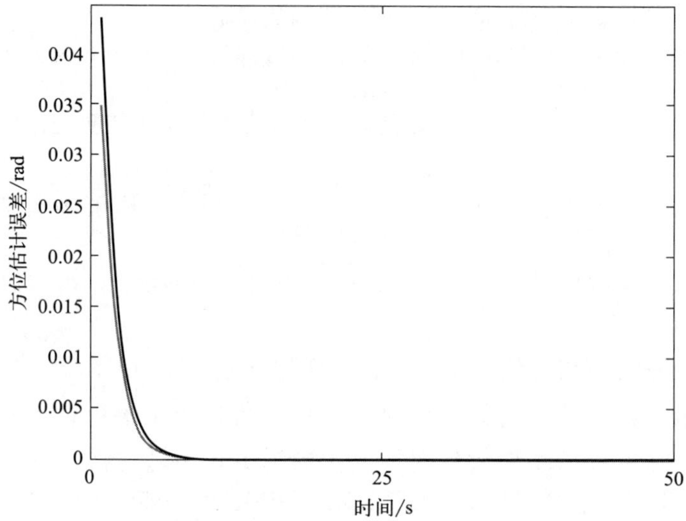

图 8-9 方位估计误差曲线

8.5.2 实验验证

在本小节中，借助四旋翼无人机来验证算法式（8-2）~算法式（8-4）的有效性和实用性，并对实验结果进行讨论和分析。

利用 OptiTrack 光学运动捕捉系统来获取无人机的实时位置。运动捕捉系统和基站之间基于 ROS 定义的协议进行通信。10 架带有被动球形标记的小型四旋翼无人机

Crazyflies 被用来进行实验验证。

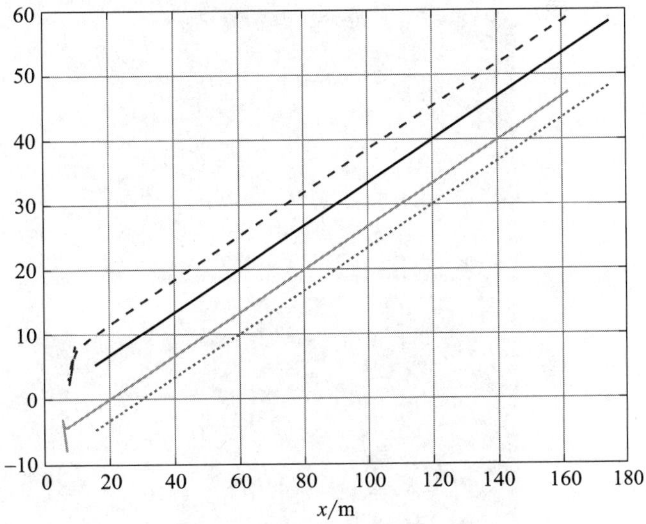

图 8-10　移动智能体编队形成过程

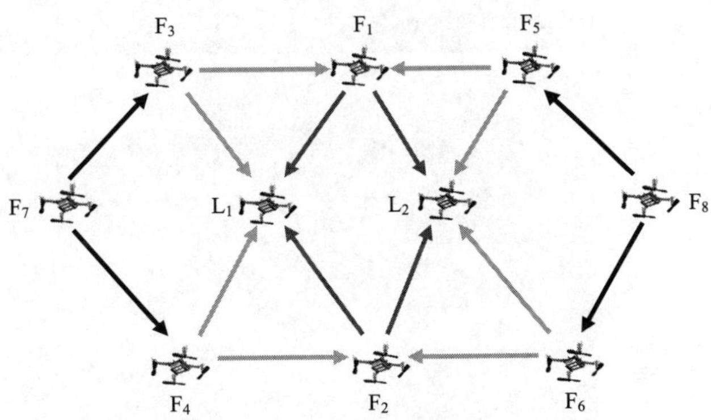

图 8-11　无人机间的通信拓扑

无人机的全局绝对位置满足 Henneberg 构型，无人机之间的通信拓扑如图 8-11 所示，其中 L 表示领导者，F 表示跟随者。

图 8-12

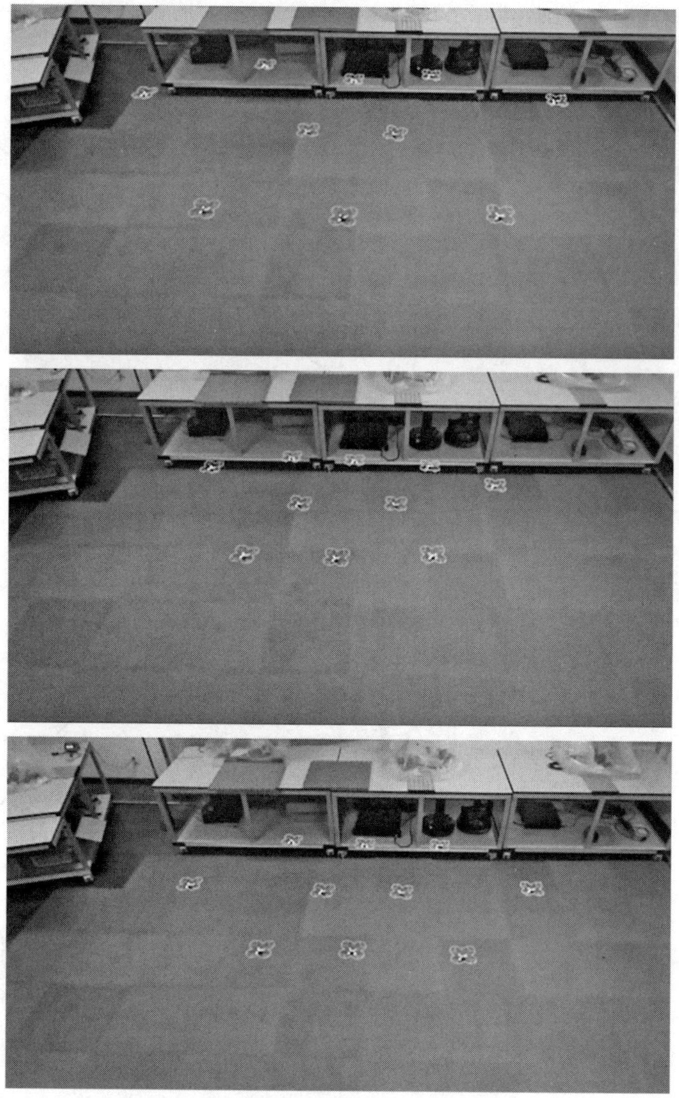

图 8-12　无人机编队形成过程截图

跟随者无人机的初始估计位置随机给定。参数选择如下：$h=10$，$a=0.45$，$b=3.5$，设置指定收敛时间的上限为 $T=20\text{s}$。应用提出的分布式定位估计与编队控制算法应用算法式（8-2）~ 算法式（8-4）。图 8-12 展示出了无人机编队的形成过程，可以发现无人机能够形成期望的编队。实验结果表明，所提出的分布式定位估计与编队控制算法能够实现无人机的静态目标编队控制。

仿真和实验结果验证了所提出的分布式定位估计与编队控制方案的有效性和可实现性。由此可以得出如下结论：所提出的基于局部方位信息的分布式定位估计方案能够保证多智能体系统的精确方位对齐，实现了多智能体系统在局部参考框架下的静态目标和动态目标编队控制。

8.6 本章小结

本章针对多智能体系统的静态和动态目标编队控制问题展开研究。基于局部方位测量信息设计了一类指定时间分布式定位与编队控制方案，包含分布式方位估计算法、初始位置估计算法和编队控制算法。实现了局部参考框架下多智能体系统的期望编队控制。基于级联系统证明了多智能体系统的全局收敛性。数值仿真和实物实验也验证了所提出的分布式定位估计与编队控制算法的有效性和可实现性。

参考文献

[1] Seiler P，Pant A，Hedrick J. A systems interpretation for observations of bird V-formations［J］. Journal of Theoretical Biology，2003，221（2）：279-287.

[2] 胡鸿翔，梁锦，温广辉，等. 多智能体系统的群集行为研究综述［J］. 南京信息工程大学学报：自然科学版，2018（4）：415-421.

[3] Bonabeau E，Dorigo M，Theraulaz G. Swarm intelligence：from natural to artificial systems［M］. Oxford University Press，1999.

[4] Seeley T，Camazine S，Sneyd J. Collective decision-making in honey bees：how colonies choose among nectar sources［J］. Behavioral Ecology and Sociobiology，1991（4）：277-290.

[5] Hewitt C. Viewing control structures as patterns of passing messages［J］. Artificial Intelligence，1977，8（3）：323-364.

[6] 孙梦薇，任璐，刘剑，等. 切换拓扑下动态事件触发多智能体系统固定时间一致性［J］. 自动化学报，2023（6）：1295-1305.

[7] 吴苗苗，张皓，严怀成，等. 异步切换多智能体系统的协同输出调节［J］. 自动化学报，2017（5）：735-742.

[8] 王涵，俞扬，姜远. 基于通信的多智能体强化学习进展综述［J］. 中国科学：信息科学，2022（5）：742-764.

[9] Gunathillake A，Huang H，Savkin A. Sensor-network-based navigation of a mobile robot for extremum seeking using a topology map［J］. IEEE Transactions on Industrial Informatics，2019，15（7）：3962-3972.

[10] 李岩，邢胜伟，张英俊. 多智能体海上搜寻任务分配方法［J］. 中国航海，2018（3）：91-94，100.

[11] Curtis S，Rilee M，Clark P，et al. Use of swarm intelligence in spacecraft constellations for the resource exploration of the asteroid belt［C］. Proceedings of International Workshop on Satellite Constellations and Formation Flying，Italy：Pisa，2003：24-26.

[12] Chen Y，Ma X，Bai G，er al. Multi-autonomous underwater vehicle formation control and cluster search using a fusion control strategy at complex underwater environment［J］. Ocean Engineering，2020，216：108048.

[13] Rengaraju P，Pandian S，Lung C. Communication networks and non-technical energy loss control system for smart grid networks［C］. Proceedings of IEEE Innovative Smart Grid Technologies-Asia，Malaysia：Kuala Lumpur，2014：418-423.

[14] 刘保健. 不确定环境下无人机与无人车双层路径规划算法研究［D］. 哈尔滨：哈尔滨工业大学，2022.

[15] Pu M，Li G. Attitude control and simulation analysis of AGV jacking-up platform［J］. Port Operation，2019，15（16）：14-28.

[16] Sun J，Su W. Optimal design of container AGV suspension system based on tire wear［J］. Port Operation，2019，21（56）：32-45.

[17] 刘娟，张皓，王祝萍. 基于自触发的异构多智能体协同输出调节［J］. 自动化学报，2019（10）：1893-1902.

[18] Ren W，Beard R. W，Atkins E. Information consensus in multivehicle cooperative control-collective group behavior through local interaction［J］. IEEE Control Systems Magazine，2007，27（2）：71-82.

[19] 周峰，吴炎烜. 基于有向网络的一致性跟踪算法［J］. 自动化学报，2015（1）：180-185.

[20] 闵海波，刘源，王仕成，等. 多个体协调控制问题综述［J］. 自动化学报，2012（10）：1557-1570.

[21] Ouammi A，Zejli D. Centralized controller for the optimal operation of a cooperative cluster of connected

microgrids powered multi-greenhouses [J]. Sustainable Computing: Informatics and Systems, 2022, 33: 100641.

[22] Cui J, Lu Q, Zhong H, et al. A load-balancing mechanism for distributed SDN control plane using response time [J]. IEEE Transactions on Network and Service Management, 2018, 15 (4): 1197-1206.

[23] Moses R, Krishnamurthy D, Patterson R. A self-localization method for wireless sensor networks [J]. EURASIP Journal on Advances in Signal Processing, 2003, 4: 348-358.

[24] Patwari N, Hero A, Perkins M, et al. Relative location estimation in wireless sensor networks [J]. IEEE Transactions on Signal Processing, 2003, 51 (8): 2137-2148.

[25] 郑伟铭，徐扬，罗德林．多四旋翼无人机系统分布式分层编队合围控制 [J]．北京航空航天大学学报，2022 (6): 1091-1105.

[26] Diao Y, Lin Z, Fu M. A barycentric coordinate based distributed localization algorithm for sensor networks [J]. IEEE Transactions on Signal Processing, 2014, 62 (18): 4760-4771.

[27] Mao G, Fidan B, Anderson B. Wireless sensor network localization techniques [J]. Computer Networks, 2007, 51 (10): 2529-2553.

[28] 杨雨宸．基于微波光子学的多普勒频移和到达角测量系统的研究 [D]．长春：吉林大学，2023.

[29] Rappaport T, Reed J, Woerner B. Position location using wireless communications on highways of the future [J]. IEEE Communications Magazine, 1996, 34 (10): 33-41.

[30] Biedka T, Reed J, Woerner B. Direction finding methods for CDMA systems [C]. Proceedings of the Thirtieth Asilomar Conference on Signals, Systems and Computers, USA: Pacific Grove, 1996: 637-641.

[31] Bliss D, Forsythe K. Angle of arrival estimation in the presence of multiple access interference for CDMA cellular phone systems [C]. Proceedings of IEEE Sensor Array and Multichannel Signal Processing Workshop, USA: Cambridge, 2000: 408-412.

[32] Ziskind I, Wax M. Maximum likelihood localization of multiple sources by alternating projection [J]. IEEE Transactions on Acoustics, Speech, and Signal Processing, 1988, 36 (10): 1553-1560.

[33] Venkatraman S, Caffery J, Heung-Ryeol Y. A novel TOA location algorithm using LoS range estimation for NLOS environments [J]. IEEE Transactions on Vehicular Technology, 2004, 53 (5): 1515-1524.

[34] 洪贵华．基于到达时间测距的二阶规划定位算法 [J]．火力与指挥控制，2020 (9): 63-66, 71.

[35] McCrady D, Doyle L, Forstrom H, et al. Mobile ranging using low-accuracy clocks [J]. IEEE Transactions on Microwave Theory and Techniques, 2000, 48 (6): 951-957.

[36] Carter G. Time delay estimation for passive sonar signal processing [J]. IEEE Transactions on Acoustics, Speech, and Signal Processing, 1981, 29 (3): 463-470.

[37] Gardner W, Chen C. Signal-selective time-difference-of-arrival estimation for passive location of man-made signal sources in highly corruptive environments. I. Theory and method [J]. IEEE Transactions on Signal Processing, 1992, 40 (5): 1168-1184.

[38] 张含．基于混合测量的有向源定位技术研究 [D]．西安：西安电子科技大学，2022.

[39] Li C, Zhuang W. Nonline-of-sight error mitigation in mobile location [J]. IEEE Transactions on Wireless Communications, 2005, 4 (2): 560-573.

[40] Bahl P, Padmanabhan V. RADAR: an in-building RF-based user location and tracking system [C]. Proceedings of IEEE INFOCOM, Israel: Tel Aviv, 2000, 2: 775-784.

[41] 余振宝．基于 RSSI 测距的室内导航定位算法研究 [D]．焦作：河南理工大学，2023.

[42] Krishnan P, Krishnakumar A, Ju W, et al. A system for LEASE: location estimation assisted by stationary emitters for indoor RF wireless networks [C]. Proceedings of IEEE INFOCOM, China: Hong Kong, 2004, 2: 1001-1011.

[43] Roos T, Myllymaki P, Tirri H. A statistical modeling approach to location estimation [J]. IEEE Transactions on Mobile Computing, 2002, 1 (1): 59-69.

[44] Ray S, Lai W, Paschalidis I. Deployment optimization of sensor net-based stochastic location-detection systems [C]. Proceedings of IEEE Infocom, USA: Miami, 2005, 4: 2279-2289.
[45] Eren T, Goldenberg D, Whiteley W, et al. Rigidity, computation, and randomization in network localization [C]. Proceedings of Annual Joint Conference of the IEEE Computer and Communications Societies. China: Hong Kong, 2004: 2673-2684.
[46] Hendrickson B. Conditions for unique graph realizations [J]. SIAM Journal on Computing, 1992, 21: 65-84.
[47] Jackson B, Jordán T. Connected rigidity matroids and unique realizations of graphs [J]. Journal of Combinatorial Theory, Series B, 2005, 94 (1): 1-29.
[48] Fang J, Cao M, Morse A, et al. Sequential localization of sensor networks [J]. SIAM Journal on Control and Optimization, 2010, 48 (1): 321-350.
[49] Cao M, Anderson B, Morse A. Sensor network localization with imprecise distances [J]. Systems & Control Letters, 2006, 55 (11): 887-893.
[50] Anderson B, Belhumeur P, Eren T, et al. Graphical properties of easily localizable sensor networks [J]. Wireless Networks, 2009, 15 (2): 177-191.
[51] Costa J, Patwari N, Hero A. Distributed weighted-multidimensional scaling for node localization in sensor networks [J]. ACM Transactions on Sensor Networks, 2006, 2 (1): 39-64.
[52] Chan F, So H. C. Efficient weighted multidimensional scaling for wireless sensor network localization [J]. IEEE Transactions on Signal Processing, 2009, 57 (11): 4548-4553.
[53] Cox T, Cox M. Multidimensional scaling [M]. London: Chapman & Hall, 1994.
[54] Luo H, Li J, Zhu Z, et al. Distributed multidimensional scaling with relative error-based neighborhood selection for node localization in sensor networks [C]. Proceedings of IEEE International Conference on Integration Technology, China: Shenzhen, 2007: 735-739.
[55] Biswas P, Lian T, Wang T, et al. Semidefinite programming-based algorithms for sensor network localization [J]. ACM Transactions on Sensor Networks, 2006, 2: 188-220.
[56] Du Y, Wei P, Zhang H. Semidefinite programming approaches for source localization problems [C]. Proceedings of IEEE International Conference on Communication Problem-solving, China: Beijing, 2014: 339-342.
[57] Wang Z, Zhang H, Lu T, et al. Cooperative RSS-based localization in wireless sensor networks using relative error estimation and semidefinite programming [J]. IEEE Transactions on Vehicular Technology, 2019, 68 (1): 483-497.
[58] Lui K, Ma W K, So H, et al. Semi-definite programming algorithms for sensor network node localization with uncertainties in anchor positions and/or propagation speed [J]. IEEE Transactions on Signal Processing, 2009, 57 (2): 752-763.
[59] Khan U, Kar S, Moura J. Distributed sensor localization in random environments using minimal number of anchor nodes [J]. IEEE Transactions on Signal Processing, 2009, 57 (5): 2000-2016.
[60] Wu H, Zhang H. Reliable mixed $L2/H_\infty$ fuzzy static output feedback control for nonlinear systems with sensor faults [J]. Automatica, 2005, 41 (11): 1925-1932.
[61] Han T, Lin Z, Zheng R, et al. A barycentric coordinate based approach to three-dimensional distributed localization for wireless sensor networks [C]. Proceedings of IEEE International Conference on Control & Automation, Macedonia: Ohrid, 2017: 600-605.
[62] Khan U, Kar S, Moura J. Diland: An algorithm for distributed sensor localization with noisy distance measurements [J]. IEEE Transactions on Signal Processing, 2010, 58 (3): 1940-1947.
[63] Wu F, Tian Y, Wang B. Distributed localization in sensor networks with noisy distance measurements [C]. Proceedings of Chinese Control Conference, China: Dalian, 2017: 8917-8922.
[64] 黄旭舟. 不确定网络环境下的分布式定位算法研究 [D]. 南京: 东南大学, 2018.

[65] 高碧璐．基于纯方位角的目标定位与带约束单传感器轨迹规划研究［D］．长沙：中南大学，2022．

[66] 胡斌斌，张海涛．依赖方位角测量的多智能体系统事件触发协同定位［J］．控制理论与应用，2021（11）：1845-1854．

[67] Piovan G，Shames I，Fidan B，et al．On frame and orientation localization for relative sensing networks［J］．Automatica，2013，49（1）：206-213．

[68] Zhao S，Zelazo D．Bearing rigidity theory and its applications for control and estimation of network systems：Life beyond distance rigidity［J］．IEEE Control Systems Magazine，2019，39（2）：66-83．

[69] Zelazo D，Franchi A，Giordano P．Rigidity theory in SE（2）for unscaled relative position estimation using only bearing measurements［C］．Proceedings of European Control Conference，France：Strasbourg，2014：2703-2708．

[70] Zhao S，Zelazo D．Bearing rigidity and almost global bearing only formation stabilization［J］．IEEE Transactions on Automatic Control，2016，61（5）：1255-1268．

[71] Lin Z，Han T，Zheng R，et al．Distributed localization for 2-D sensor net-works with bearing-only measurements under switching topologies［J］．IEEE Transactions on Signal Processing，2016，64（3）：6345-6359．

[72] Tron R，Carlone L，Dellaert F，et al．Rigid components identification and rigidity control in bearing-only localization using the graph cycle basis［C］．Proceedings of American Control Conference，USA：Chicago，2015：3911-3918．

[73] Zhu G，Hu J．A distributed continuous-time algorithm for network localization using angle-of-arrival information［J］．Automatica，2014，50：53-63．

[74] Fang X，Xie L，Li X．Distributed localization in dynamic networks via complex Laplacian［J］．Automatica，2023，151：110915．

[75] Rudin W．Principles of mathematical analysis［M］．New York：Mcgraw-hill，1976．

[76] Oh K，Ahn H．Formation control and network localization via orientation alignment［J］．IEEE Transactions on Automatic Control，2014，59（2）：540-545．

[77] Trinh M，Lee B，Ye M，et al．Bearing-based formation control and network localization via global orientation estimation［C］．Proceedings of IEEE Conference on Control Technology and Applications，Denmark：Copenhagen，2018：1084-1089．

[78] Wang Z，Chang Y，Zhang H，et al．Bearing-only distributed localization for multi-agent systems with complex coordinates［J］．Information Sciences，2023，626：837-850．

[79] Shames I，Bishop A，Anderson B．Analysis of noisy bearing-only network localization［J］．IEEE Transactions on Automatic Control，2013，58（1）：247-252．

[80] Wang B，Tian Y．Distributed network localization：accurate estimation with noisy measurement and communication information［J］．IEEE Transactions on Signal Processing，2018，66（2）：5927-5940．

[81] Bae Y，Kwon S，Lim Y，et al．Distributed bearing-based formation control and network localization with exogenous disturbances［J］．International Journal of Robust and Nonlinear Control，2022，32（11）：6556-6573．

[82] Luo J，Xue C，Peng D．Robust bearing-only localization using total least absolute residuals optimization［J］．Complexity，2020：1-13．

[83] Chen L，Xie L，Li X，et al．Simultaneous localization and formation using angle-only measurements in 2D［J］．Automatica，2022，146：110605．

[84] 海宁．基于角度信息的单站无源定位跟踪算法研究［D］．成都：电子科技大学，2016．

[85] Chen L．Triangular angle rigidity for distributed localization in 2D［J］．Automatica，2022，143：110414-110425．

[86] Chen L，Cao K，Xie L，et al．3-D network localization using angle measurements and reduced communication［J］．IEEE Transactions on Signal Processing，2022，70：2402-2415．

[87] Jing G, Wan C, Dai R. Angle-based sensor network localization [J]. IEEE Transactions on Automatic Control, 2022 (2): 840-855.

[88] Jing G, Wan C, Dai R. Angle fixability and angle-based sensor network localization [C]. Proceedings of IEEE Conference on Decision and Control, France: Nice, 2019: 7899-7904.

[89] Oh K, Park M, Ahn H. A survey of multi-agent formation control [J]. Automatica, 2015, 53: 424-440.

[90] Ren W, Atkins E. Distributed multi-vehicle coordinated control via local information exchange [J]. International Journal of Robust and Nonlinear Control, 2007, 17 (10-11): 1002-1033.

[91] Ren W. Consensus strategies for cooperative control of vehicle formations [J]. IET Control Theory & Applications, 2007, 1 (2): 505-512.

[92] Fax A, Murray R. M. Information flow and cooperative control of vehicle formations [J]. IEEE Transactions on Automatic Control, 2004, 49 (9): 1465-1476.

[93] Dong W, Farrell J. Cooperative control of multiple nonholonomic mobile agents [J]. IEEE Transactions on Automatic Control, 2008, 53 (6): 1434-1448.

[94] Zhi H, Chen L, Li C, et al. Leader–follower affine formation control of second-order nonlinear uncertain multi-agent systems [J]. IEEE Transactions on Circuits and Systems II: Express Briefs, 2021, 68 (12): 3547-3551.

[95] Wang R, Dong X, Li Q, et al. Distributed time-varying output formation control for general linear multiagent systems with directed topology [J]. IEEE Transactions on Control of Network Systems, 2019, 6 (2): 609-620.

[96] Chen L, Mei J, Li C, et al. Distributed leader–follower affine formation maneuver control for high-order multiagent systems [J]. IEEE Transactions on Automatic Control, 2020, 65 (11): 4941-4948.

[97] Saber R, Murray R. Consensus problems in networks of agents with switching topology and time-delays [J]. IEEE Transactions on Automatic Control, 2004, 49 (9): 1520-1533.

[98] Han Z, Guo K, Xie L, et al. Integrated relative localization and leader-follower formation control [J]. IEEE Transactions on Automatic Control, 2019, 64 (1): 20-34.

[99] Lee B, Ahn H. Distributed formation control via global orientation estimation [J]. Automatica, 2016, 73: 125-129.

[100] Chen F, Dimarogonas D. Leader-follower formation control with prescribed performance guarantees [J]. IEEE Transactions on Control of Network Systems, 2021, 8 (1): 450-461.

[101] Han T, Lin Z, Xu W, et al. Three-dimensional formation merging control of second-order agents under directed and switching topologies [C]. Proceedings of IEEE International Conference on Control Automation, Taiwan: Taichung, 2014: 225-230.

[102] Rezaee H, Abdollahi F. Pursuit formation of double-integrator dynamics using consensus control approach [J]. IEEE Transactions on Industrial Electronics, 2015 (7): 4249-4256.

[103] Yang J, Cao G, Chen W, et al. Finite-time formation control of second-order linear multi-agent systems with relative state constraints: a barrier function sliding mode control approach [J]. IEEE Transactions on Circuits and Systems II: Express Briefs, 2022, 69 (3): 1253-1256.

[104] Wen G, Duan Z, Ren W, et al. Distributed consensus of multi-agent systems with general linear node dynamics and intermittent communications [J]. International Journal of Robust and Nonlinear Control, 2014, 24 (16): 2438-2457.

[105] Zuo S, Song Y, Lewis F, et al. Time-varying output formation containment of general linear homogeneous and heterogeneous multiagent systems [J]. IEEE Transactions on Control of Network Systems, 2019, 6 (2): 537-548.

[106] Dimarogonas D, Kyriakopoulos K. A connection between formation infeasibility and velocity alignment in kinematic multi-agent systems [J]. Automatica, 2008, 44 (10): 2648-2654.

[107] Aloisi D, Cristofaro A. Consensus and formation control of unicycle-like robots with discontinuous communication protocols [C]. Proceedings of European Control Conference, United Kingdom: London, 2022: 1055-1060.

[108] Tran Q, Ahn H. Distributed formation control of mobile agents via global orientation estimation [J]. IEEE Transactions on Control of Network Systems, 2020, 7 (4): 1654-1664.

[109] Asimow L, Roth B. The rigidity of graphs [J]. Transactions of the American Mathematical Society, 1978, 245: 279-289.

[110] Anderson B, Yu C, Fidan B, et al. Rigid graph control architectures for autonomous formations [J]. IEEE Control Systems Magazine, 2008, 28: 48-63.

[111] Tian Y, Wang Q. Global stabilization of rigid formations in the plane [J]. Automatica, 2013, 49: 1436-1441.

[112] Zelazo D, Franchi A, Giordano P. Decentralized rigidity maintenance control with range-only measurements for multi-robot systems [J]. International Journal of Robotics Research, 2015, 34 (1): 105-128.

[113] Sun Z, Mou S, Deghat M, et al. Finite time distance-based rigid formation stabilization and flocking [J]. IFAC Proceedings Volumes, 2014, 47 (3): 9183-9189.

[114] Oh K, Ahn H. Formation control of mobile agents based on inter-agent distance dynamics [J]. Automatica, 2011, 47 (10): 2306-2312.

[115] Oh K, Ahn H. Distance-based undirected formations of single-integrator and double-integrator modeled agents in n-dimensional space [J]. International Journal of Robust Nonlinear Control, 2014, 24 (12): 1809-1820.

[116] Park M, Sun Z, Anderson B, et al. Stability analysis on four agent tetrahedral formations [C]. Proceedings of IEEE Conference on Decision and Control, USA: Los Angeles, 2014: 631-636.

[117] Bishop A, Shames I, Anderson B. Stabilization of rigid formations with direction-only constraints [C]. Proceedings of IEEE Conference on Decision and Control and European Control Conference, USA: Orlando, 2011: 746-752.

[118] Franchi A, Giordano P. Decentralized control of parallel rigid formations with direction constraints and bearing measurements [C]. Proceedings of IEEE Conference on Decision and Control, USA: Maui, 2012: 5310-5317.

[119] Hou Z, Jin S. Model free adaptive control: theory and applications [M]. CRC Press, 2013.

[120] Zhao S, Zelazo D. Localizability and distributed protocols for bearing-based network localization in arbitrary dimensions [J]. Automatica, 2016, 69: 334-341.

[121] Zhao S, Li Z, Ding Z. Bearing-only formation tracking control of multiagent systems [J]. IEEE Transactions on Automatic Control, 2019, 64 (11): 4541-4554.

[122] Zhao S, Lin F, Peng K, et al. Finite-time stabilization of cyclic formations using bearing-only measurements [J]. International Journal of Control, 2014, 87 (4): 715-727.

[123] Trinh M, Mukherjee D, Zelazo D, et al. Finite-time bearing only formation control [C]. Proceedings of IEEE Conference on Decision and Control, Australia: Melbourne, 2017: 1578-1583.

[124] Tran Q, Trinh M. H, Zelazo D, et al. Finite time bearing-only formation control via distributed global orientation estimation [J]. IEEE Transactions on Control of Network Systems, 2019, 6 (2): 702-712.

[125] Li Z, Tnunay H, Zhao S, et al. Bearing-only formation control with prespecified convergence time [J]. IEEE Transactions on Cybernetics, 2022 (1): 620-629.

[126] Eren T, Whiteley W, Morse A, et al. Sensor and network topologies of formations with direction, bearing, and angle information between agents [C]. Proceedings of IEEE Conference on Decision and Control, USA: Maui, 2003: 3064-3069.

[127] Jing G, Zhang G, Lee H, et al. Angle-based shape determination theory of planar graphs with

application to formation stabilization [J]. Automatica, 2019, 105: 117-129.
[128] Chen L, Cao M, Li C. Angle rigidity and its usage to stabilize multi-agent formations in 2D [J]. IEEE Transactions on Automatic Control, 2021, 66 (8): 3667-3681.
[129] Chen L, Yang Q, Shi M, et al. Stabilizing angle rigid formations with prescribed orientation and scale [J]. IEEE Transactions on Industrial Electronics, 2022, 69 (11): 11654-11664.
[130] Chen L, Sun Z. Globally stabilizing triangularly angle rigid formations [J]. IEEE Transactions on Automatic Control, 2023, 68 (2): 1169-1175.
[131] Deghat M, Shames I, Anderson B, et al. Localization and circumnavigation of a slowly moving target using bearing measurements [J]. IEEE Transactions on Automatic Control, 2014, 59 (8): 2182-2188.
[132] Deghat M, Xia L, Anderson B, et al. Multi-target localization and circumnavigation by a single agent using bearing measurements [J]. International Journal of Robust and Nonlinear Control, 2015, 25 (14): 2362-2374.
[133] Li X, Luo X, Zhao S. Globally convergent distributed network localization using locally measured bearings [J]. IEEE Transactions on Control of Network Systems, 2019, 7 (1): 245-253.
[134] Godsil C, Royle G. Algebraic graph theory [M]. Springer-Verlag, 2001.
[135] Trinh M, Zhao S, Sun Z, et al. Bearing-based formation control of a group of agents with leader-first follower structure [J]. IEEE Transactions on Automatic Control, 2019, 64 (2): 598-613.
[136] Coxeter H. Introduction to geometry [M]. John Wiley and Sons, Inc. , 1969.
[137] Sippl M, Scheraga H. Cayley-menger coordinates [J]. National Academy of Sciences, 1986, 83 (8): 2283-2287.
[138] Barooah P, Hespanha J. Estimation on graphs from relative measurements [J]. IEEE Control Systems Magazine, 2007, 27 (4): 57-74.
[139] Lin Z, Fu M, Diao Y. Distributed self localization for relative position sensing networks in 2D space [J]. IEEE Transactions on Signal Processing, 2015, 63 (14): 3751-3761.
[140] Goldenberg D. K, Bihler P, Yang Y. R, et al. Localization in sparse networks using sweeps [C]. Proceedings of the 12th Annual International Conference on Mobile Computing and Networking, 2006: 1-16.
[141] Arimoto S, Kawamura S, Miyazaki F. Bettering operation of robots by learning [J]. Journal of Robotic Systems, 1984, 1 (2): 123-140.
[142] Richardson L. F. On the approximate arithmetical solution by finite differences of physical problems involving differential equations, with an application to the stresses in a masonry dam [J]. Philosophical Transactions of the Royal Society of London. Series A, Containing Papers of a Mathematical or Physical Character, 1911, 210: 307-357.
[143] Varga R. Matrix iterative analysis [M]. Springer, 1962.
[144] Oh K, Ahn H. Formation control of mobile agents based on distributed position estimation [J]. IEEE Transactions on Automatic Control, 2013, 58 (3): 737-742.
[145] Bandala A, Nakano R, Faelden G, et al. Implementation of an artificial neural network in recognizing in-flight quadrotor images [C]. Proceedings of Tencon 2015-2015 IEEE Region 10 Conference, China: Macao, 2015: 1-5.
[146] Fang X, Li X, Xie L. 3-D distributed localization with mixed local relative measurements [J]. IEEE Transactions on Signal Processing, 2020, 68: 5869-5881.
[147] Zou Y, Wang L, Meng Z. Distributed localization and circumnavigation algorithms for a multiagent system with persistent and intermittent bearing measurements [J]. IEEE Transactions on Control Systems Technology, 2021, 29 (5): 2092-2101.
[148] Li R, Shi Y, Song Y. Localization and circumnavigation of multiple agents along an unknown target based on bearing-only measurement: A three-dimensional solution [J]. Automatica, 2018, 94: 18-25.

[149] Amato E, Notaro I, Mattei M, et al. Attitude and position estimation for an UAV swarm using consensus kalman filtering [J]. IEEE Metrology for Aerospace, 2015: 519-524.

[150] Huang X, Tian Y. Asynchronous distributed localization in networks with communication delays and packet losses [J]. Automatica, 2018, 96: 134-140.

[151] Huang X, Tian Y. Localization in sensor networks with communication delays and package losses [C]. Proceedings of IEEE Conference on Decision and Control, Australia: Melbourne, 2017: 3974-3979.

[152] Liu C, Xu J, Wu J. Iterative learning control for remote control systems with communication delay and data dropout [J]. Mathematical Problems in Engineering, 2012: 1-14.

[153] Zhang Y, Liu J, Ruan X. Networked iterative learning control for systems with packet dropout and communication delay [J]. IFAC-Papers Online, 2019, 52 (24): 117-122.

[154] Prohorov U. On the strong law of large numbers [J]. Izve stiya Akad. Nauk SSSR. Ser. Mat, 1950, 14:523-536.

[155] Patwari N. Location estimation in sensor networks [D]. Ph. D. Dissertation, University of Michigan, 2005.

[156] Polyak B. Introduction to optimization [M]. Optimization Software, 1987.

[157] Polyakov A. Nonlinear feedback design for fixed-time stabilization of linear control systems [J]. IEEE Transactions on Automatic Control, 2012, 57 (8): 2106-2110.

[158] Zuo Z, Tie L. A new class of finite-time nonlinear consensus protocols for multi-agent systems [J]. International Journal of Control, 2014, 87 (2): 363-370.

[159] Song Y, Wang Y, Holloway J, et al. Time varying feed-back for regulation of normal form nonlinear systems in prescribed finite time [J]. Automatica, 2017, 83: 243-251.

[160] Li X, Zhu Y, Zhao X, et al. Bearing based prescribed time formation tracking for second order multi agent systems [J]. IEEE Transactions on Circuits and Systems Ⅱ: Express Briefs, 2022, 69 (7): 3259-3263.

[161] Ren W. Multi-vehicle consensus with a time-varying reference state [J]. Systems & Control Letters, 2007, 56: 474-483.

[162] Sun Z, Anderson B. Rigid formation control with prescribed orientation [C]. Proceedings of IEEE International Symposium on Intelligent Control, Australia: Sydney, 2015: 639-645.

[163] Eren T. Formation shape control based on bearing rigidity [J]. International Journal of Control, 2012, 85 (7/9): 1361-1379.

[164] Zhao S, Zelazo D. Bearing-based distributed control and estimation of multi-agent systems [C]. Proceedings of European Control Conference, Austria: Linz, 2015: 2207-2212.

[165] Liang J, Bu X, Wang Q, et al. Iterative consensus control for a class of nonlinear multi-agent systems with randomly varying iteration lengths [C]. Proceedings of IEEE International Control Automation, 2019: 1014-1019.

[166] Liu Y, Fan Y, Jia Y. Iterative learning formation control for continuous-time multi-agent systems with randomly varying trial lengths [J]. Journal of the Franklin Institute, 2020, 357 (14): 9268-9287.

[167] Reppa V, Polycarpou M, Panayiotou C. G. Decentralized isolation of multiple sensor faults in large-scale interconnected nonlinear systems [J]. IEEE Transactions on Automatic Control, 2015 60 (6): 1582-1596.

[168] Li H, Gao Y, Shi P, et al. Observer-based fault detection for nonlinear systems with sensor fault and limited communication capacity [J]. IEEE Transactions on Automatic Control, 2016, 61 (9): 2745-2751.

[169] Dong J, Yang G H. Reliable state feedback control of t-s fuzzy systems with sensor faults [J]. IEEE Transactions on Fuzzy Systems, 2015, 23 (2): 421-433.